职业教育创新融合系列教材

JIXIE ZHITU
YU JISUANJI HUITU

机械制图与计算机绘图

» 陈 艳 李 琴 主编

» 吴兴欢 唐前鹏 副主编

化学工业出版社

·北 京·

内 容 简 介

　　《机械制图与计算机绘图》是高等职业技术学院机械类和近机械类专业必修课程教材，采用现行《技术制图》国家标准，根据新时期高等职业院校机械类专业《机械制图教学大纲》要求与任务驱动式教学方式编写。教材着重阐述了识图与绘图的基本理论和方法，以识图为主，读画结合。教材共分为机械制图和计算机绘图两个模块十二个项目，其中机械制图模块涵盖了绘制平面图形，绘制与识读形体的三视图，图样的基本表达方法，标准件和常用件，绘制与识读零件图，绘制与识读装配图，绘制与识读化工设备图与化工工艺图七个项目。计算机绘图模块涵盖了 AutoCAD 基本操作，简单平面图形的绘制，复杂平面图形的绘制，工程零件图的绘制，AutoCAD 简单零件三维建模五个项目。

　　本教材与《机械制图与计算机绘图习题集》配套出版，并提供授课电子课件、微课视频、电子教案、习题集答案等资源，教学视频可扫描书中二维码直接观看。

　　本教材可供职业本科院校、高职高专院校、成人高校装备制造类相关专业的学生使用，并可作为培训用书。

图书在版编目（CIP）数据

机械制图与计算机绘图 / 陈艳，李琴主编. -- 北京：
化学工业出版社，2025. 8. --（职业教育创新融合系列
教材）. -- ISBN 978-7-122-48744-5

Ⅰ. TH126

中国国家版本馆 CIP 数据核字第 20254EC765 号

责任编辑：韩庆利　　　　　　　　文字编辑：吴开亮
责任校对：李　爽　　　　　　　　装帧设计：史利平

出版发行：化学工业出版社
　　　　　（北京市东城区青年湖南街 13 号　邮政编码 100011）
印　　装：河北鑫兆源印刷有限公司
787mm×1092mm　1/16　印张 19　字数 497 千字
2025 年 10 月北京第 1 版第 1 次印刷

购书咨询：010-64518888　　　　　售后服务：010-64518899
网　　址：http://www.cip.com.cn
凡购买本书，如有缺损质量问题，本社销售中心负责调换。

定　　价：55.00 元

前言

党的二十大报告对于"实施科教兴国战略，强化现代化建设人才支撑"进行了详细丰富、深刻完整的论述。本教材以党的二十大精神为指引，坚持科技是第一生产力、人才是第一资源、创新是第一动力，强化教材对学生创新精神、创造能力和工匠精神的培养，针对高等职业教育培养应用型和技能型人才的目标，在编写过程中注重理论联系实际，将机械制图知识与计算机绘图软件有机融合，将基础理论融入大量实例中，力求体系合理、内容精练、实例典型，便于教师组织教学内容，也使学生容易理解和掌握知识。

本教材采用现行的《机械制图》《技术制图》《机械工程　CAD制图规则》等国家标准，应用AutoCAD介绍CAD绘图方法与步骤，按照课程内容的需要，将有关标准编排在各项目及附录中。本教材参考学时为120～160学时。使用时，可根据各专业的特点、教学时数、教学要求进行适当的调整。

本教材配备了丰富的教学资源，包括微课视频、电子教案、教学课件、配套上机习题、模拟试卷等，实现了信息技术与教学的深度融合，方便教师教学和学生学习。读者可通过手机扫描二维码，将线上线下资源有机衔接起来，从而使机械制图的学习更加直观、形象、方便、有趣。

本教材由湖南化工职业技术学院陈艳、李琴主编，吴兴欢、唐前鹏任副主编，长沙百通新材料科技有限公司杨跃飞主审。参与教材编写的人员还有孟少明、曹咏梅、陈慧玲、彭湘蓉、冯修燕、李红秀等，全书由陈艳统稿整理。湖南化工职业技术学院向寓华教授和湖南理工职业技术学院周迎春教授对教材内容进行了认真、详尽的审阅和悉心指导。在教材编写过程中，还得到了株洲联诚集团控股股份有限公司周晓明高级工程师的大力支持和帮助，在此一并表示衷心感谢。与本书配套的《机械制图与计算机绘图习题集》同时出版，习题集的编排顺序与本书体系保持一致，习题集配套了全部答案。在本书编写过程中参考了国内同行编写的很多优秀教材，在此表示衷心的感谢。

由于编者水平所限，书中难免有不足之处，恳请读者提出宝贵意见。

编　者

目录

模块二　计算机绘图

机械制图与计算机绘图资源索引

名称	类型	页码	二维码	名称	类型	页码	二维码
图框格式与尺寸	视频、微课	P5		完成被截切圆柱体的截交线	视频、微课	P47	
图线的画法注意事项	视频、微课	P9		叠加类组合体的三视图	视频、微课	P55	
尺寸的组成	视频、微课	P10		平面立体正等轴测图的绘制	视频、微课	P66	
两直线间的圆弧连接	视频、微课	P17		螺纹的规定画法	视频、微课	P91	
椭圆的画法	视频、微课	P21		螺栓连接简化画法	视频、微课	P95	
三视图之间的对应关系	视频、微课	P29		尺寸基准的选择	视频、微课	P113	
平面上直线和点的投影	视频、微课	P37		化工设备装配图的阅读	视频、微课	P162	
棱锥表面上点的投影	视频、微课	P40		认识软件	视频、微课	P179	
圆锥表面上点的投影	视频、微课	P43		轴承座建模	视频、微课	P253	
平面体截交线	视频、微课	P45					

绪 论

一、学习"机械制图与计算机绘图"课程的目的和意义

根据投影原理和国家或行业技术标准及有关规定，表示工程对象的形状、结构和尺寸与技术说明的"图"，称为"图样"。

在企业的设计部门，设计人员将自己的设计思想用图样表达出来。在企业的制造部门，工人主要依据图样将产品制造出来。可见，无论是设计人员还是制造人员，都必须懂得工程图样。工程图样是联系设计人员和制造人员的工具，被誉为工程界的共同语言，绘图与识图是工程技术人员表达设计思想、进行工程技术交流、指导生产等必备的技能。作为未来的工程技术人员，每个工科院校的学生都必须掌握工程图样的绘制和识读方法，为将来能胜任自己的工作岗位打下坚实的基础。

"机械制图与计算机绘图"是研究机械图样的绘制和识读规律，培养学生空间思维能力和绘图技能的一门主要的技术基础课，是高职高专院校机械类专业学习后续课程的基础。本课程可以培养学生学规矩、讲规矩、用规矩的责任意识，认真细致、精益求精的工匠精神，激发学生科技报国的家国情怀和使命担当。

二、"机械制图与计算机绘图"课程的主要内容与基本要求

"机械制图与计算机绘图"课程主要包括：机械制图和计算机绘图两个模块十二个项目，其中机械制图模块涵盖了绘制平面图形，绘制与识读形体的三视图，图样的基本表达方法，标准件和常用件，绘制与识读零件图，绘制与识读装配图，绘制与识图化工设备图与化工工艺图七个项目。计算机绘图模块涵盖了 AutoCAD 基本操作，简单平面图形的绘制，复杂平面图形的绘制，工程零件图的绘制，AutoCAD 简单零件三维建模五个项目。本课程的主要任务是培养学生绘制和识读机械图样的能力。通过学习应达到以下基本要求。

① 熟悉机械制图和技术制图国家标准的基本规定，培养读图能力和徒手绘图、尺规绘图、计算机绘图的方法和基本技能，强化标准化和规范化的工程意识，培养认真、细致、严谨的工作态度和良好的工程职业道德。

② 熟练掌握各种机件的表达方法，并能正确灵活运用于零件图和装配图的表达，具备查阅标准和技术资料的能力。

③ 掌握计算机绘图软件（如 AutoCAD）的基本操作，包括绘图环境设置、二维图形绘制编辑、尺寸标注和文字注释等。了解三维模型的建模方法。会使用计算机绘图软件高效、准确地绘制机械图样，能够打印出符合标准的图纸。

三、"机械制图与计算机绘图"课程的学习方法

"机械制图与计算机绘图"是一门既有理论又注重实践的技术基础课，主要的学习方法有以下几点。

① 要结合实物与现场，分析模型、零件、部件的形状。平时多制作一些物体模型或绘制物体的立体图，降低想象难度。本课程内容繁多，理论性和实践性强，教与学的过程中，教师对学习内容分析与讲解时，往往有看似听懂了却不能独立完成任务的现象，学生要学会归纳总结，及时完成相应的课堂练习和课后练习，反复练习，加深对知识的理解与掌握。

② 要严格遵守机械制图和技术制图国家标准的相关内容。

③ 要充分利用教材配套数字化教学资源辅助学习。

模块一

机械制图

项目一
绘制平面图形

 【项目任务单】

任务名称	绘制平面图形，并标注尺寸
任务描述	
任务分析	通过学习图框、标题栏、平面图形画法和尺寸标注等知识，完成该平面图形的绘制
学习目标	①正确使用各种绘图工具和仪器 ②掌握国家标准《机械制图》和《技术制图》的基本规定 ③正确绘制简单平面图形 ④养成严格执行国家标准和强化"不以规矩，不成方圆"的意识，践行精益求精的工作作风

【知识链接】

学习任务一 制图国家标准的基本规定

    机械图样是用正确的表达方法将工程技术人员的设计意图与生产者沟通和交流的重要工具。作为技术交流的语言，必须有统一的规范。

    《技术制图》和《机械制图》国家标准是绘制机械图样的根本依据，工程技术人员必须严格遵守其有关规定。

一、图纸幅面和格式（GB/T 14689—2008）

图纸幅面和图框应符合《技术制图　图纸幅面和格式》（GB/T 14689—2008）的规定。其中，"GB/T"表示推荐性国家标准，"14689"是标准编号，"2008"是标准发布年。

1. 图纸的尺寸

图纸应优先选用五种基本幅面 A0～A4（表 1-1），必要时，也允许选用加长幅面。加长幅面的尺寸是由基本幅面的短边成整数倍增加后得出的。

表 1-1　基本幅面的图框尺寸　　　　　　　　　　　　　　mm

幅面代号	A0	A1	A2	A3	A4
$B×L$	841×1189	594×841	420×594	297×420	210×297
a	25				
c	10			5	
e	20		10		

2. 图框格式与尺寸

图框格式
与尺寸

在图纸上必须用粗实线画出图框。图框有不留装订边和留装订边两种格式。同一产品的所有图样均应采用同一种格式。

留有装订边的图纸，其图框格式如图 1-1 所示，其装订边宽度一律为 25mm，其他三边一致，均为 c，具体尺寸如表 1-1 所示；不留装订边的图纸，其图框格式如图 1-2 所示，其四周边框的宽度相同，均为 e，具体尺寸如表 1-1 所示。优先选用不留装订边的图框格式。

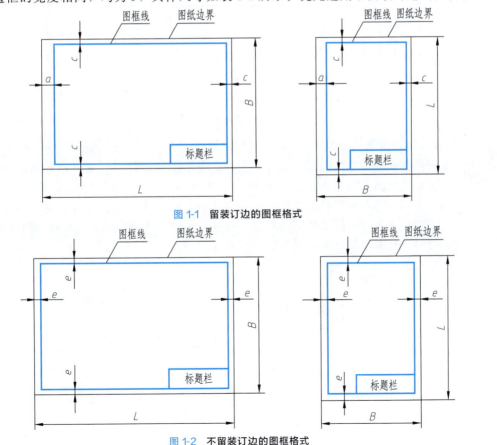

图 1-1　留装订边的图框格式

图 1-2　不留装订边的图框格式

3. 标题栏

国家标准《技术制图　标题栏》（GB/T 10609.1—2008）对标题栏的基本要求、内容、尺寸与格式做了明确规定，其格式如图 1-3 所示。标题栏一般应位于图纸的右下角。学生作业可用简化标题栏，如图 1-4 所示。

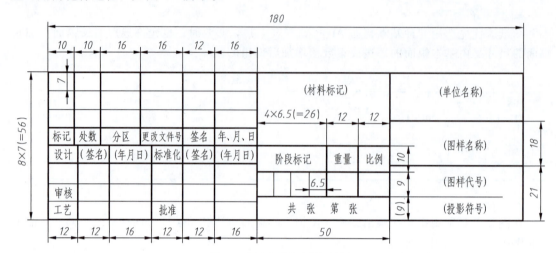

图 1-3　国家标准规定的标题栏

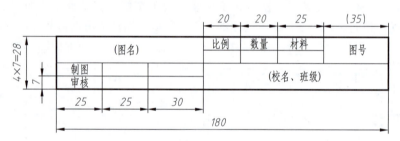

图 1-4　作业用简化标题栏的格式

4. 对中符号和看图方向

为了使图样在复制和缩微摄影时定位方便，应在图纸各边的中点处分别画出对中符号。对中符号用粗实线绘制，线宽不小于 0.5mm，长度从图纸边界开始至伸入图框内约 5mm，如图 1-5（a）所示。当对中符号处在标题栏范围内时，则伸入标题栏部分省略不画。同时，为了明确绘图和看图方向，在图纸下边对中符号处画一个方向符号，方向符号是用细实线绘制的等边三角形，其大小、位置如图 1-5（b）所示。

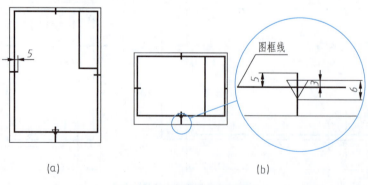

（a）　　　　　　　　　　　（b）

图 1-5　对中符号和方向符号

二、比例（GB/T 14690—1993）

比例是指图中图形与实物相应要素的线性尺寸之比，即"图:物"。

图 1-6 表示了同一物体采用不同比例绘制的图形。但无论采用何种比例，图样中所注的尺寸数值均应为物体的真实大小。

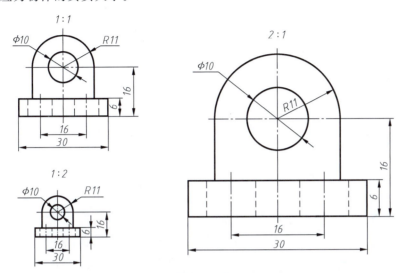

图 1-6　采用不同比例绘制的图形

绘制图样时，应选用表 1-2 中的优先选择系列，必要时，也可以选取表 1-2 中的允许选择系列。

表 1-2　比例系列

种类	优先选择系列	允许选择系列
原值比例	1:1	—
放大比例	5:1　2:1 $5 \times 10^n:1$　$2 \times 10^n:1$　$1 \times 10^n:1$	4:1　2.5:1 $4 \times 10^n:1$　$2.5 \times 10^n:1$
缩小比例	1:2　1:5　1:10 $1:2 \times 10^n$　$1:5 \times 10^n$　$1:1 \times 10^n$	1:1.5　1:2.5　1:3 $1:1.5 \times 10^n$　$1:2.5 \times 10^n$　$1:3 \times 10^n$ 1:4　1:6 $1:4 \times 10^n$　$1:6 \times 10^n$

注：n 为正整数。

三、字体（GB/T 14691—1993）

图样中，用文字填写标题栏、技术要求，用数字标注尺寸等。字体是指图样中文字、字母、数字的书写形式。

1. 基本要求

国家标准《技术制图　字体》（GB/T 14691—1993）对字体做了如下规定。

① 书写字体必须做到：字体工整、笔画清楚、间隔均匀、排列整齐。

② 字体的号数即字体的高度（用 h 表示）必须规范，其公称尺寸系列为 1.8mm、2.5mm、3.5mm、5mm、7mm、10mm、14mm、20mm。如需书写更大的字体，其高度应按 $\sqrt{2}$ 的比例递增。

③ 汉字应采用国家正式公布推行的《汉字简化方案》中规定的简化字，汉字的高度 h 不应小于 3.5mm，其字宽一般为 $h/\sqrt{2}$，写成长仿宋体。

④ 字母和数字可写成斜体或直体，注意全图统一。斜体字字头向右倾斜，与水平基准线成 75°。

⑤ 在同一图样中，只允许选用一种形式的字体。

2. 字体示例

长仿宋体汉字、拉丁字母、阿拉伯数字书写示例如表 1-3 所示。

表 1-3　字体示例

字体		示　例
长仿宋体汉字	5 号	字体工整　笔画清楚　间隔均匀　排列整齐
	3.5 号	横平竖直　注意起落　结构匀称　填满方格
拉丁字母	大写	ABCDEFGHIJKLMNOPQRSTUVWXYZ
	小写	abcdefghijklmnopqrstuvwxyz
阿拉伯数字	直体	0 1 2 3 4 5 6 7 8 9
	斜体	0 1 2 3 4 5 6 7 8 9

四、图线（GB/T 4457.4—2002）

图样中采用的各种形式的线，称为图线。绘制图样时，应遵循国家标准《机械制图　图样画法　图线》（GB/T 4457.4—2002）的规定。

1. 图线的线型

机械图样中常用的线型有 9 种，各线型具体的应用情况如表 1-4 所示。

表 1-4　机械图样常用线型及其应用（摘自 GB/T 4457.4—2002、GB/T 14665—2012）

名称	线型	线宽	一般应用
粗实线	———————	d	①可见轮廓线、可见棱边线、相贯线 ②螺纹牙顶线、螺纹长度终止线 ③齿顶（圆）线
细实线	———————	$d/2$	①尺寸界线、尺寸线 ②剖面线、指引线、分界线及范围线 ③重合断面的轮廓线 ④螺纹的牙底线及齿轮的齿根圆和齿根线
细虚线	- - - $3d$ $12d$ - - -	$d/2$	不可见棱边线、不可见轮廓线
细点画线	—·— $6d$ $24d$ —·—	$d/2$	①轴线、对称中心线 ②分度圆、分度线
波浪线	∼∼∼∼∼	$d/2$	①断裂处边界线 ②视图和剖视图的分界线

续表

名称	线型	线宽	一般应用
双折线	～～～	$d/2$	①断裂处边界线 ②视图和剖视图的分界线
细双点画线	—— — — — ——	$d/2$	①相邻辅助零件的轮廓线 ②可动零件极限位置的轮廓线、轨迹线、毛坯图中制成品的轮廓线、成形前轮廓线 ③中断线
粗点画线	— · — · — · —	d	限定范围表示线
粗虚线	— — — — — —	d	允许表面处理的表示线

2. 图线的宽度

绘制机械图样的图线分粗、细两种，线宽比例为 2∶1。粗线的宽度 d 可在 0.5～2mm 之间选择（通常采用 0.7mm），细线的宽度为 $d/2$。应根据图样的类型和尺寸大小选择以下系列值：0.13mm、0.18mm、0.25mm、0.35mm、0.5mm、0.7mm、1.0mm、1.4mm、2.0mm。

各种图线的应用示例如图 1-7 所示。

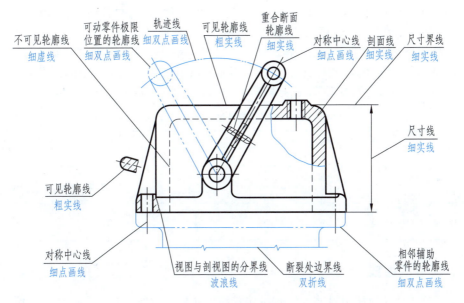

图线的画法注意事项

图 1-7　图线应用示例

3. 图线画法的注意事项

① 同一图样中同类图线的宽度应基本一致，虚线、点画线的线段长度和间隔应各自大致相同。

② 画对称中心线时圆心应为线段的交点，对称中心线应超出轮廓线 2～5mm。当图形较小时，可用细实线代替点画线。虚线与其他图线相交时，应画成线段相交；虚线为粗实线的延长线时，不能与粗实线相接，应留有间隙。

③ 图线不得与文字、数字、符号等重叠混淆，不得从文字中穿过，如无法避免，则应断开图线，以保证文字、数字的清晰。

学习任务二　尺寸标注（GB/T 4458.4—2003、GB/T 16675.2—2012）

尺寸是图样中重要的内容之一，是制造、检验零件的依据。在图样中，图形只表示物体的形状，物体的大小及各部分位置关系则需要用标注的尺寸来确定。标注尺寸时，必须严格遵守机械制图标准中有关尺寸注法的规定。国家标准《机械制图　尺寸标注》（GB/T 4458.4—2003）、《技术制图　简化表示法　第 2 部分：尺寸注法》（GB/T 16675.2—2012）规定了图样中尺寸的标注方法。

图样中标注尺寸的基本要求如下。

① 尺寸标注方法要符合国家标准的规定。

② 尺寸必须注写齐全，不遗漏，不重复。

③ 尺寸的布局要整齐清晰，以便于阅读查找。

④ 所注尺寸既能保证设计要求，又便于加工、装配、测量。

一、尺寸标注的基本规则（GB/T 4458.4—2003）

① 机件的真实大小应以图样中所标注的尺寸数值为准，与图形的大小及绘图的准确度无关。

② 图样中（包括技术要求和其他说明）的尺寸，以毫米为单位时，无须标注单位符号（或名称），如采用其他单位，则应注明相应的单位符号。

③ 图样中所标注的尺寸为该图样所示机件的最后完工尺寸，否则应另加说明。

④ 机件的每个尺寸，一般只标注一次，并应标注在反映结构最清晰的图形上。

⑤ 标注尺寸时应尽可能使用符号或缩写词，常用的符号或缩写词见表 1-5。

尺寸的组成

表 1-5　常用的符号或缩写词（摘自 GB/T 4458.4—2003）

名称	符号或缩写词	名称	符号或缩写词	名称	符号或缩写词
直径	ϕ	球半径	SR	厚度	t
半径	R	正方形	□	45°倒角	C
球直径	$S\phi$	深度	↓	均布	EQS

二、尺寸的组成

一个完整的尺寸应注出尺寸界线、尺寸线和尺寸数字，即尺寸三要素。尺寸界线表示尺寸的范围，尺寸数字表示尺寸的大小，如图 1-8 所示。

1. 尺寸界线

尺寸界线用细实线绘制，并应由图形的轮廓线、轴线或对称中心线处引出，也可利用轮廓线、轴线或对称中心线作尺寸界线。尺寸界线一般应与尺寸线垂直并略超过尺寸线（通常以 2～3mm 为宜），如图 1-9 所示。

2. 尺寸线

尺寸线用细实线绘制，用以表示所注尺寸的方向。尺寸线必须与所标注的线段平行。尺寸线的终端形式有箭头和斜线两种，如图 1-10 所示，适用于各种类型的图样。机械图样中一般采用箭头的形式。

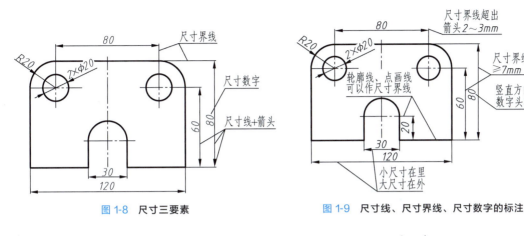

图1-8 尺寸三要素

图1-9 尺寸线、尺寸界线、尺寸数字的标注

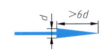

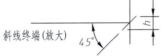

(a)箭头(d为粗实线的宽度)　　(b)斜线(h为字体高度)

图 1-10　尺寸线的两种终端形式

3. 尺寸数字

线性尺寸的尺寸数字一般标注在尺寸线的上方或左方,如图 1-11 所示。线性尺寸数字的方向:水平方向字头朝上;竖直方向字头朝左;倾斜方向尽量避免在图 1-11（a）所示的 30°范围内标注尺寸,当无法避免时,可按图 1-11（b）所示形式标注尺寸。尺寸数字不能被任何图线通过,当不可避免时,图线必须断开,如图 1-11（c）所示。

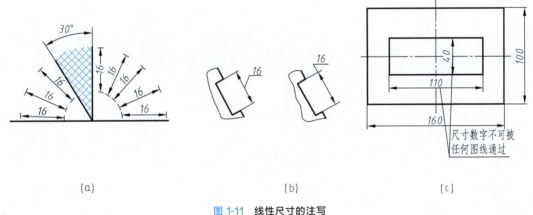

(a)　　　　　　　　　　　(b)　　　　　　　　　　(c)

图 1-11　线性尺寸的注写

三、常见的尺寸标注

1. 线性尺寸标注

线性尺寸在具体标注时应考虑标注的合理性,常见的错误注法如图 1-12 所示。

2. 角度的尺寸标注

角度的尺寸界线应沿径向引出,尺寸线画成圆弧,其圆心为该角的顶点,半径取适当大

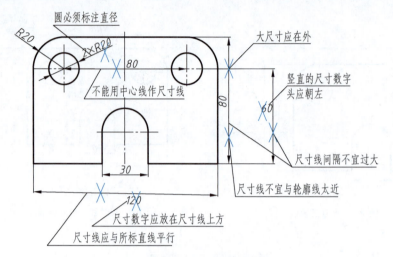

图 1-12   线性尺寸标注常见的错误注法

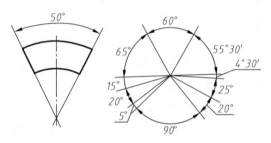

图 1-13   角度的尺寸标注

小。角度的尺寸数字一律水平方向书写，如图 1-13 所示。

3. 圆、圆弧、球面的尺寸标注

标注圆的直径时，应在尺寸数字前加注符号"ϕ"，尺寸线的终端应画成箭头，并按图 1-14（a）所示的方法标注。标注大于半圆的圆弧直径，其尺寸线应画至略超过圆心，只在尺寸线一端画箭头指向圆弧，如图 1-14（b）所示。标注小于或等于半圆的圆弧半径时，尺寸线应从圆心出发引向圆弧，只画一个箭头，并在尺寸数字前加注半径符号"R"，如图 1-14（c）所示。

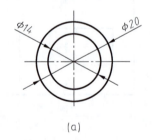

(a)

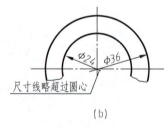

(b)

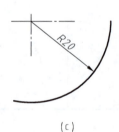

(c)

图 1-14   圆和圆弧的尺寸标注

当圆弧的半径过大或在图纸范围内无法标出其圆心时，将半径的尺寸线画成折线，如图 1-15（a）所示。若不需要标出圆心位置，可按图 1-15（b）的形式标注。

标注圆弧的长度时，应在尺寸数字上方加注符号"⌒"。弧长的尺寸界线应平行于弦的垂直平分线，如图 1-16 所示。

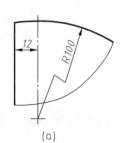

(a)

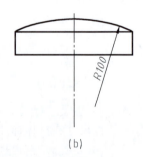

(b)

图 1-15   圆弧半径的尺寸标注

标注球面的直径或半径时，应在符号"ϕ"或"R"前加注符号"S"，如图 1-17 所示。

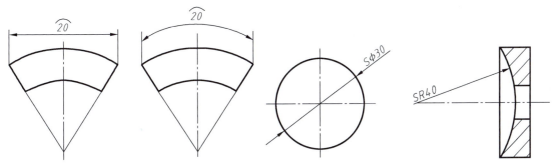

图 1-16　弧长的尺寸标注　　　　　图 1-17　球的尺寸标注

4. 小尺寸的标注

对于尺寸界线间没有足够位置画箭头或者标注尺寸数字的小尺寸，可按如图 1-18 所示的形式标注。标注一连串小尺寸时，可用小圆点或短斜线代替箭头，最外两侧终端仍画箭头；当直径或半径尺寸较小时，箭头和数字都可以分布在圆弧外侧，如图 1-18 所示。

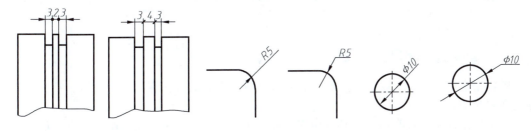

图 1-18　小尺寸的标注

5. 正方形结构的尺寸标注

标注正方形结构的尺寸时，可在正方形边长尺寸数字前加注符号"□"，如图 1-19 所示。符号"□"是一种图形符号，表示正方形。

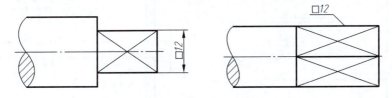

图 1-19　正方形结构的尺寸标注

6. 对称图形的尺寸标注

对称图形的尺寸应对称标注，如图 1-20 所示。

7. 尺寸标注应注意的几个问题

① 连续尺寸线应排在一条线上。

② 同一图样中尺寸的字高应保持一致，一般用 3.5 号长仿宋体字，字符间隔要均匀，字符格式参照国家标准中的规定。

③ 同一图样中尺寸线箭头的大小应一致，机械图样中尺寸线箭头一般采用闭合的实心箭头。

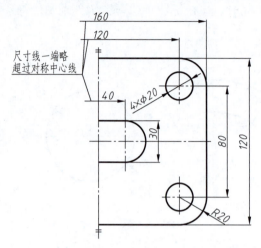

图 1-20 对称图形的尺寸标注

学习任务三 常用绘图工具的使用方法

一、图板、丁字尺和三角板

图板用来铺放和固定图纸，一般由胶合板制成。图板的工作表面必须平坦、光洁，左右导边必须光滑、平直。

丁字尺由尺头和尺身两部分垂直相交构成。丁字尺用于画水平线，画图时应使尺头靠紧图板左侧的工作边，如图 1-21 所示。

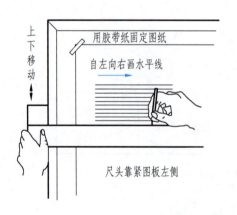
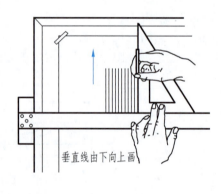

图 1-21 丁字尺和三角板的使用方法

三角板配合可以画出一系列不同角度的线，如 30°、45°、60°，以及 15°倍数角的各种倾斜线。两块三角板配合还可以画垂直线和平行线，如图 1-22 所示。三角板是手工绘图的主要工具。

二、圆规和分规

圆规主要用来绘制圆和圆弧。使用时应先调整针脚，使针尖略微长于铅芯，且针脚和铅

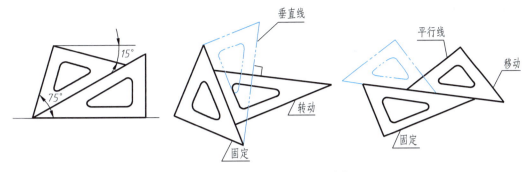

图 1-22　三角板配合画特殊位置直线

芯脚都与图纸大致保持垂直，如图 1-23（a）（b）所示。用圆规画大圆时，可加上延伸杆。画圆弧用的铅芯一般比画直线的铅芯软一点。

　　分规主要用来量取线段和等分线段或圆弧，如图 1-23（c）所示。分规的两腿均装有钢针，两腿合拢时两针尖应合成一点。

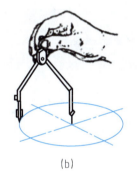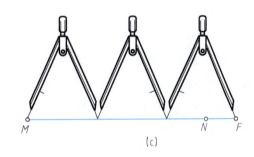

图 1-23　圆规和分规的使用方法

三、铅笔

　　铅笔根据铅芯的软硬程度分为软（B）、中性（HB）、硬（H）三种。根据绘制的图线的粗细不同，所需铅芯的软硬也不同。通常画粗线可采用 HB、B、2B，画细线可采用 2H、H、HB。

　　铅笔的削法如图 1-24 所示。

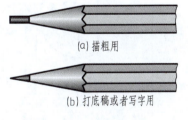

图 1-24　铅笔的削法

学习任务四　几何作图

　　零件的轮廓一般都是由直线、圆弧和其他的一些曲线所组成的几何图形。因此，学习绘制工程图应当首先学会常见几何图形的作图方法，弄清图形与尺寸间相互依存的关系。

一、线段的等分

【例 1-1】　将已知线段 AB 分成六等分。

作图方法：

① 过端点 A 作射线 AC，AC 与已知线段 AB 成任意角度。

② 用分规在 AC 上以任意长度作等长，取得 1、2、3、4、5、6 等分点。

③ 连接 6、B 两点，并过 5、4、3、2、1 点作线段 $6B$ 的平行线，在 AB 上即得六等分点。作图方法如图 1-25 所示。

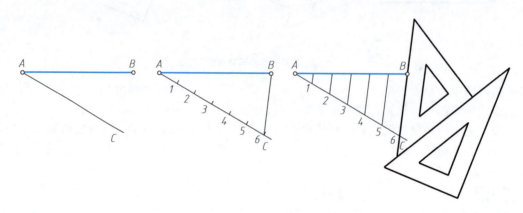

图 1-25　平行线法等分线段

二、圆的等分

1. 圆的六等分

可以利用三角板和丁字尺配合将圆六等分，如图 1-26 所示。也可以利用圆规将圆六等分，如图 1-27 所示。

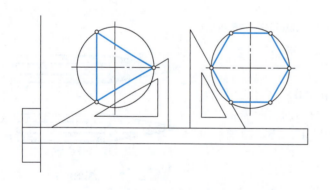

图 1-26　利用三角板与丁字尺三等分、六等分圆

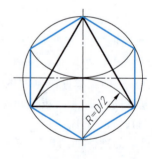

图 1-27　利用圆规三等分、六等分圆

2. 圆的等分及作圆内接正多边形

利用弦长查表将已知圆任意等分。根据弦长计算公式计算出弦长（即等分圆弧的弦长），再作图。

弦长计算公式：

$$L \approx d \sin(180°/n)$$

弦长表见表 1-6。

表 1-6　弦长表

等分数 n	弦长 $L(\approx)$	等分数 n	弦长 $L(\approx)$
3	$0.866d$	7	$0.434d$
4	$0.707d$	8	$0.383d$
5	$0.588d$	9	$0.342d$
6	$0.5d$	10	$0.309d$

【例 1-2】　已知直径为 $\phi 30$mm 的圆，试将圆七等分，并作正七边形。

作图方法：

① 已知圆周等分数 $n=7$，查弦长表得 $L=0.434d$。

② 计算得出弦长 $L=0.434\times 30=13.02$（mm）。

③ 画直径为 $\phi 30$mm 的圆，用弦长 $L=13.02$mm 在圆上用分规依次截取 7 个等分点，依次连接各等分点即得所求正七边形，如图 1-28 所示。

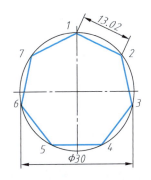

图 1-28　七等分圆并作正七边形

三、圆弧连接

圆弧连接即用一圆弧光滑地连接相邻两已知线段，其实质就是使连接圆弧与已知线段相切，如图 1-29 所示。圆弧连接的作图关键是找到连接圆弧的圆心及其与已知线段的切点的位置。

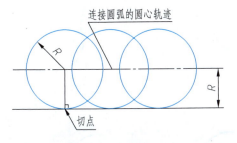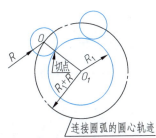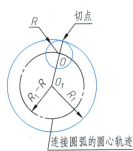

两直线间的圆弧连接

图 1-29　圆弧连接作图原理

1. 两直线间的圆弧连接

两直线间的圆弧连接方法和步骤如表 1-7 所示。

表 1-7　两直线间的圆弧连接

已知条件	作图步骤 1	作图步骤 2	作图步骤 3
已知两相交直线 AB、BC 和连接圆弧半径 R，要求用半径为 R 的连接圆弧连接两已知直线 AB 和 BC	分别作与两直线距离为 R 的平行线,两平行线的交点 O 即为连接圆弧的圆心	过圆心 O 分别作两已知直线的垂线，垂足即为连接点(切点)的位置	画连接圆弧

续表

已知条件	作图步骤1	作图步骤2	作图步骤3
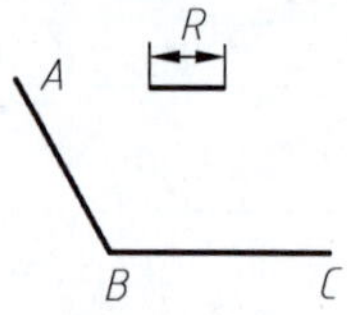	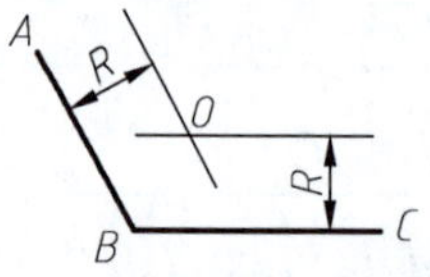	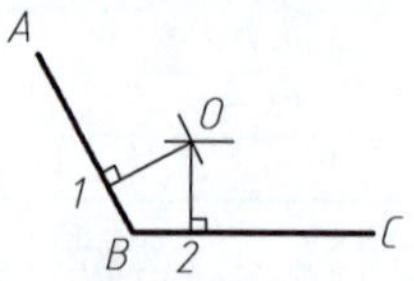	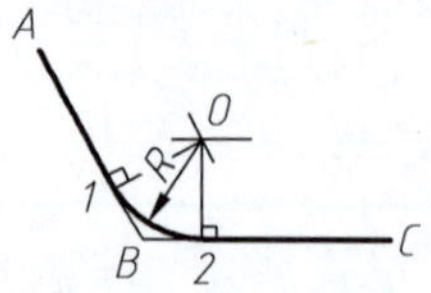
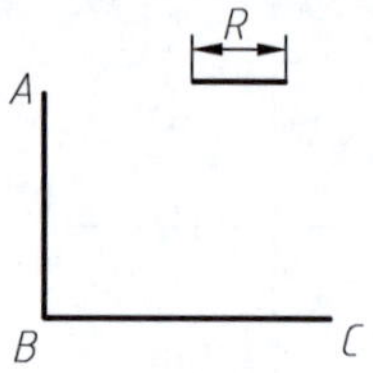	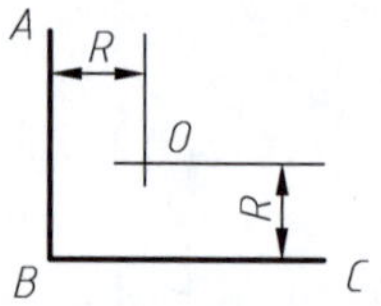	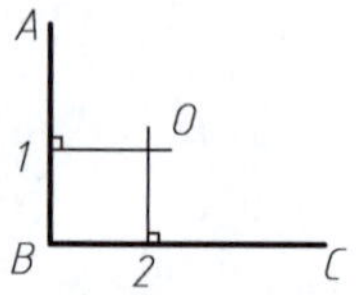	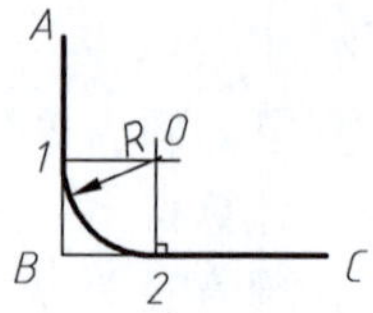

2. 两圆弧间的圆弧连接

两圆弧间的圆弧连接方法如表 1-8 所示。

表 1-8　两圆弧间的圆弧连接

已知条件	作图步骤1 找连接圆弧的圆心	作图步骤2 找出连接点即切点的位置	作图步骤3 画连接圆弧
与已知圆弧外切（即外连接） 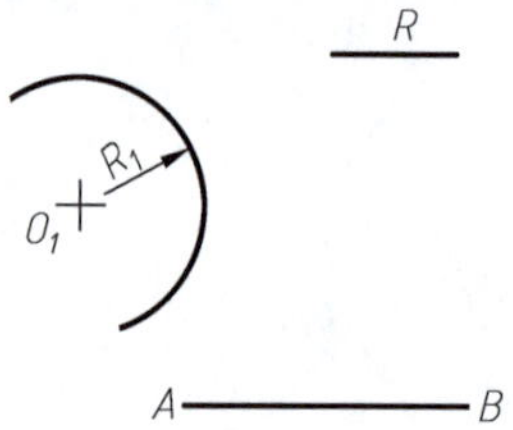 	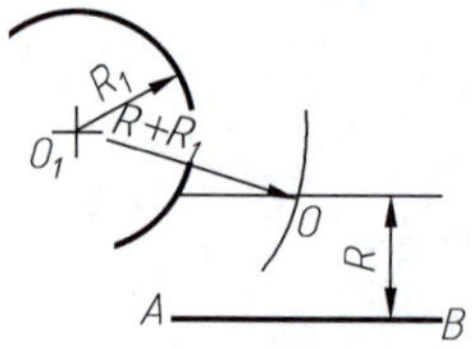	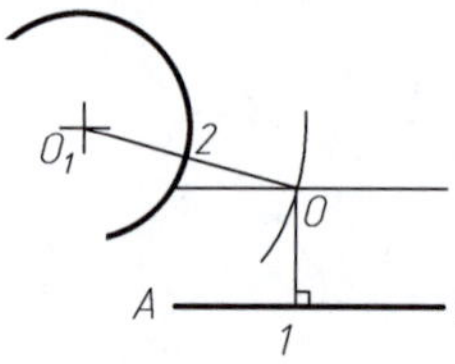	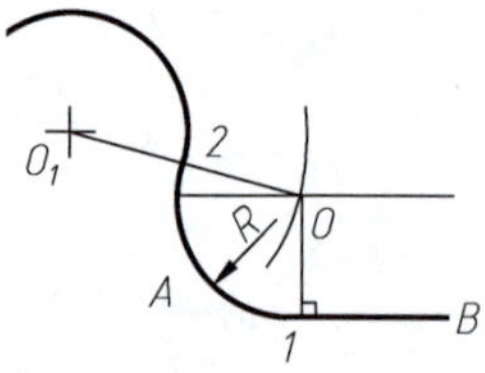
与两已知圆弧外切（即外连接） 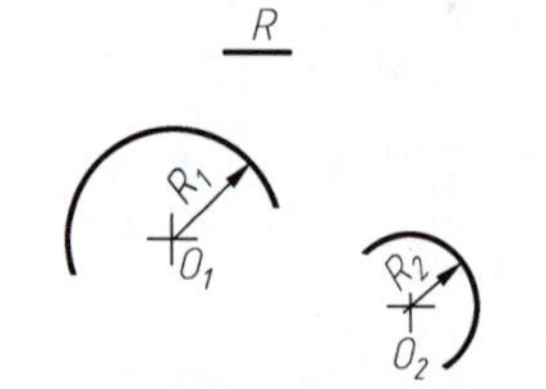 	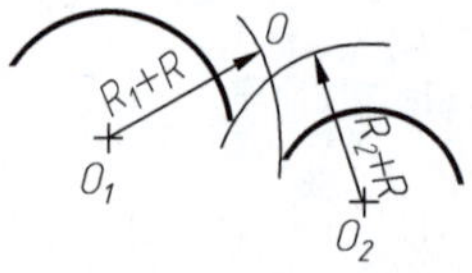	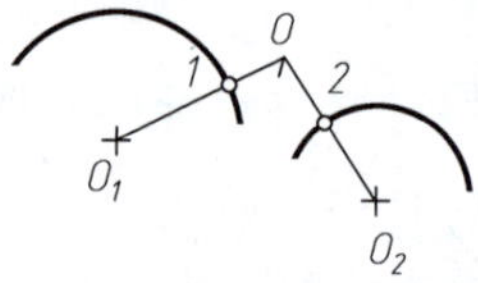	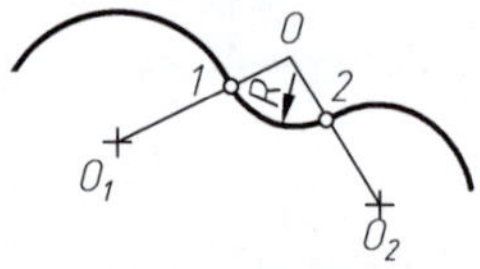
与两已知圆弧内切（即内连接） 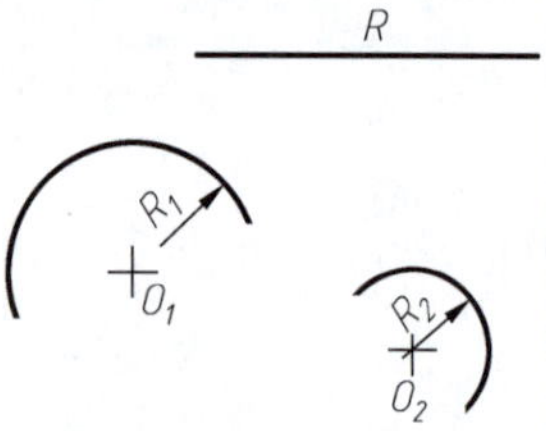 	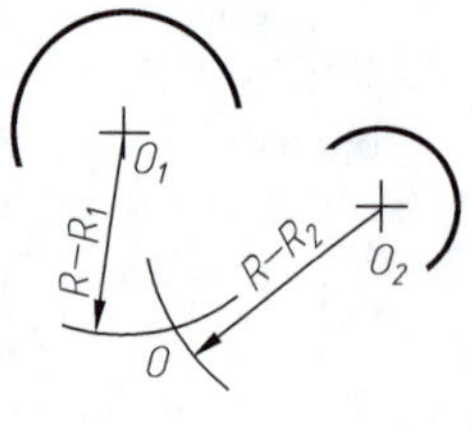	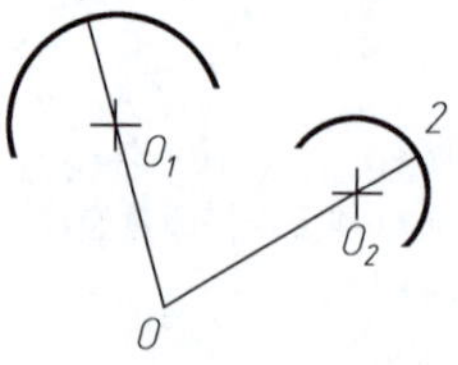	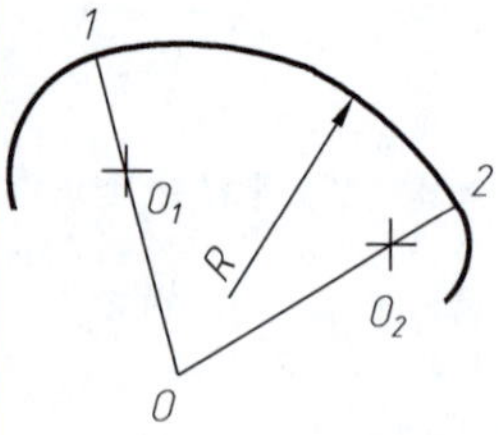

总结：圆弧连接一定要分析连接方式，确定是内连接还是外连接，然后用内减外加的方法确定连接圆弧的圆心。

【例 1-3】 已知半径为 R_1 和 R_2 的两段圆弧，如图 1-30（a）所示，试用半径为 R 的圆弧分别与 R_1（外切）和 R_2（内切）光滑连接。

作图方法：

① 找连接圆心 O，如图 1-30（b）所示。

② 连接 OO_1 和 OO_2，找到连接点 1 和 2，如图 1-30（c）所示。

③ 画连接圆弧，如图 1-30（d）所示。

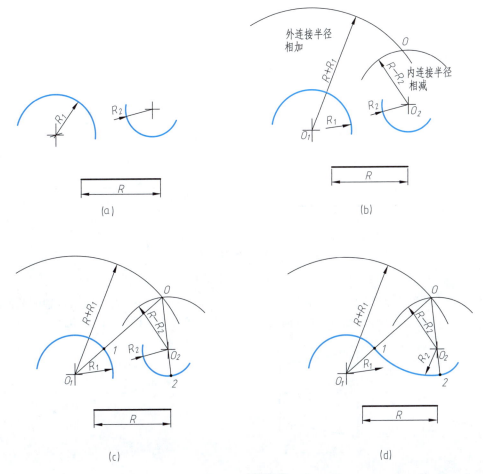

图 1-30　圆弧连接

四、斜度和锥度

1. 斜度（GB/T 4096.1—2022、GB/T 4458.4—2003）

斜度是指一直线（或平面）相对于另一直线（或平面）的倾斜程度，如图 1-31 所示，代号为"S"，其大小用两直线（或两平面）间夹角的正切值来表示，即斜度为

$$S = \frac{H-h}{L} = \tan\alpha$$

通常在图样中把比例的前项化为 1，简化成 $1:n$ 的形式。

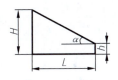

图 1-31　斜度的概念

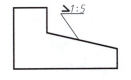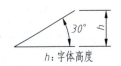

h：字体高度

图 1-32　斜度的标注

斜度在图样上的标注形式为"∠1∶n",符号"∠"的指向应与实际倾斜方向一致,如图 1-32 所示。

【例 1-4】 过 K 点作斜度为 1∶5 的斜度线,完成绘图。

作图方法:

① 自 O 点在竖直线上任取一个单位等分点,得到 A 点。

② 自 O 点在 OA 的垂线上取 5 个相同的等分单位得到 B 点。

③ 连接 A、B 两点即得 1∶5 的斜度。

④ 过 K 点作 AB 的平行线,即得到 1∶5 的斜度线,如图 1-33 所示。

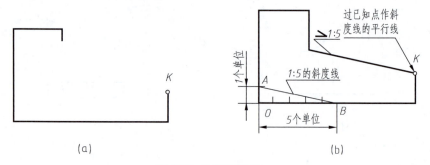

(a)   (b)

图 1-33 斜度线的画法

2. 锥度（GB/T 157—2001、GB/T 4458. 4—2003）

圆锥的锥度为圆锥底圆直径与锥高之比。圆锥台的锥度为两个垂直圆锥台轴线截面的圆直径 D 和 d 之差与该两截面之间的轴向距离 L 之比,代号为"C",如图 1-34 (a) 所示。

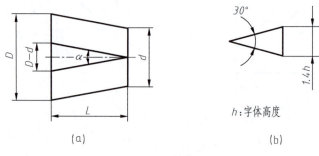

(a)   (b)

图 1-34 锥度

$$锥度\ C = \frac{D-d}{L}$$

通常在图样中把比值化成 1∶n 的形式。锥度的标注形式为"▷1∶n"。如图 1-34 (b) 所示。

【例 1-5】 图 1-35 (a) 所示物体的右部是一个锥度为 1∶4 的圆锥台,过 E、F 点作 1∶4 锥度线。

作图方法:

① 以点 O 为中点取 AB 为一个等分单位,即 $OA = OB = \dfrac{1\ 个单位}{2}$。

② 由点 O 沿水平方向取 4 个等分单位,得点 C。

③ 连接 AC、BC,即得 1∶4 的锥度。

④ 分别过点 E、F 作 AC、BC 的平行线,即得所求圆锥台的锥度线,如图 1-35 (b) 所示。

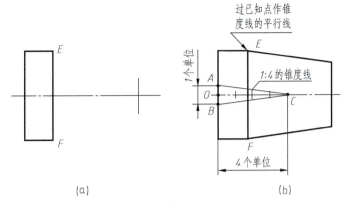

图 1-35　锥度线的画法

五、椭圆的画法

椭圆的
画法

已知长轴和短轴，用近似画法（四心圆法）画椭圆。四心圆法即求出椭圆的四个圆心和半径，用四段圆弧近似地代替椭圆。

用四心圆法画椭圆的作图方法：

① 画出相互垂直且平分的长轴 AB 和短轴 CD，如图 1-36（a）所示。

② 作 $OA=OE$，连接 AC，并在 AC 上取 CF，$CF=CE$，如图 1-36（b）所示。

③ 作 AF 的中垂线，与长、短轴分别交于 1、2 点，如图 1-36（c）所示。

④ 对称画出 3、4 点，分别连接 1、2、3、4，形成菱形，如图 1-36（d）所示。

⑤ 以 1、2、3、4 各点为圆心，以 $1A$、$2C$、$3B$、$4D$ 为半径，分别画圆弧，即得近似的椭圆，如图 1-36（e）所示。

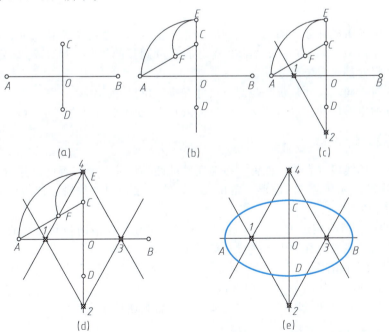

图 1-36　用四心圆法画椭圆

学习任务五　平面图形的画法

平面图形是由各种线段连接而成的，这些线段之间的相对位置和连接关系靠给定的尺寸来确定。画图时，只有通过分析尺寸和线段间的关系，才能明确该平面图形的作图顺序和作图方法。

一、尺寸分析

平面图形中的尺寸，根据其作用不同，分为定形尺寸和定位尺寸两类。

1. 定形尺寸

确定图形中各部分几何形状的尺寸称为定形尺寸。如直线段的长度、倾斜线的角度、圆或圆弧的直径和半径等。在图 1-37 中，直径 $\phi20$ 和长度 15 确定了圆柱的大小，$\phi5$ 确定了小圆的大小，$R15$、$R12$、$R50$ 和 $R10$ 确定了圆弧半径的大小，这些尺寸都是定形尺寸。

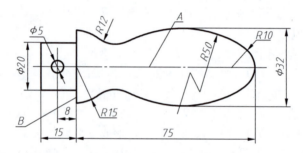

图 1-37　手柄平面图

2. 定位尺寸

确定图形中各组成部分（圆心、线段等）相对位置的尺寸称为定位尺寸。在图 1-37 中，尺寸 8 确定了 $\phi5$ 小圆的位置，尺寸 $\phi32$ 确定了 $R50$ 圆弧的位置，尺寸 75 确定了 $R10$ 圆弧的位置，这些尺寸都是定位尺寸。

分析尺寸时，同一尺寸常常既是定形尺寸又是定位尺寸。例如，图 1-37 中尺寸 75 既是确定手柄长度的定形尺寸，也是间接确定尺寸 $R10$ 圆弧圆心的定位尺寸。

二、线段分析

平面图形中的线段（直线、圆弧）按照所给的两类尺寸齐全与否可以分为三类。

① 已知线段。具有完整的定形、定位尺寸，能直接画出的线段，称为已知线段，如图 1-37 中的 $R10$、$R15$。

② 中间线段。具有定形尺寸和一个方向的定位尺寸，需借助与其一端的已知线段连接的线段才能作出的线段，称为中间线段，如图 1-37 中的 $R50$。

③ 连接线段。具有定形尺寸、缺少定位尺寸，需借助与其两端连接的线段才能作出的线段，称为连接线段，如图 1-37 中的 $R12$。

画图时，应先画已知线段，再画中间线段，最后画连接线段。

三、平面图形的绘制方法和步骤

画平面图形时，必须首先进行尺寸分析和线段分析，先画基准线和已知线段，再画中间线段，最后画连接线段。

图 1-37 所示手柄的绘制步骤如下。

① 画出基准线，并根据定位尺寸画出定位线，如图 1-38（a）所示。

② 画出已知线段，如图 1-38（b）所示。

③ 画出中间线段，如图 1-38（c）所示。

④ 画出连接线段，如图 1-38（d）所示。

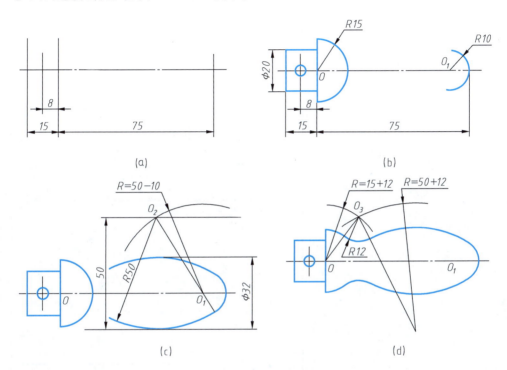

图 1-38　手柄的作图步骤

【项目任务实施单】

序号	方法步骤	图示
步骤 1	选择 A4 图幅,按国家标准绘制图框和标题栏	

续表

序号	方法步骤	图示
步骤 2	根据总体尺寸，选择 1∶2 绘图比例。根据已知定位尺寸画细点画线。布置图形时，应留足标注尺寸的位置，使图形布置匀称	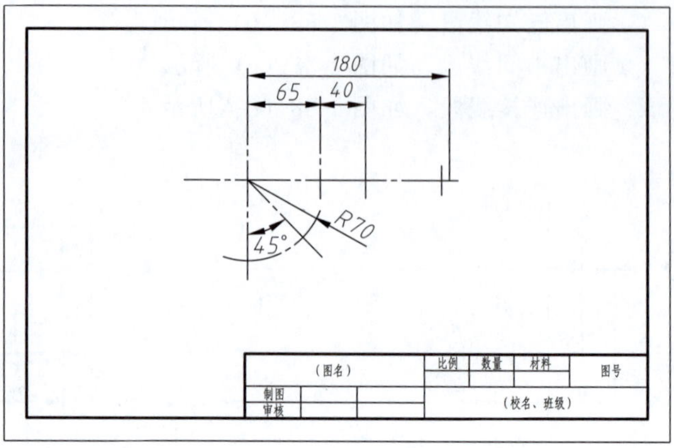
步骤 3	画已知线段	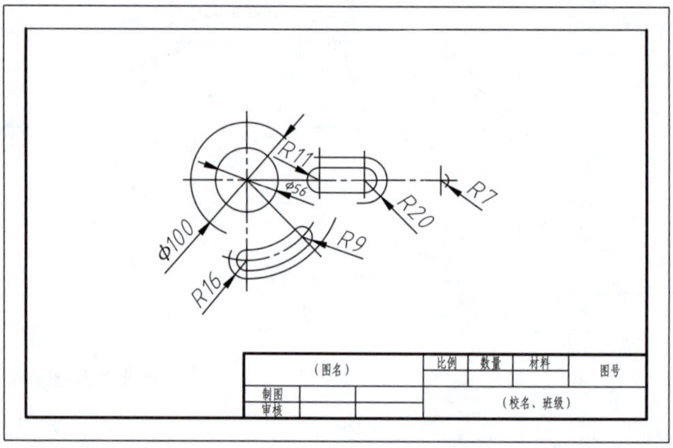
步骤 4	画中间线段	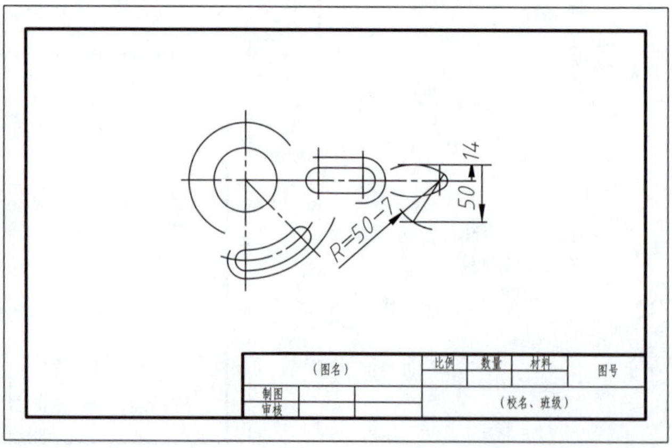

续表

序号	方法步骤	图示
步骤 5	画连接线段	
步骤 6	加粗描深,标注尺寸,填写标题栏	

注意:① 加深时按"先粗后细,先曲后直,先水平后垂直、倾斜"的顺序绘制,尽量做到同类图线规格一致、连接光滑。

② 箭头应符合规定,并且大小一致。不要漏注尺寸或漏画箭头。

③ 作图过程中要保持图面清洁。

项目二

绘制与识读形体的三视图

 【项目任务单】

任务名称	绘制组合体的三视图
任务描述	绘制组合体的三视图,并标注尺寸
任务分析	通过学习正投影法、三视图的形成、组合体的三视图画法和组合体尺寸标注方法等知识,完成该组合体三视图的绘制
学习目标	①掌握正投影的基本方法和特性 ②掌握三视图的形成及投影规律(三等规律) ③掌握形体三视图的绘制与识读方法 ④培养空间想象能力和严谨认真的学习态度

 【知识链接】

 ## 学习任务一 三视图的形成

一、投影基础

1. 投影法的基本知识(GB/T 14692—2008)

向选定的投影面进行投射,在该投影面上得到图形的方法称为投影法。

根据投影法在投影面上所得到的图形称为投影。在机械制图中,利用投影法在指定的投影面上绘制出图样来表达物体的形状。

2. 投影法的种类

根据投射线的特点将投影法分为中心投影法和平行投影法两类。

(1) 中心投影法

所有投射线都从一点(投影中心)发出,在投影面上得到物体的投影的方法称为中心投影法,如图 2-1 所示。

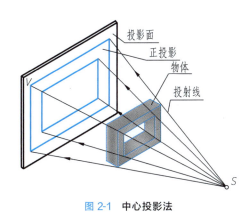

图 2-1 中心投影法

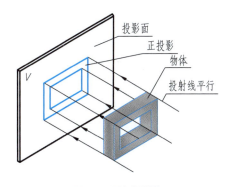

图 2-2 平行投影法

中心投影法的特点是直观性较强，立体感强，可度量性差，是一种绘制建筑物的常用图示方法。

（2）平行投影法

投射线互相平行形成的投影，称为平行投影法。平行投影法的特点是反映物体的真实大小和形状，如图 2-2 所示。平行投影法可分为以下两种。

① 斜投影法，即投射线倾斜于投影面的投影法，如图 2-3（a）所示。

② 正投影法，即投射线垂直于投影面的投影法，如图 2-3（b）所示。机械制图常用正投影法。

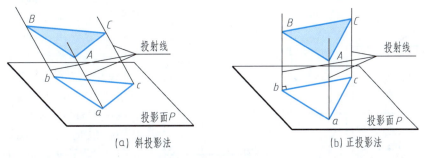

(a) 斜投影法　　　　　　　　　　　　　(b) 正投影法

图 2-3 平行投影法的分类

3. 正投影的特性

① 真实性。当直线或平面图形平行于投影面时，其在投影面上的投影反映实长或实形，称为正投影的真实性，如图 2-4（a）所示。

② 积聚性。当直线或平面图形垂直于投影面时，其在投影面上的投影积聚为一点或直线段，称为正投影的积聚性，如图 2-4（b）所示。

③ 类似性。当直线或平面图形倾斜于投影面时，其在投影面上的投影与实际比缩短或缩小，称为正投影的类似性，如图 2-4（c）所示。

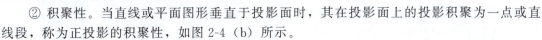

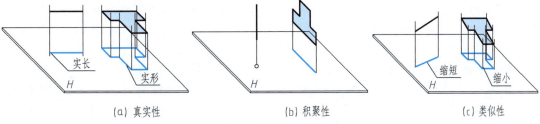

(a) 真实性　　　　　　　　　(b) 积聚性　　　　　　　　(c) 类似性

图 2-4 正投影的基本性质

二、三视图的形成

1. 视图的基本概念

视图是指使用正投影法将形体向投影面投影所得到的图形。

一个视图不能完整地表达物体的形状。如图 2-5 所示，空间结构不同的三个形体在同一个方向上的投影完全相同。可见，只通过一个方向上的投影很难准确地表达形体的结构形状，必须通过多个方向上的投影才能完整准确地表达出形体的形状和结构。机械制图中通常采用三个不同方向上的视图来表达形体结构。

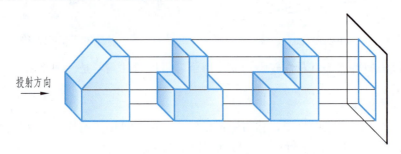

图 2-5　多个形体的投影

2. 三视图的形成（GB/T 14692—2008）

三个互相垂直的平面，如图 2-6 所示，构成三投影面体系，这三个平面将空间分为八个部分，每个部分称为一个分角，分别是Ⅰ分角、Ⅱ分角、…、Ⅷ分角，《技术制图　投影法》（GB/T 14692—2008）国标中规定了我国采用第一角投影法绘制视图，三投影面体系是第一角投影法的基础，包括正立投影面（V 面、正面）、水平投影面（H 面、水平面）和侧立投影面（W 面、侧面），以及三个投影面之间的交线

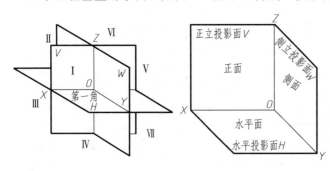

图 2-6　三投影面体系

（OX、OY、OZ）。三个投影面的交线 OX、OY、OZ 称为投影轴（即 X 轴、Y 轴、Z 轴）。三个投影轴的交点称为原点 O。

以原点 O 为基准，沿 X 轴可以度量长度方向上的尺寸及确定左右方位；沿 Y 轴可以度量宽度方向上的尺寸及确定前后方位；沿 Z 轴可以度量高度方向上的尺寸及确定上下方位。

将物体放置于第一角三投影面体系中，分别向三个投影面作正投影，即得物体的三个视图，如图 2-7（a）所示。

将物体由前向后作正投影，在 V 面所得视图，称为主视图，可反映物体的长度和高度。

将物体由上向下作正投影，在 H 面所得视图，称为俯视图，可反映物体的长度和宽度。

将物体由左向右作正投影，在 W 面所得视图，称为左视图，可反映物体的高度和宽度。

将三个投影面展开在同一平面：V 面不动，H 面绕 OX 轴向下旋转 90°，W 面绕 OZ 轴向右旋转 90°。投影面展开后，Y 轴被分为两处，分别用 Y_H（H 面上）和 Y_W（W 面上）表示，如图 2-7（b）所示。展开后的三个视图在同一平面上，如图 2-7（c）所示。机械制图中通常省略投影面边框和投影轴，如图 2-7（d）所示。

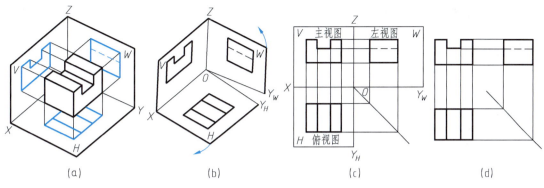

图 2-7 三视图的形成

3. 三视图之间的对应关系

（1）位置关系

按规定位置配置三视图：以主视图为基准，俯视图在其正下方，左视图在其正右方。按规定位置配置三视图时，无须对视图进行标注。

（2）尺寸关系

每个视图均可以反映物体两个方向上的尺寸，如图 2-8 所示。

① 主视图和俯视图均可以反映物体的投影长度，并且长对正。

② 主视图和左视图均可以反映物体的投影高度，并且高平齐。

③ 俯视图和左视图均可以反映物体的投影宽度，并且宽相等。

"长对正、高平齐、宽相等"是物体三视图的投影规律。

三视图之间的对应关系

图 2-8 物体的尺寸关系

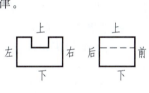

图 2-9 物体的方位关系

（3）三视图的方位关系

形体在空间中都具有上、下、左、右、前、后六个方位。形体在空间中的六个方位和三视图所反映的形体的方位如图 2-9 所示：主视图反映物体的上下、左右方位；俯视图反映物体的左右、前后方位；左视图反映物体的上下、前后方位。

学习任务二　点、直线、平面的投影

一、点的投影

1. 点的投影规律

点是构成形体的最基本的元素。

　　三投影面体系相当于直角坐标体系，以投影面为坐标面，投影轴为坐标轴，O 为坐标原点，设空间中有一点 S（x，y，z），则过空间点 S 分别向三个投影面作垂线，垂足便是点 S 的投影 s、s'、s''。其中，点 S 向正面（V 面）的投影为 s'，点 S 向水平面（H 面）的投影为 s，点 S 向侧面（W 面）的投影为 s''，如图 2-10（a）所示。将投影面展开，即得点的三面投影图，如图 2-10（b）所示，图 2-10 中 s_X、s_Y、s_Z 分别为点 S 在投影面上的投影在投影轴 OX、OY、OZ 上的垂足。

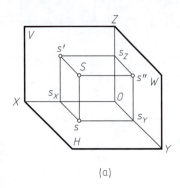
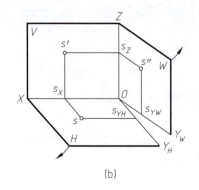
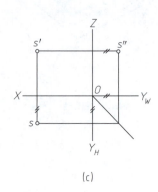

(a)　　　　　　　　(b)　　　　　　　　(c)

图 2-10　点的三面投影

　　点的投影满足三视图的投影规律，即"长对正、高平齐、宽相等"，如图 2-10（c）所示。此外，点的投影还满足以下规律。

　　① 点的 V 面投影与 H 面投影的投影连线必垂直于 OX 轴，即 $s's\perp OX$。

　　② 点的 V 面投影与 W 面投影的投影连线必垂直于 OZ 轴，即 $s's''\perp OZ$。

　　根据点的投影规律，可知点 S 在 V 面上的投影可由点的（x、z）坐标（s_X，s_Z）确定，点 S 在 H 面上的投影可由点的（x、y）坐标（s_X，s_Y）确定，点 S 在 W 面上的投影可由点的（y、z）坐标（s_Y，s_Z）确定。

　　【例 2-1】 已知空间中一点 A 的 H、V 面投影 a、a'，如图 2-11（a）所示，求其在 W 面上的投影 a''。

　　作图方法：根据点的投影规律和三等规律作图。

　　① 过 a' 作 $a'a_Z\perp Z$ 轴，如图 2-11（b）所示。

　　② 过 a 作直线垂直于 Y_H 轴，与 45°线交于点 b，由 b 点向上作 Y_W 轴的垂线，与直线 $a'a_Z$ 相交得到 a''，如图 2-11（c）所示。

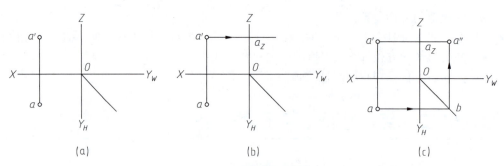

(a)　　　　　　　　(b)　　　　　　　　(c)

图 2-11　作点的第三面投影

2. 点的投影与直角坐标的关系

将投影轴当作坐标轴，三个投影轴的交点 O 为坐标原点，点的空间位置可用直角坐标来表示。由图 2-12 可以看出：

点 A 的 x 坐标＝空间点到 W 面的距离；

点 A 的 y 坐标＝空间点到 V 面的距离；

点 A 的 z 坐标＝空间点到 H 面的距离。

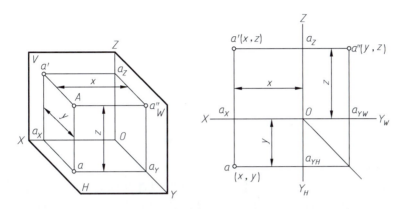

图 2-12　点的投影与直角坐标的关系

【例 2-2】　已知点 A（20，10，15），绘制其三面投影。

作图方法：根据点的投影规律和三等规律作图。

① 画出投影轴，自 O 点沿 X 轴向左量取 20mm，得到点 a_X，如图 2-13（a）所示。

② 自 a_X 点向上量取 15mm，得到点 a'；自 a_X 点向下量取 10mm，得到点 a，如图 2-13（b）所示。

③ 根据点的投影规律和三等规律，由 a、a' 求出 a''，如图 2-13（c）所示。

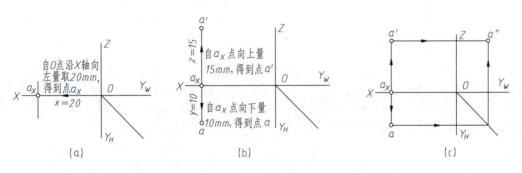

图 2-13　根据点的坐标求投影

3. 两点的相对位置

（1）空间中两点的相对位置

判断两点的相对位置即判断两点间左右、上下、前后位置关系。

判断两点间的左右位置可以通过比较两点的 x 坐标值来完成，即点的 x 坐标大的在左，x 坐标小的在右。

判断两点间的上下位置可以通过比较两点的 z 坐标值来完成，即点的 z 坐标大的在上，z 坐标小的在下。

判断两点间的前后位置可以通过比较两点的 y 坐标值来完成，即点的 y 坐标大的在前，y 坐标小的在后。

【例 2-3】 已知图示点 A 的三面投影，且已知点 B 在点 A 的右方 12mm、下方 8mm、后方 4mm，求作点 B 的三面投影。

作图方法：如图 2-14 所示。

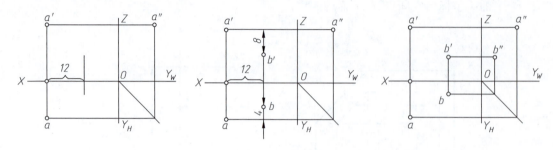

图 2-14　点的相对位置

（2）重影点的可见性

空间两点在某一投影面上的投影重合为一点时，称此两点为该投影面的重影点。当两点在某投影面上为重影点时，此两点的连线必垂直于该投影面，即反映正投影的积聚性。沿投射方向看过去，远离投影面的点为可见点，靠近投影面的点为不可见点（用括号表示）。

如图 2-15 所示，E、F 两点的连线垂直于 V 面，此两点在 V 面投影为重影点，无左右、上下之分（即两点的 x、z 坐标相等），E 点远离投影面，则 E 点在 F 点的前方，所以投影 f' 用括号括起来，表示不可见。

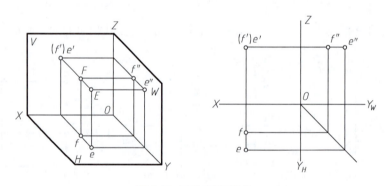

图 2-15　重影点的可见性

二、直线的投影

将两点在同一投影面上的投影（同面投影）用直线连接，得到两点间直线在该投影面上的投影。

1. 各种位置的直线的投影

（1）投影面垂直线

垂直于某一投影面，且同时平行于另两个投影面的直线。

正垂线：垂直于 V 面，平行于 H、W 面的直线。

铅垂线：垂直于 H 面，平行于 V、W 面的直线。

侧垂线：垂直于 W 面，平行于 V、H 面的直线。

投影面垂直线的投影见表 2-1。

表 2-1　投影面垂直线的投影

名称	正垂线(⊥V 面, //H、W 面)	铅垂线(⊥H 面, //V、W 面)	侧垂线(⊥W 面, //V、H 面)
实例	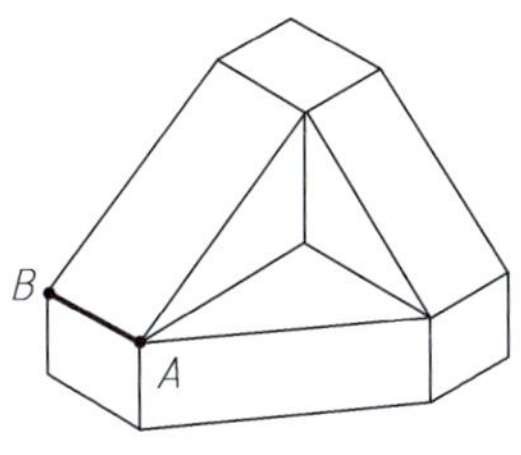	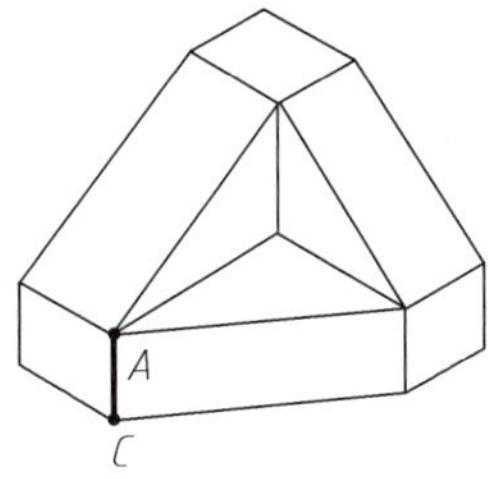	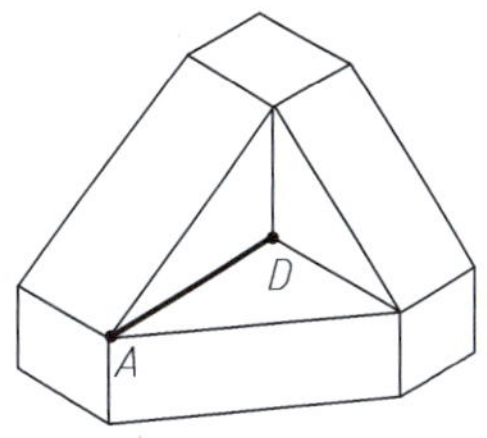
投影图	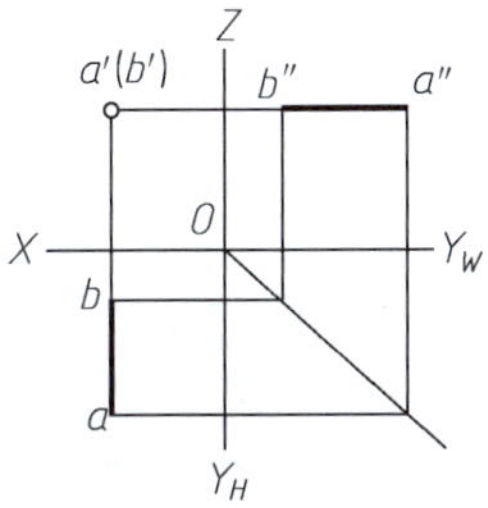	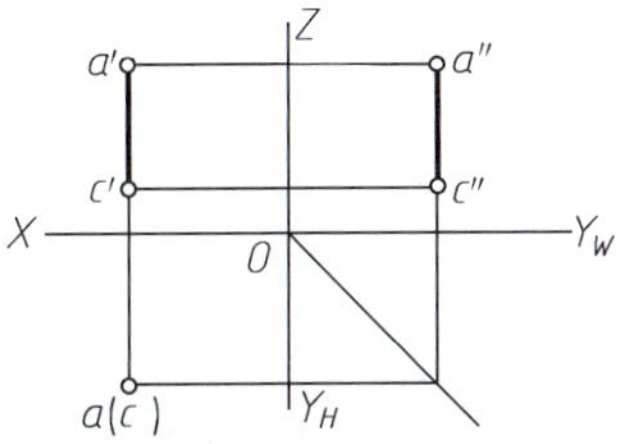	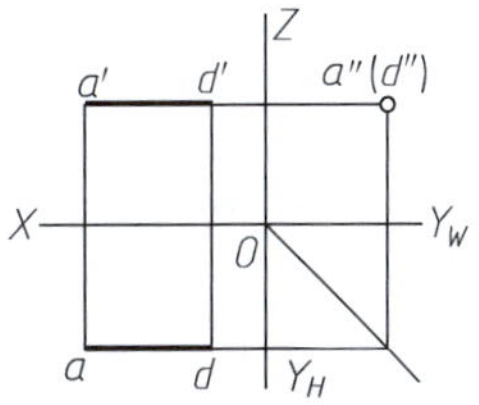
投影特性说明	①正垂线在 V 面上的投影积聚为一点 $a'(b')$ ②在 H、W 面上的投影反映实长,且垂直于相应的投影轴, $ab⊥OX$, $a''b''⊥OZ$	①铅垂线在 H 面上的投影积聚为一点 $a(c)$ ②在 V、W 面上的投影反映实长,且垂直于相应的投影轴, $a'c'⊥OX$, $a''c''⊥OY_W$	①侧垂线在 W 面上的投影积聚为一点 $a''(d'')$ ②在 H、V 面上的投影反映实长,且垂直于相应的投影轴, $ad⊥OY_H$, $a'd'⊥OZ$

（2）投影面平行线

平行于一个投影面,倾斜于另两个投影面的直线。

正平线:平行于 V 面,倾斜于 H、W 面的直线。

水平线:平行于 H 面,倾斜于 V、W 面的直线。

侧平线:平行于 W 面,倾斜于 V、H 面的直线。

投影面平行线的投影见表 2-2。

表 2-2　投影面平行线的投影

名称	正平线(//V 面,倾斜于 H、W 面)	水平线(//H 面,倾斜于 V、W 面)	侧平线(//W 面,倾斜于 V、H 面)
实例	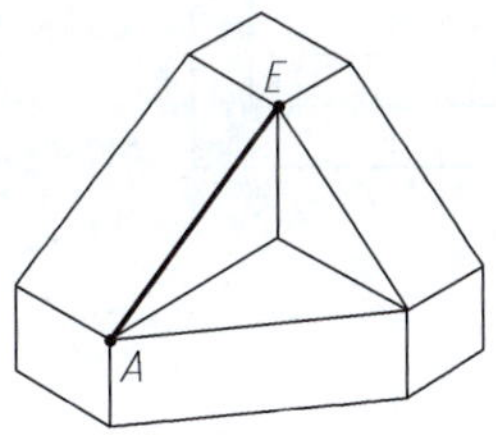	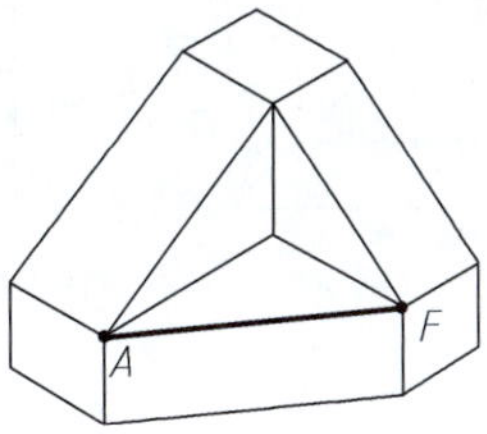	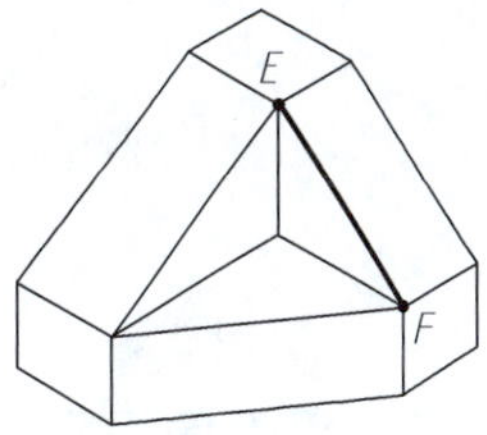
投影图	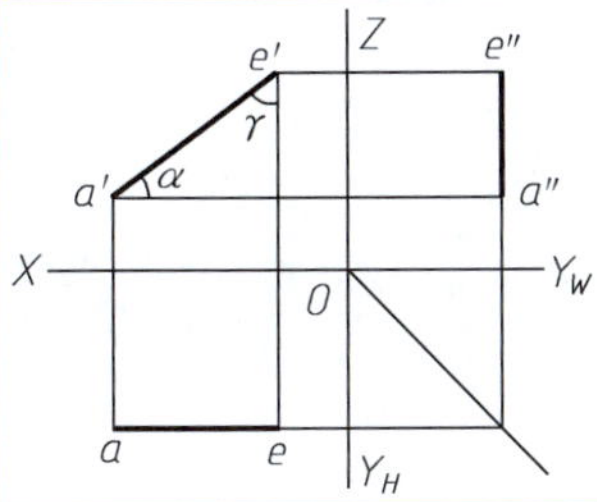	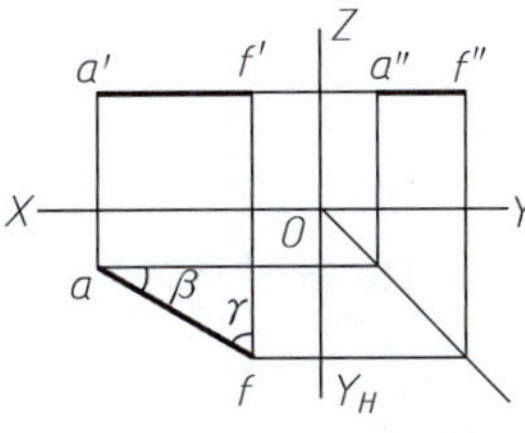	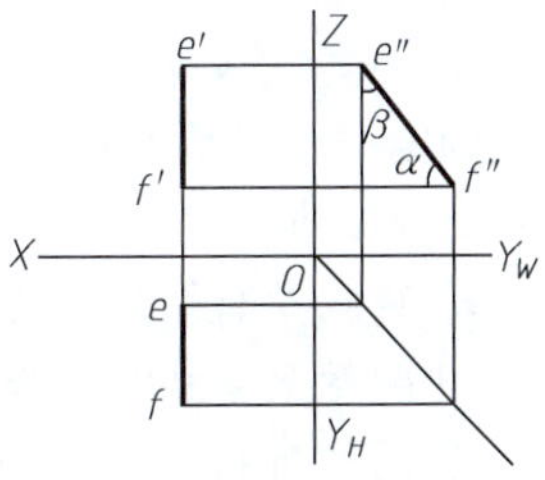

名称	正平线(//V面,倾斜于H、W面)	水平线(//H面,倾斜于V、W面)	侧平线(//W面,倾斜于V、H面)
投影特性说明	①正平线在V面上的投影反映实长,与OX及OZ轴的夹角α、γ分别等于直线对H面、W面的倾角 ②水平面投影ae//OX,侧面投影a″e″//OZ	①水平线在H面上的投影反映实长,与OX及OY轴的夹角β、γ分别等于直线对V面、W面的倾角 ②正面投影a′f′//OX,侧面投影a″f″//OY_W	①侧平线在W面上的投影反映实长,与OY及OZ轴的夹角α、β分别等于直线对H面、V的面的倾角 ②正面投影e′f′//OZ,水平投影ef//OY_H

（3）一般位置直线

如图 2-16 所示，直线 AB 与三个投影面既不垂直，也不平行，都倾斜于投影轴，称 AB 为一般位置直线。

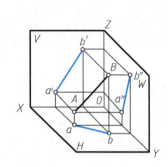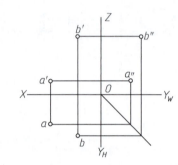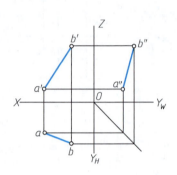

图 2-16　一般位置直线的投影

2. 直线上点的投影

若点在直线上，则点的各面投影必在该直线的同面投影上且符合点的投影规律。

如图 2-17 所示，点 C 是直线 AB 上的点，则 c 在 ab 上，c' 在 $a'b'$ 上，c''在 $a''b''$上。

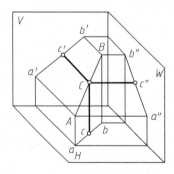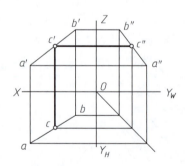

图 2-17　点在直线上的投影

三、平面的投影

1. 平面的表示法

确定一个平面有以下几种方法：

① 不在同一直线上的三个点，如图 2-18（a）所示。

② 直线及直线外一点，如图 2-18（b）所示。

③ 两相交直线，如图 2-18（c）所示。

④ 两平行直线，如图 2-18（d）所示。

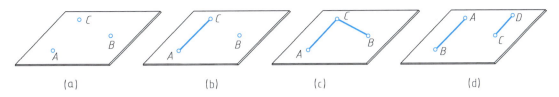

图 2-18　平面的表示法

2. 一般位置平面的三面投影

一般位置平面倾斜于三个投影面，因此，在三个投影面上的投影均为平面的类似形，如图 2-19 所示。

3. 特殊位置平面的三面投影

按空间平面相对于各投影面的位置关系，把平面分为投影面平行面、投影面垂直面、一般位置面。其中将投影面垂直面和投影面平行面称为特殊位置平面。

（1）投影面平行面的三面投影

平行于某一个投影面，且同时垂直于另两个投影面的平面，称为投影面平行面。投影面平行面分为以下三种。

① 正平面。平行于 V 面，垂直于 H、W 面。

② 水平面。平行于 H 面，垂直于 V、W 面。

③ 侧平面。平行于 W 面，垂直于 V、H 面。

各种位置平面的投影特性见表 2-3。

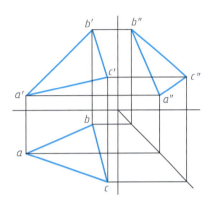

图 2-19　一般位置平面的三面投影

表 2-3　各种位置平面的投影特性

名称	正平面	水平面	侧平面
实例			
投影图			

名称	正平面	水平面	侧平面
投影特性	① 正平面在 V 面上的投影反映实形 ② H、W 面上的投影积聚为线段，且分别平行于 OX、OZ 轴	① 水平面在 H 面上的投影反映实形 ② V、W 面上的投影积聚为线段，且分别平行于 OX、OY_W 轴	① 侧平面在 W 面上的投影反映实形 ② V、H 面上的投影积聚为线段，且分别平行于 OZ、OY_H 轴

（2）投影面垂直面的三面投影

垂直于某一投影面，倾斜于另两个投影面的平面，称为投影面垂直面，投影面垂直面分为以下三种（表 2-4）。

① 正垂面。垂直于 V 面，倾斜于 H、W 面。

② 铅垂面。垂直于 H 面，倾斜于 V、W 面。

③ 侧垂面。垂直于 W 面，倾斜于 V、H 面。

表 2-4 投影面垂直面的投影

名称	正垂面	铅垂面	侧垂面
实例	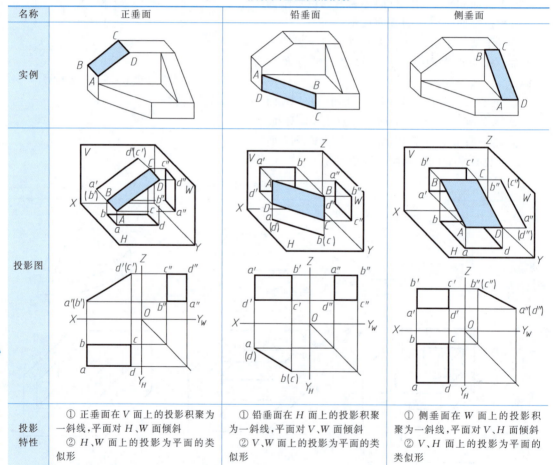		
投影图			
投影特性	① 正垂面在 V 面上的投影积聚为一斜线，平面对 H、W 面倾斜 ② H、W 面上的投影为平面的类似形	① 铅垂面在 H 面上的投影积聚为一斜线，平面对 V、W 面倾斜 ② V、W 面上的投影为平面的类似形	① 侧垂面在 W 面上的投影积聚为一斜线，平面对 V、H 面倾斜 ② V、H 面上的投影为平面的类似形

【例 2-4】 已知平面的两面投影，如图 2-20（a）所示，求作其第三面投影。

作图方法：

① 在 W 面中标出各点位置，如图 2-20（b）所示。根据高平齐，在 V 面上对应画出点 $1'\sim6'$ 的投影，如图 2-20（c）所示。

② 根据三等规律，长对正、宽相等，分别画出 $1\sim6$ 点在 H 面上的投影，依次连接 $1\sim$

6 点，完成作图，如图 2-20（d）所示。

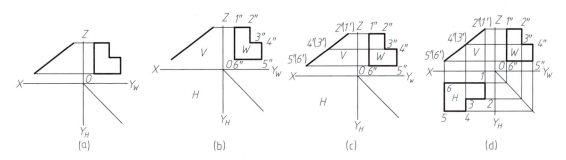

图 2-20　已知平面的两面投影，作其第三面投影

4. 平面上的直线和点的投影

（1）平面上的直线的投影

直线在平面上应满足以下几何条件。

① 若一直线过平面上的两点，则此直线必在该平面内。

② 若一直线过平面上的一点且平行于该平面上的另一直线，则此直线在该平面内。

平面上直线和点的投影

【例 2-5】　已知平面 ABC 上直线 MN 的正面投影 $m'n'$，如图 2-21（a）所示，求水平投影 mn。

作图方法：

① 延长 $m'n'$，交直线 $a'b'$ 于点 e'，交直线 $b'c'$ 于点 f'，如图 2-21（b）所示。

② 将 e' 投影至 ab 上，交于点 e；将 f' 投影至 bc 上，交于点 f，连接 ef，如图 2-21（c）所示。

③ 分别将 m'、n' 投影至 m、n，连接 mn，完成作图，如图 2-21（d）所示。

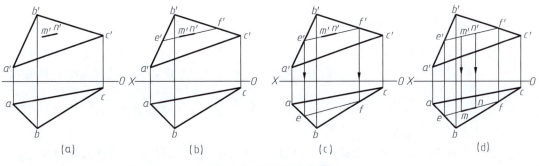

图 2-21　求平面内直线的投影

（2）平面上的点的投影

点从属于平面的条件是，若一点在平面内的任意直线上，则此点必定在该平面内。

【例 2-6】　已知 D 点在平面 ABC 上（即 $ABCD$ 是同一平面），完成该平面的水平面投影，如图 2-22（a）所示。

分析：完成 D 点的水平面投影即完成平面的水平面投影，所以求 D 点的水平投影 d 即可。

作图方法：

① 连接 $a'c'$，和直线 $b'd'$ 交于点 m'，将 m' 投影至水平面，得到 m，如图 2-22（b）所示。

② 连接 bm 并延长至 d，连接 $abcd$，完成作图，如图 2-22（c）、（d）所示。

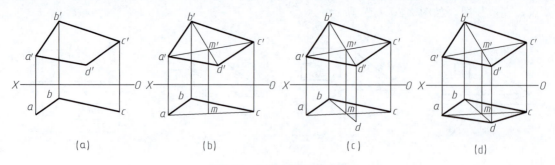

图 2-22　求平面上的点的投影

学习任务三　绘制与识读基本几何体的三视图

基本几何体分为平面立体和曲面立体，如图 2-23 所示棱柱、棱锥等属于平面立体，圆柱、圆锥、圆球属于曲面立体。

(a) 棱柱　　　(b) 棱锥　　　(c) 圆柱　　　(d) 圆锥　　　(e) 圆球

图 2-23　基本几何体

一、平面立体的三视图

表面都是由平面组成的形体称为平面立体。图 2-23 所示的棱柱、棱锥是平面立体。由于平面立体的表面都是平面，只要按投影关系作出各表面的投影，就可以完成该平面立体的投影。

1. 棱柱

（1）直棱柱的三视图

直棱柱的各侧棱线、侧棱面都垂直于底面，因此直棱柱投影时，通常让其顶面和底面平行于某投影面（反映实形），则其侧棱线及侧棱面垂直于该投影面（积聚性）。

如图 2-24 所示，正四棱柱由正方形的顶面和底面以及四个矩形侧面组成。按图示位置放置时，正四棱柱的顶面和底面为水平面，水平面投影反映实形，正面投影和侧面投影都积聚成直线段。前、后两面是正平面，正面投影反映实形，水平面投影和侧面投影积聚成直线段。左、右两面是侧平面，侧面投影反映实形，水平面投影和正面投影积聚成直线段。

作图时，应先画最能反映棱柱形状特征的视图（特征视图），如图 2-24 中的俯视图，再按投影规律完成其他两个视图。

（2）棱柱表面上的点的投影

由于棱柱的表面都是平面，所以在棱柱的表面上取点与在平面上取点的方法相同，如图 2-25 所示。

点的可见性规定：若点所在的表面的投影可见，点的同面投影也可见；反之，若点所在

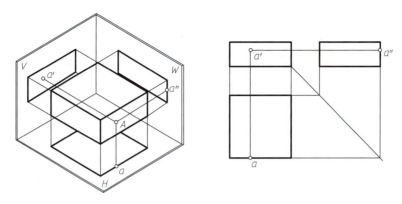

图 2-24　正四棱柱的投影

表面的投影不可见，则点的同面投影也不可见，需加圆括号表示。

【例 2-7】　作三棱柱的三视图。已知表面上点 B 的正面投影点 b'，求作其他两面的投影。

作图方法：

① 作三棱柱的俯视图，根据长对正、高平齐、宽相等作出主视图和左视图，如图 2-25（b）所示。

② 已知点 B 的正面投影 b'，根据可见性判断该点在三棱柱的铅垂面 $EFKG$ 面上，根据铅垂面的积聚性，其在水平面的投影积聚为一条直线段 eg，因此点 B 在水平面的投影点 b 会在 eg 上，再根据高平齐、宽相等画出点 B 在侧面的投影点 b''。

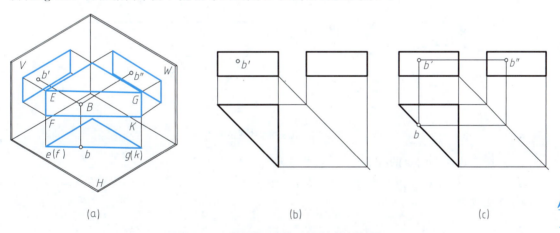

(a)　　　　　　　　　　(b)　　　　　　　　　　(c)

图 2-25　三棱柱的三视图及表面上的点的投影

【例 2-8】　如图 2-26 所示，已知正六棱柱上点 A、B 的正面投影，求作点的其他两面投影。

作图方法：

① 由点 A 的正面投影可知，点 A 在正六棱柱的前面上，前面是正平面，其水平面投影和侧面投影均具有积聚性，故可直接求出 a 和 a''。

② 由点 B 的正面投影可知，点 B 在正六棱柱的左侧面上，左侧面是铅垂面，其水平投影有积聚性，故利用积聚性求出 b，再根据 $Y_H = Y_W$，由高平齐和宽相等求出 b''。

2. 棱锥

棱锥由一个底面和若干侧棱面组成，侧棱线交与一点，其底面是多边形（特征面），各

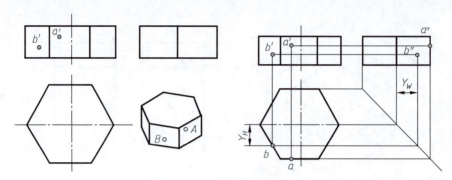

图 2-26　六棱柱表面点的投影

侧面为若干具有公共顶点的三角形。

（1）棱锥的三视图

正三棱锥由底面和三个侧棱面组成，其三视图如图 2-27 所示。正三棱锥的底面△ABC为水平面，在俯视图中反映实形。后侧棱面△SAC 为侧垂面，在左视图中积聚为一斜线。左、右侧棱面是一般位置平面，在三个投影面上的投影为类似形。一般先画出底面的各个顶点的投影，再定出锥顶 S 的投影，并将锥顶与底面各顶点的同面投影相连即可。

棱锥表面
上点的
投影

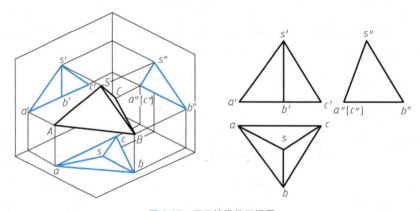

图 2-27　正三棱锥的三视图

（2）棱锥表面上的点的投影

【例 2-9】　已知正三棱锥表面上点 M 的正面投影点 m'，如图 2-28（a）所示，求作 M 点的其他面投影。

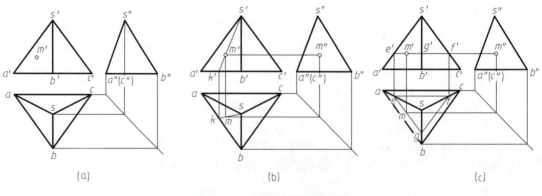

(a)   (b)   (c)

图 2-28　正三棱锥表面上的点的投影

作图方法：

方法一：辅助线法。M 点所在的棱面 $\triangle SAB$ 为一般位置平面，连接 $s'm'$ 两点并延长与 $a'b'$ 交于点 k'，点 k' 投影至点 k，连接 sk，根据投影规律，点 m 应在 sk 上，最后根据高平齐、宽相等作出 m''，如图 2-28（b）所示。

方法二：辅助面法。过点 m' 假想作水平面 $e'f'g'$，e' 在 $s'a'$ 上，故投影至 sa 上得到投影点 e，过点 e 作 ab 平行线 eg，点 m' 投影至点 m，最后根据高平齐、宽相等作出点 m''，如图 2-28（c）所示。

二、曲面立体的三视图

由一条母线绕轴回转而形成的表面称为回转面，由回转面或回转面和平面所围成的立体，称为曲面立体，如圆柱、圆锥、圆台、圆球等。

1. 圆柱

圆柱由圆柱面、顶面、底面围成。圆柱面由一直线绕与它平行的轴线回转而成，圆柱面上与轴线平行的任一直线称为圆柱面的素线，如图 2-29 所示。

（1）圆柱的三视图

当圆柱轴线铅垂放置时，顶面和底面为水平面，水平面投影反映实形，重合为一圆，正面投影和侧面投影分别积聚为两直线；圆柱面的水平面投影积聚为一圆，主视图和左视图为一矩形线框，矩形的上、下边线是圆柱的顶面和底面的积聚投影，主视图中矩形线框的左右边线是从前向后看时位于圆柱面上最左与最右两条轮廓素线的投影，即圆柱面前半部分和后半部分的分界线；其侧面投影与轴线重合，左视图中矩形线框的左右边线是圆柱面上最前和最后两条轮廓素线的投影，即左半部分和右半部分的分界线，其正面投影与轴线重合。如图 2-30 所示，绘制圆柱三视图时，应先绘制投影为圆的特征视图，再绘制其余两视图。

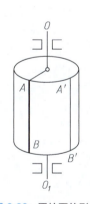

图 2-29　圆柱面的形成

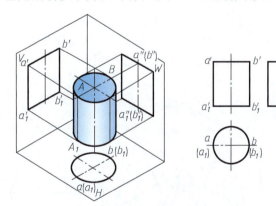

图 2-30　圆柱的三视图

（2）圆柱表面上点的投影

圆柱表面上点的投影主要利用圆柱面投影的积聚性求解。

已知点 M 在主视图上的投影点 m'，利用积聚性，圆柱面是铅垂面，在俯视图上积聚为一个圆，可直接求出点 M 在水平面投影上的点 m，判定点的空间位置，由点 M 的正面投影可知点 m' 可见，可判断点 M 在前半部分的左侧，故点 M 的水平面投影可见，侧面投影可见。再利用点的投影规律，高平齐、宽相等求解点 M 的侧面投影点 m''，如图 2-31 所示。

同理，点 N 在主视图上的投影点 n'，利用积聚性，可直接求出点 N 的水平面投影点 n，判定点 N 的空间位置，由点 N 的正面投影知点 n' 可见，可判断点 N 在圆柱正右侧，故

点 N 的水平面投影可见，侧面投影不可见。再利用点的投影规律，高平齐、宽相等求解点的侧面投影的点 n''，圆括号表示不可见，如图 2-31 所示。

2. 圆锥

圆锥由圆锥面和底面组成，圆锥面是由直线 SA 绕与之相交的轴线 OO_1 旋转而成的，如图 2-32 所示。S 称为锥顶，直线 SA 称为母线。圆锥面上过锥顶的任一直线称为圆锥面的素线。

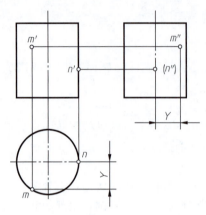

图 2-31　圆柱表面上点的投影

图 2-32　圆锥面的形成

（1）圆锥的三视图

圆锥的轴线是铅垂线，底面为水平面，水平投影反映实形，为一圆周，正面投影和侧面投影分别积聚为一直线；另两个视图为等腰三角形，三角形的底边为圆锥底面的投影，主视图中三角形的左右边线是从前向后看时位于圆锥面上最左与最右两条轮廓素线的投影，即圆锥面前半部分和后半部分的分界线，其侧面投影与轴线重合，左视图中三角形的左右边线是圆锥面上最前和最后两条轮廓素线的投影，其正面投影与轴线重合。如图 2-33 所示。绘制圆锥三视图时，应先绘制投影为圆的特征视图，根据圆锥高度确定锥顶的投影，再绘制另两面上的视图。

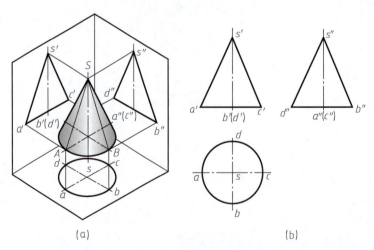

（a）　　　　　　　　　　（b）

图 2-33　圆锥的三视图

（2）圆锥表面上点的投影

已知圆锥表面上点 A 的正面投影，如图 2-34（a）所示，求点 A 在其他两面上的投影。

圆锥表面找点的常用方法有辅助素线法和辅助圆法两种。

方法一：辅助素线法，如图 2-34（b）所示，连接正面投影点 s' 与点 a' 并延长至底边，交点为 b'，即点 b' 在底面圆周上，根据投影规律，向下投影至水平面得到点 b，连接 sb，根据投影规律得到 a，最后根据高平齐、宽相等得到 a''。

方法二：辅助圆法，如图 2-34（c）所示，过点 a' 作一与底边平行的辅助平面，该辅助平面与圆锥交于一圆，其水平面投影必为一圆周，点 A 的水平面投影点 a 在该圆周上，根据投影规律得到点 a，最后根据高平齐、宽相等得到 a''。

圆锥表面上点的投影

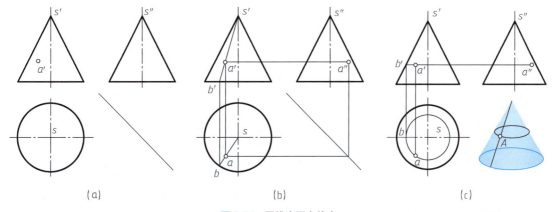

(a)　　　　　　　　(b)　　　　　　　　(c)

图 2-34　圆锥表面上找点

3. 圆球

圆球的三面投影都是与球的直径相等的圆。

（1）圆球的三视图

如图 2-35 所示，主视图中的圆是前半球和后半球的分界圆，它在俯、左视图中的投影都与球的中心线重合；俯视图中的圆是上半球和下半球的分界圆，它在主、左视图中的投影与球的中心线重合；左视图中的圆是左半球和右半球的分界圆，它在主、俯视图中的投影与球的中心线重合。

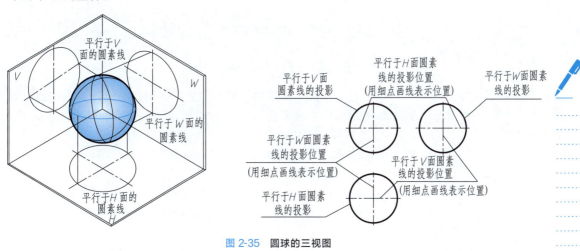

图 2-35　圆球的三视图

（2）圆球表面上点的投影

圆球表面上点的投影，通常通过作平行于投影面的辅助圆的方法求解，如图 2-36 所示。

作图方法：

　　① 点 A 位于平行于 V 面的圆素线上，如图 2-36（a）所示，因此根据长对正，点 a 应在俯视图点画线上，同理，根据高平齐，得到点 a″，如图 2-36（b）所示。

　　② 过点 B 作一平行于水平面的辅助圆，它的正面投影为过点 b′ 的直线，如图 2-36（c）所示。水平投影为直径等于上述直线的圆，如图 2-36（d）所示。自点 b′ 向下作垂线，在水平面投影上与辅助圆相交于两点，又由于点 b′ 可见，故点 B 必在前半个球面上，据此可确定位置偏前的点即为点 b，如图 2-36（e）所示。再根据高平齐、宽相等，由点 b、b′ 求出点 b″，b″ 不可见，用圆括号括起，如图 2-36（f）所示。

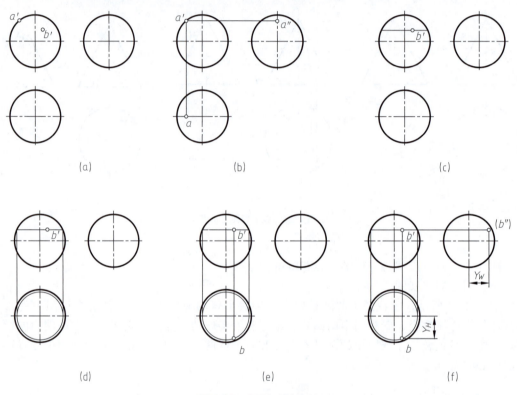

(a)　　　　　　　　　　(b)　　　　　　　　　　(c)

(d)　　　　　　　　　　(e)　　　　　　　　　　(f)

图 2-36　球面上点的投影

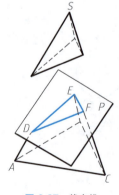

图 2-37　截交线

三、绘制基本几何体的截交线

　　基本几何体被平面截切，平面与立体表面的交线称为截交线，截切立体的平面称为截平面，如图 2-37 所示。截交线的基本性质如下。

　　① 共有性。截交线是截平面与立体表面共有的线。

　　② 封闭性。截交线是封闭的平面图形。

1. 平面立体截交线

　　画平面立体截交线，实质上就是求平面上点、线的投影。

　　【例 2-10】　求作图 2-38（a）所示正四棱柱的截交线。

　　作图方法：

　　如图 2-38（b）所示，截平面为水平面和侧平面。水平面与上、下底面平行，在俯视图中的投影反映实际形状，即五边形，在主、左视图中的投影积聚为一条直线。侧平面在左视图中的投影反映实际形状，即四边形，在其他两视图中的投影积聚为一条直线，如图 2-38（c）所示。

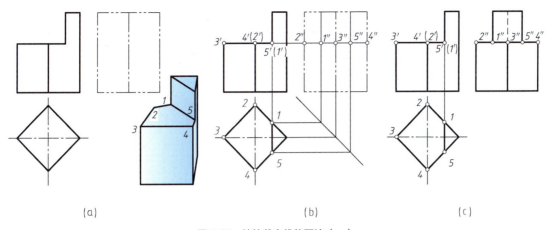

图 2-38 棱柱截交线的画法（一）

截平面平行于投影面时，则在该投影面上的投影反映实形，在另两面上的投影具有积聚性。

【例 2-11】 求作图 2-39（a）所示四棱柱的截交线。

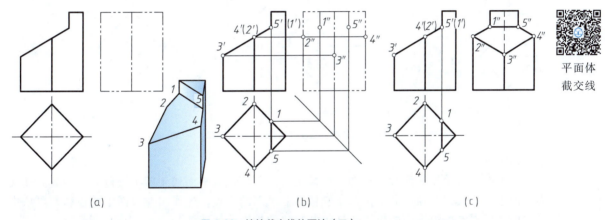

平面体截交线

图 2-39 棱柱截交线的画法（二）

作图方法：

图 2-39（a）所示为四棱柱的三视图，四棱柱被正垂面和侧平面切去一角。

① 分析正垂面的投影。在 V 面的投影积聚为一斜线，在 H、W 面的投影为五边形的类似形。作图方法如图 2-39（b）所示，先求截平面与棱柱的交点 1、2、3、4、5，根据点的投影规律，求出点在 W 面的投影，依次连接各点，判断点、线的可见性，完成作图，如图 2-39（c）所示。平面垂直于投影面时，截交线对此投影面的投影积聚为直线，其他两面上的投影具有类似性。

② 分析侧平面的投影。侧平面在左视图中的投影反映实际形状，即四边形，在其他两视图中的投影积聚为一条直线，如图 2-39（c）所示。

【例 2-12】 求作图 2-40（a）所示四棱锥截交线的三视图。

作图方法：

截平面平行于底面时，四棱锥被平行于底面的水平面截切，成为四棱台。截交线的水平面上的投影是与底面平行且相似的四边形，另两面上的投影积聚为直线，如图 2-40 所示。

【例 2-13】 求作图 2-41（a）所示四棱锥截交线的三视图。

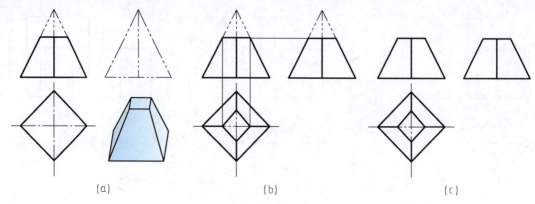

图 2-40　四棱锥截交线的画法（一）

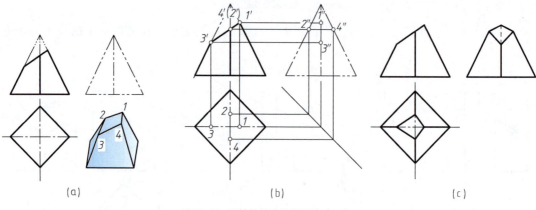

图 2-41　四棱锥截交线的画法（二）

作图方法：

截平面垂直于投影面时，正四棱锥被正垂面截切，截平面切到四个侧棱面，因此截交线为一四边形，其四个顶点分别是四条侧棱与截平面的交点。先作出左视图中的投影，再依次求出四个顶点在俯视图中的投影，即得截交线的投影，如图 2-41（b）、（c）所示。

2. 曲面立体截交线

曲面立体被平面截切，在立体表面上形成的截交线为截平面与立体表面的共有交线，一般是封闭的平面曲线，在特殊情况下，也可能为直线。截交线的形状取决于曲面立体表面的形状及截平面与立体轴线的相对位置。

求曲面立体表面的截交线，实质上是求截平面和立体表面上共有点的投影。

（1）圆柱体的截交线

圆柱体表面的截交线常利用圆柱体表面上点的积聚性进行求解。根据截平面与圆柱体轴线的相对位置的不同，截交线有三种不同的形状，如表 2-5 所示。

【例 2-14】　作出如图 2-42 所示正垂面与圆柱体的截交线。

作图方法：

① 找特殊位置点，最高、最低、最前、最后四点，即 Ⅰ、Ⅱ、Ⅲ、Ⅳ 点的投影，如图 2-42（a）所示。

② 找一般位置点，即 Ⅴ、Ⅵ、Ⅶ、Ⅷ 点的投影，根据积聚性，该四点在水平面上的投影在俯视图圆周上，再根据高平齐、宽相等，完成 Ⅴ、Ⅵ、Ⅶ、Ⅷ 点的三面投影，如图 2-42（b）所示。

③ 依次光滑连接各点，得 W 面的投影为椭圆形截交线，如图 2-42（c）所示。

表 2-5   圆柱体的截交线

截平面的位置	平行于轴线	垂直于轴线	倾斜于轴线
立体图			
投影图			
截交线的形状	矩形	圆	椭圆

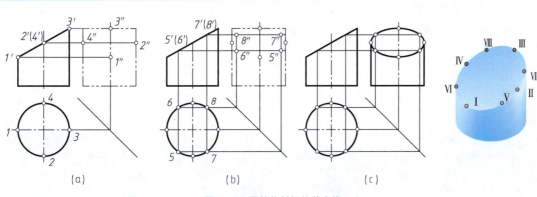

完成被截
切圆柱体
的截交线

(a)   (b)   (c)

图 2-42   圆柱体斜切的截交线

【例 2-15】   如图 2-43（a）所示，完成被截切圆柱体的截交线。

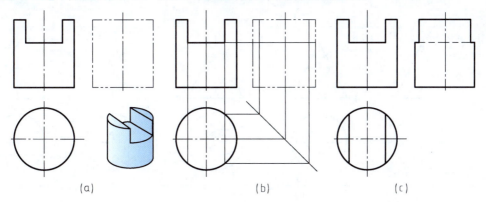

(a)   (b)   (c)

图 2-43   被截切圆柱体的投影（一）

分析：如图 2-43（a）所示，该圆柱体的槽是由两个平行于圆柱体轴线的侧平面和一个水平面切割而成的。侧平面在 W 面上的投影不可见，画成虚线。绘制完成的被截切的圆柱体的截交线如图 2-43（b）、（c）所示。

【例 2-16】 如图 2-44（a）所示，完成被截切圆柱体的截交线。

分析：如图 2-44（a）所示，该圆柱体的左右两个角是由平行于圆柱体轴线的侧平面和水平面切割而成的。侧平面在 W 面上的投影是矩形。根据长对正、高平齐、宽相等绘制完成截切圆柱体的截交线，如图 2-44（b）、（c）所示。

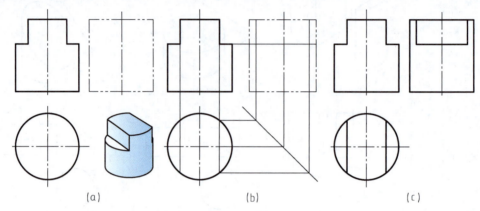

(a)　　　　　　　　　(b)　　　　　　　　　(c)

图 2-44　被截切圆柱体的投影（二）

（2）圆锥的截交线

圆锥被截平面截切时，由于截平面与圆锥轴线的相对位置不同，其截交线有五种不同形状，如表 2-6 所示。

表 2-6　圆锥的截交线

截平面的位置	过锥顶	不过锥顶			
		$\theta=90°$	$\theta>\alpha$	$\theta=\alpha$	$\theta<\alpha$
截平面的形状	相交两直线	圆	椭圆	抛物线	双曲线
立体图					
投影图					

【例 2-17】 求作图 2-45（a）所示被正平面截切的圆锥的截交线。

分析：因截平面为正平面，与轴线平行，截交线的水平投影和侧面投影都积聚为直线，正面投影反映实形。

作图方法：

① 找特殊位置点Ⅰ（最左点1）、Ⅱ（最右点2）、Ⅲ（最高点3）的三面投影，如图2-45（a）所示。

② 用辅助圆法找一般位置点Ⅳ（4）、Ⅴ（5）的三面投影，在W面上取4″、5″，过4″假想作水平面与圆锥相交，则在H面上会得到一个圆的投影，此圆与直线的交点即为4、5在H面上的投影，最后根据长对正、高平齐得到4′、5′，如图2-45（b）所示。

③ 依次光滑连接正平面上各点，即得圆锥与正平面的截交线的投影，如图2-45（c）所示。

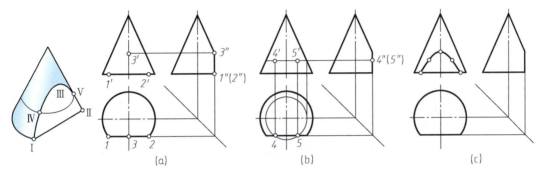

图2-45　求作正平面截切圆锥的截交线

（3）圆球的截交线

圆球被任意方向的平面所截，截交线都为圆。但根据截平面与投影面的相对位置不同，截交线的投影可能为圆、椭圆或积聚成一条直线，如图2-46所示。

【例2-18】 如图2-47（a）所示，求作半球体切通槽的投影。

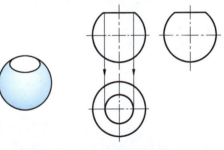

图2-46　水平面截切圆球

分析：作图方法如图2-47（b）所示，通槽由两个侧平面和一个水平面切割而成。两个侧平面在W面上的投影反映实形，为两段平行于侧面的圆弧，在V、H面上的投影积聚为直线；一个水平面在H面的投影反映实形，为前后两段水平圆弧，其V、W面上的投影积聚为直线。完成作图，如图2-47（c）所示。

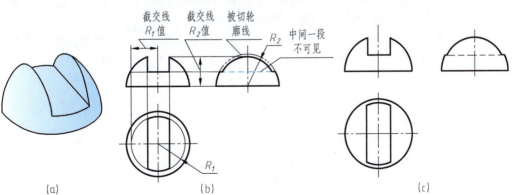

图2-47　作半球体切通槽的投影

四、绘制相贯线

两基本几何体相交，称为相贯，在两基本几何体表面所形成的交线称为相贯线，如图 2-48 所示。

图 2-48　相贯及相贯线

相贯线基本性质：

① 共有性。相贯线是两立体表面共有的交线。

② 封闭性。相贯线一般是封闭的空间曲线。

1. 两圆柱体正交

两圆柱体相贯，若两圆柱体的轴线垂直相交，称为两圆柱体正交。

（1）用求点法作相贯线

求作两圆柱体正交的相贯线，实质上是求两圆柱体表面上共有点的投影，可以利用圆柱体表面上的点具有积聚性来求解。一般作图步骤如下。

① 找特殊位置点（最左、最右、最前、最后、最高、最低及轮廓线上的点）的投影。

② 找一般位置点的投影。

③ 依次光滑连接各点。

【例 2-19】　如图 2-49（a）所示，两圆柱体正交，求作其相贯线。

作图方法：

① 找特殊位置点 1、2，作出其三面投影，如图 2-49（b）所示，再找特殊位置点 3、4，作出其三面投影，如图 2-49（c）所示。

② 找一般位置点 5、6。先在俯视图中任意找两点 5、6，再根据宽相等找到 $5''$ 和 $6''$，最后根据投影规律，长对正、高平齐作出其正面投影 $5'$ 和 $6'$，如图 2-49（d）所示。同理，找到 7、8 两点的三面投影，如图 2-49（e）所示。

③ 光滑连接各点，即得相贯线，如图 2-49（f）所示。

（2）正交的两圆柱体的相贯线的近似画法

相贯线的找点作图法比较烦琐，为了简化作图，可采用圆弧代替相贯线的近似画法。正交的两圆柱体的相贯线可用大圆柱的 $D/2$ 为半径作圆弧来代替。步骤如下。

① 找两圆柱体的特殊点 1、2，如图 2-50（a）所示。

② 以点 1 为圆心，以大圆柱体的半径 $D/2$ 为半径（$D>D_1$）作圆弧与点画线交于点 O，如图 2-50（b）所示。

③ 以 O 为圆心，$D/2$ 为半径作圆弧，即为相贯线的近似画法，如图 2-50（c）所示。

近似画法只适用于两圆柱体直径不等的情况。

（3）正交的两圆柱体的直径的变化对相贯线的影响

当正交的两圆柱体的直径发生变化时，相贯线的形状和弯曲方向也发生变化。

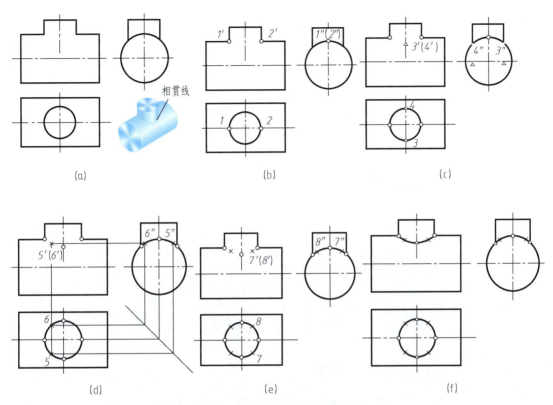

(a)

(b)

(c)

(d)

(e)

(f)

图 2-49　绘制正交的两圆柱体的相贯线

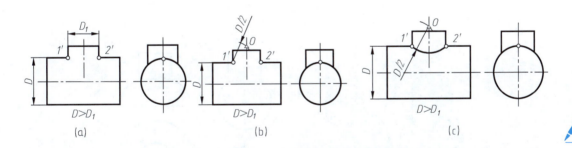

(a)

(b)

(c)

图 2-50　正交的两圆柱体的相贯线的近似画法

图 2-51（a）、（c）所示为两半径不同的圆柱体正交，图 2-51（a）中相贯线为上下弯曲的空间曲线，图 2-51（c）中相贯线为左右弯曲的空间曲线，即两不同直径的圆柱体正交，相贯线为空间曲线，向着大圆柱体轴线方向弯曲。

图 2-51（b）所示为两直径相同的圆柱体正交，相贯线为45°相交直线。

2. 相贯线的特殊情况

当两圆柱体或圆柱体与圆锥体的轴线相交，并公切于一圆球时，相贯线为椭圆，如图 2-52 所示。

当回转体具有公共轴线时，相贯线为垂直于轴线的圆，如图 2-53 所示。

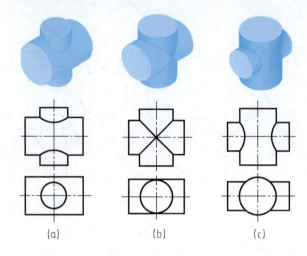

(a)　　　(b)　　　(c)

图 2-51　正交两圆柱直径的变化对相贯线的影响

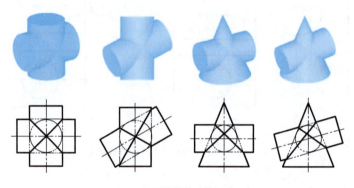

图 2-52　相贯线的特殊情况（一）

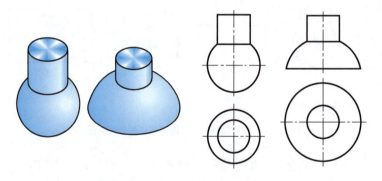

图 2-53　相贯线的特殊情况（二）

学习任务四　绘制与识读组合体的三视图

　　任何复杂的形体，都可以看成是由一些基本形体通过一定的方式组合或切割而成的。将由两个或两个以上的基本形体按一定方式组合而成的较为复杂的形体称为组合体。掌握组合体三视图的绘制和尺寸标注方法，是绘制零件图和装配图的基础。

一、组合体形体分析

1. 组合体的组合形式

组合体有两种基本组合形式：一是叠加，如图 2-54（a）所示；二是切割，如图 2-54（b）所示。但组合体通常以叠加和切割的综合形式出现，如图 2-54（c）所示。

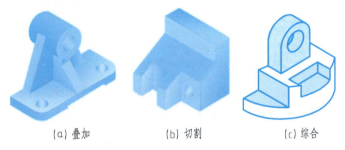

(a) 叠加   (b) 切割   (c) 综合

图 2-54　组合体的组合形式

2. 形体分析法

组合体的形体相对复杂，通常假想把组合体分解成若干个基本部分，通过分析各基本部分的形状、相对位置、组合方式及表面连接关系，从而达到了解整体的目的，这种分析方法称为形体分析法。

应用形体分析法，更便于正确、快速地绘制、读懂组合体视图并完成尺寸标注。如图 2-54（a）所示的轴承座，可先想象将其分解为底座、支承板、肋板和圆筒四个基本部分，如图 2-55 所示，再逐一对这些基本部分进行分析，使读图、绘图和标注尺寸都更为简便。

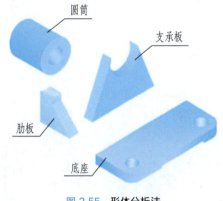

圆筒
支承板
肋板
底座

图 2-55　形体分析法

3. 组合体表面连接方式

两个基本形体通过一定方式组合在一起。两基本形体的表面连接方式有共面、不共面、相交、相切四种情况。

① 共面。如图 2-56 所示，两形体叠加后前后平齐，即两形体前后表面共面，无界线，因此在主视图中不应在两形体间画分界线。

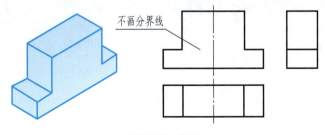

不画分界线

图 2-56　共面

② 不共面。如图 2-57 所示，两形体叠加后前表面不平齐，即两形体前表面不共面，两形体之间有分界线，因此在主视图中应在两形体间画分界线。

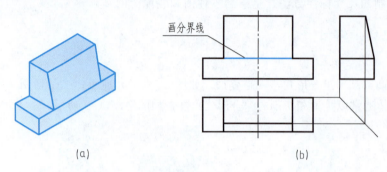

图 2-57　不共面

③ 相交。如图 2-58（a）所示，组合体由耳板和圆筒组合而成，耳板前、后平面和圆柱面相交，相交处有交线，视图相交处应画出交线，如图 2-58（b）所示。图 2-58（c）中漏画了交线。

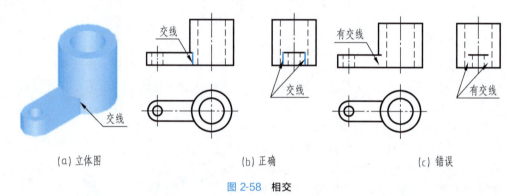

图 2-58　相交

④ 相切。如图 2-59（a）所示，耳板前、后平面和圆柱面相切，在相切处光滑过渡，不存在交线，因此相应视图中不应画出交线，如图 2-59（b）所示。图 2-59（c）中错画了交线。

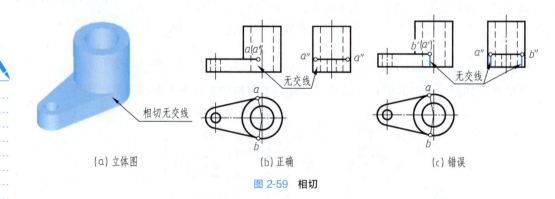

图 2-59　相切

二、组合体三视图的绘制步骤

1. 形体分析

绘制组合体三视图前，必须先对组合体进行形体分析，将其分解成若干部分，弄清各部分的形状和它们的相对位置以及表面间的连接方式。

2. 选择主视图投射方向

一般选择能较多地表达出组合体各组成部分的形状特征及各部分间相对位置关系的投射方向作为主视图的投射方向，并尽可能使形体上的主要形状特征面平行于投影面，以反映实形，同时应考虑组合体的自然安放。

3. 确定绘图比例，选定图幅

视图投射方向确定后，根据实体大小，按制图标准选择适当的比例和图幅。一般尽可能选用 1：1 比例作图；图幅的选择要根据视图大小并留好尺寸标注的位置及标题栏的位置来确定。

4. 布置视图的位置，画出各视图的基准线

应合理布置视图的位置，尽量使各视图在图纸中均匀分布，画出各视图的基准线。

5. 绘图

（1）画底稿图

画底稿图时应注意以下几点。

① 绘制组合体三视图时，应采用形体分析法，逐一绘制各基本组成部分的三视图，以化繁为简，减少作图错误并提高作图速度。

② 画各基本组成部分时，应先绘制特征视图，再画其他视图，先定位，后定形。

③ 要正确处理各基本组成部分之间表面连接关系的表达。

（2）检查底稿图，加粗描深

画完底稿图后，应按形体分析法逐一检查各基本组成部分的投影，纠正错误、补画漏线、擦去多余图线，最后按标准线型加粗、描深。

三、组合体三视图的绘制

1. 叠加类组合体的三视图

叠加类组合体是由若干个基本组成部分通过一定方式叠加而成的，因此绘制其三视图时，应先将组合体分解成若干基本组成部分，再逐一画出各组成部分的三视图，先画特征视图，后画其他视图，先定位，后定形，最后检查并完成。

【例 2-20】 绘制如图 2-60 所示叠加类组合体的三视图。

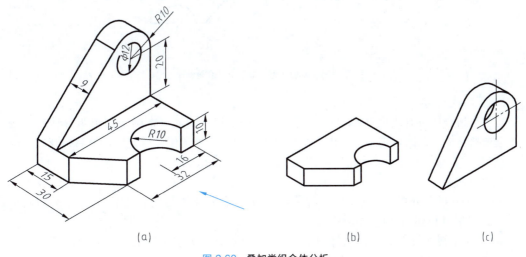

(a)　　　　　　　　　　　(b)　　　　　　　　　　　(c)

图 2-60　叠加类组合体分析

叠加类组合体的三视图

作图方法：

① 形体分析。分析图 2-60（a）所示组合体，将组合体分成两个基本组成部分，即底座和竖板，如图 2-60（b）、（c）所示。

② 选择主视图投射方向。选择图 2-60（a）所示方向为主视图投射方向，既反映了竖板的实形，也反映了竖板和底座的位置关系。

③ 确定绘图比例，选择图幅。根据组合体的大小，确定绘图比例，选择合适的图幅。

④ 布置视图，画出各视图的基准线。应注意视图之间应留有足够的标注尺寸的空间，并留好标题栏的位置。

⑤ 绘图。画底稿图，如图 2-61（a）～（d）所示，先画底座的三个视图，再画竖板的三个视图，先画特征视图，后画其他视图，先定位，后定形，最后检查、描粗加深并完成，如图 2-61（e）所示。

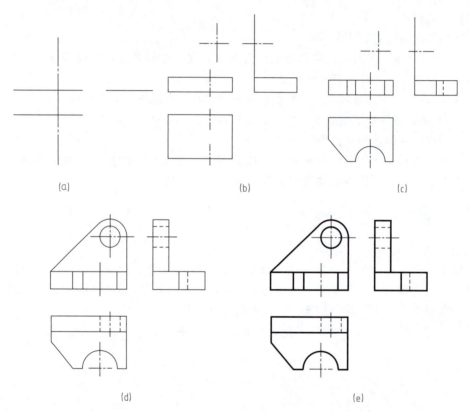

(a)　　　(b)　　　(c)　　　(d)　　　(e)

图 2-61　叠加类组合体三视图绘图步骤

2. 切割类组合体三视图

切割类组合体可看成由基本形体经若干次切割所得。因此，在画切割类组合体的三视图时，应先画整体三视图，再逐一画出切割部分的三视图，先定位，后定形，最后检查并完成。

【例 2-21】 绘制图 2-62 所示切割类组合体的三视图。

作图方法：

① 形体分析。分析图 2-62（a）所示组合体，该组合体是由长方体通过三次切割而成的，三次切割过程如图 2-62（b）所示。

② 选择主视图投射方向。选择图 2-62（a）所示方向为主视图的投射方向，反映了所切割的左侧三棱柱和右上角长方体的实形及位置。

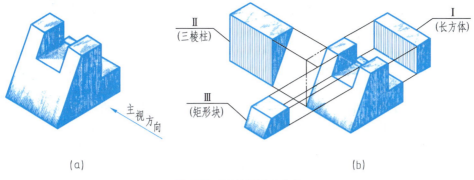

(a)   (b)

图 2-62 切割类组合体分析

③ 确定绘图比例，选择图幅。根据组合体的大小，确定绘图比例，选择合适的图幅。

④ 布置视图，画出各视图的基准线。注意视图之间应留有足够标注尺寸的空间，并留好标题栏的位置。

⑤ 绘图。画底稿图，先画长方体的三个视图，如图 2-63（a）所示，再逐一画出切割部分的三视图，如图 2-63（b）、（c）所示。先画特征视图，后画其他视图，先定位，后定形，最后检查并完成，如图 2-63（d）所示。

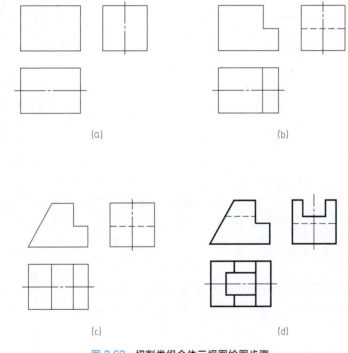

(a)   (b)

(c)   (d)

图 2-63 切割类组合体三视图绘图步骤

四、组合体的尺寸标注

尺寸是图样的重要内容之一，是制造机件的直接依据，学习组合体的尺寸标注也是后续识读、绘制零件图的重要基础。

1. 组合体尺寸标注的基本要求

① 正确。尺寸数字要正确无误，注法符合机械制图国家标准的规定。

②完整。尺寸标注要完整，将确定组合体各部分形状大小及相对位置的尺寸标注完全，不遗漏，不重复。

③清晰。尺寸布置要整齐、清晰，以便于读图。

2. 尺寸基准的确定

标注尺寸的起点称为尺寸基准。每个形体都有长、宽、高三个方向的尺寸，因此，标注组合体的尺寸时，应在每个方向都先选择尺寸基准，以便从基准出发，确定各形体之间的尺寸。

组合体在每个方向至少有一个主要基准，必要时也允许有辅助基准。辅助基准必须用尺寸与主要基准相联系。通常选择组合体的底面、重要端面、对称面和轴线等作为尺寸基准。标注尺寸时，每个方向都应从尺寸基准出发标注尺寸。

如图 2-64（a）所示，选择组合体右端面为长度方向的基准，选择后端面为宽度方向的基准，选择底面为高度方向的基准。如图 2-64（b）所示，选择底面为高度方向主要基准，顶面为高度方向辅助基准，主要基准和辅助基准之间必须用尺寸直接联系；以左右对称的中心线为长度方向基准，以前后对称的中心线为宽度方向基准。

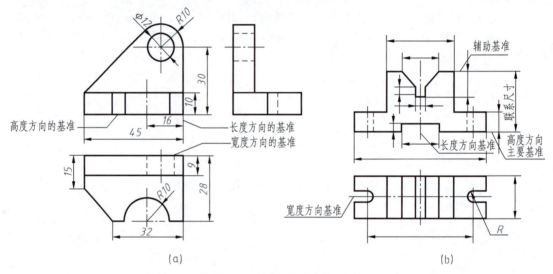

(a)　　　　　　　　　　　　　　　　(b)

图 2-64　组合体的尺寸基准

3. 尺寸种类

按组合体视图中尺寸的作用，将尺寸分为定形尺寸、定位尺寸和总体尺寸。

（1）定形尺寸

定形尺寸是用来确定组合体各基本组成部分形状大小的尺寸。如图 2-64（a）中用来确定底座形状大小的尺寸有 45、28、15、32、10 等。

（2）定位尺寸

定位尺寸是用来确定组合体各组成部分之间相对位置的尺寸。如图 2-64（a）中用来确定竖板上孔位置的尺寸为 30，用来确定底座半圆孔位置的尺寸为 16 等。定形尺寸中的 32、15 也可看作是确定底座切口位置的定位尺寸。

（3）总体尺寸

总体尺寸是指用来确定组合体的总长、总宽、总高的尺寸。如图 2-64（a）中总长尺寸为 45，总宽尺寸为 28。

注意：各尺寸的作用不是唯一的，有的既是定形尺寸也是定位尺寸或总体尺寸，标注时注意不要重复标注。

4. 组合体尺寸标注的方法

组合体尺寸标注的基本方法是形体分析法，即将组合体分解为若干个基本组成部分，在形体分析的基础上标注定形尺寸、定位尺寸和总体尺寸。

（1）基本形体的定形尺寸标注

① 平面立体的定形尺寸标注。棱柱、棱锥应标注底面大小和高度尺寸，如图 2-65（a）所示；棱台应标注上、下底面大小和高度尺寸，如图 2-65（b）所示。标注正方形尺寸时，可在正方形边长尺寸数字前加注符号"□"或用"$B \times B$"的形式注出。

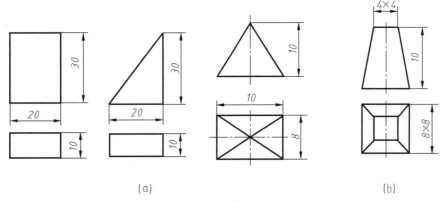

(a)   (b)

图 2-65　常见平面体的定形尺寸标注

② 曲面立体的定形尺寸标注。圆柱体、圆锥应标注底面圆的直径（半径）及高度尺寸，直径尺寸一般标在非圆视图上，尺寸数字前需加符号"ϕ"，半径尺寸应标在圆弧视图上，尺寸数字前需加符号"R"；圆台需标注顶面和底面的直径及高度尺寸；圆球在标注直径或半径时，应在前面加符号"S"，如图 2-66 所示。

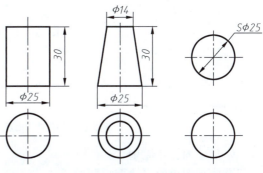

图 2-66　常见曲面立体的定形尺寸标注

（2）常见形体的定位尺寸标注

定位尺寸主要用来确定各基本形体或结构之间在长、宽、高三个方向上的位置。图 2-67（a）所示表达了长方体上四个小孔在长度方向和宽度方向上的定位；图 2-67（b）、(c)所示分别表达了圆柱体和长方体在长、宽、高三个方向上的定位。

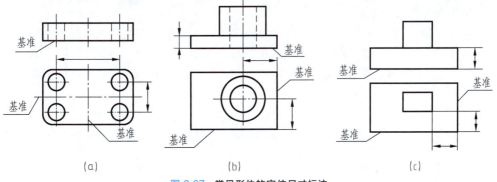

(a)   (b)   (c)

图 2-67　常见形体的定位尺寸标注

（3）切口体和相贯体的尺寸标注

切口体是基本形体被平面截切后得到的形体。标注切口体尺寸时要标注基本形体的定形尺寸和截平面的定位尺寸，如图 2-68（a）所示。当两个基本形体相交时，在形体的表面形成相贯线，标注此类具有相贯线的形体的尺寸时，应标注产生相贯线的两个基本形体的定形尺寸、定位尺寸，如图 2-68（b）所示。

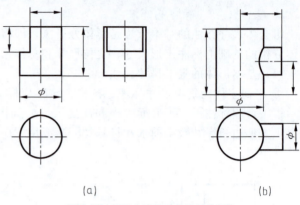

(a)　　　　　　　　(b)

图 2-68　切口体和相贯体的尺寸标注

截交线和相贯线都是自然形成的，因此，切记不能在截交线和相贯线上直接标注尺寸，如图 2-69 所示。

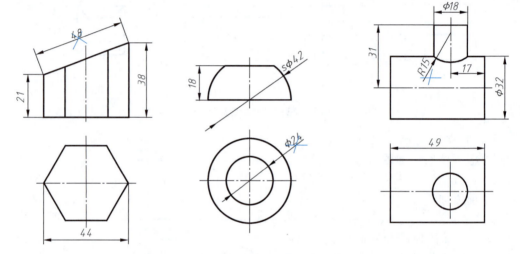

图 2-69　切口体和相贯体的尺寸标注错误举例

（4）尺寸的标注原则

组合体视图中的尺寸标注要做到整齐清晰，便于读图。标注尺寸时需做到以下几点。

① 同一结构的定形尺寸和定位尺寸尽量集中标注在最能反映其形状特征和位置特征的视图上，如图 2-70 所示。

② 圆柱体、圆锥等曲面立体的直径尺寸尽量标注在非圆视图上，圆弧半径必须标注在反映圆弧实形的视图上，如图 2-71 所示。

③ 尽量避免在虚线上标注尺寸。

④ 尺寸尽量标注在视图的外面，两视图的相关尺寸宜标注在两视图之间。

⑤ 尺寸线与轮廓线或尺寸线之间留有适当距离，且排列整齐；避免尺寸线与尺寸线或尺寸界线相交；串联标注尺寸线时应对齐，并联标注时应注意小尺寸在内、大尺寸在外且间隔尽量一致，如图 2-72 所示。

5. 组合体尺寸标注综合举例

【例 2-22】　对图 2-73（a）所示轴承座进行尺寸标注。

标注步骤：

① 进行形体分析。如图 2-73（a）所示，分析组合体各基本组成部分的形状和相对位

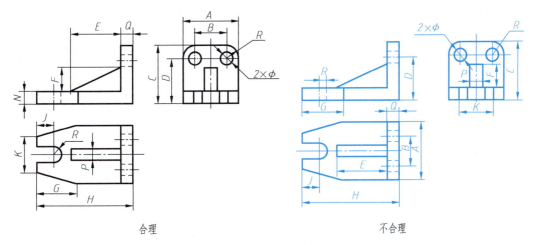

合理　　　　　　　　　　　　不合理

图 2-70　尺寸标注示例（一）

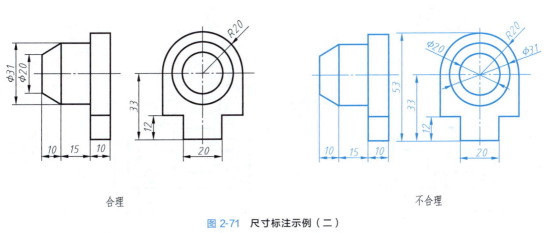

合理　　　　　　　　　　　　不合理

图 2-71　尺寸标注示例（二）

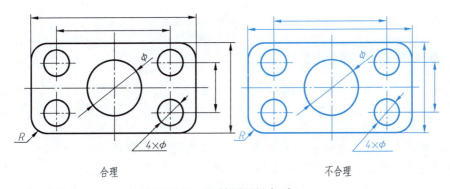

合理　　　　　　　　　　　　不合理

图 2-72　尺寸标注示例（三）

置。将轴承座分解为底座、支承板、肋板和圆筒四个基本部分。

②选择尺寸基准，如图 2-73（b）所示。

③分别标注各基本组成部分的定位尺寸、定形尺寸，注意先标定位尺寸，后标定形尺寸，标注底座尺寸，如图 2-73（c）所示。标注圆筒尺寸，如图 2-73（d）所示。标注支承板、肋板和整体尺寸，如图 2-73（e）所示。

④检查、校核，用形体分析法核对各组成部分的定位、定形尺寸。

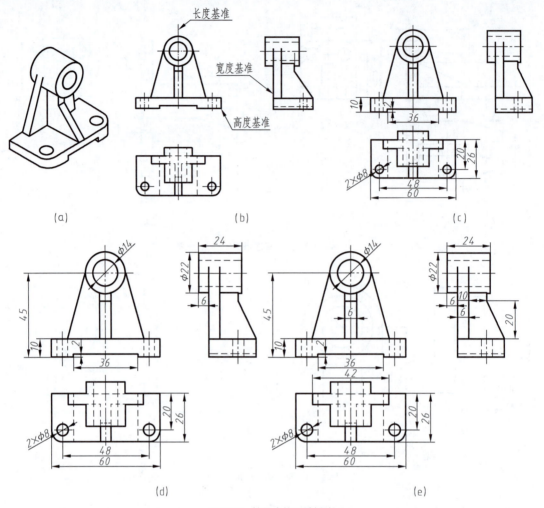

图 2-73　轴承座的尺寸标注

五、组合体三视图的识读

识读组合体三视图是识读零件图和装配图的基础。识读组合体三视图的方法有形体分析法和线面分析法。

1. 形体分析法

形体分析法是识读组合体视图的基本方法。即假想将机器或部件分解成若干个基本立体，分析各基本立体之间的相对位置及各立体间表面过渡关系，再进行读图，把比较复杂的视图按线框分成几个部分，运用三视图的投影规律，先分别想象出各组成部分的形状和位置，再综合起来想象出整体的结构形状。这种方法主要用来分析较复杂的叠加类组合体。一般顺序是：先看主要部分，后看次要部分；先看容易确定的部分，后看难以确定的部分；先看某一组成部分的整体形状，后看其细节部分的形状。

形体分析法读图的主要步骤如下。

① 看视图，分离线框。根据视图投影关系，将视图中的线框进行分离（分解形体）。

② 对投影，想象形体。根据线框，按照投影规律，逐个想象形体的结构形状。

③ 综合起来想整体。根据三视图，分析各形体间的相对位置、表面连接关系，综合想

象整体结构特征。

【例 2-23】 已知图 2-74（a）所示三视图，想象其立体形状。

读图步骤：

① 根据三视图投影关系，将主视图分为四个线框，即 1′、2′、3′、4′，如图 2-74（a）所示。

② 根据线框 1′，按照投影规律，想象底座形状，如图 2-74（b）所示。

③ 由线框 2′想象支承板形状，如图 2-74（c）所示。

④ 由线框 3′、4′想象左右两肋板形状，如图 2-74（d）所示。

⑤ 综合起来想象整体形状结构，如图 2-74（e）所示。

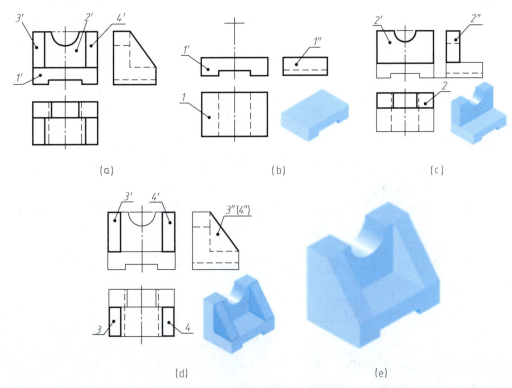

图 2-74　形体分析法读组合体三视图（一）

【例 2-24】 已知图 2-75（a）所示三视图，想象其立体形状。

读图步骤：

① 根据三视图，将视图分离为Ⅰ、Ⅱ、Ⅲ三个线框，如图 2-75（a）所示。

② 根据线框Ⅰ的三面投影，想象底座形状，如图 2-75（b）所示。

③ 根据线框Ⅱ的三面投影，想象拱形柱体形状，如图 2-75（c）所示。

④ 根据线框Ⅲ的三面投影，想象竖板形状，如图 2-75（d）所示。

⑤ 综合想象出整体形状结构，如图 2-75（e）所示。

2. 线面分析法

当视图表达的形体不规则，不便采用形体分析法读图时，可采用线面分析法。线面分析法是从面的角度将组合体看成由若干个面围成，根据线或面的投影特点，分析视图中图线和线框所代表的意义和相互位置，从而看懂视图。线面分析法主要用来分析视图中的局部复杂投影。

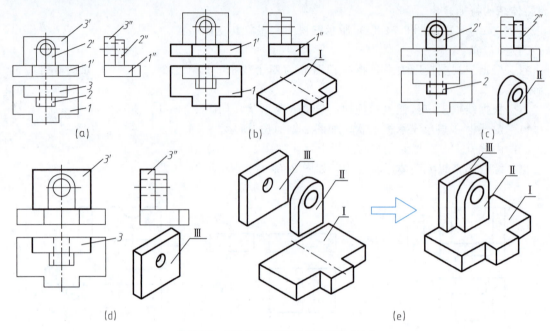

图 2-75　形体分析法读组合体三视图（二）

（1）视图中线的含义

视图中的线可表示形体的轮廓线、形体上的面、面与面的交线，回转体上的几何素线等，如图 2-76 所示。

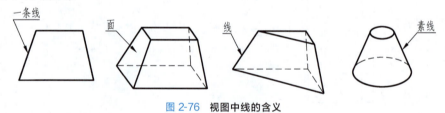

图 2-76　视图中线的含义

（2）视图中线框的含义

① 视图中一个封闭线框一般情况下表示一个面（一个平面，或一个曲面）的投影，如图 2-77 所示。

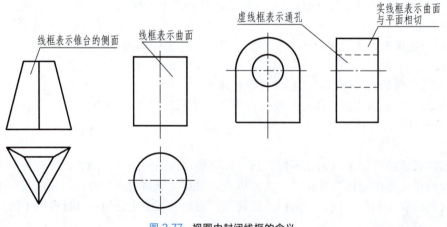

图 2-77　视图中封闭线框的含义

② 线框套线框，则表示两个面可能有一个面是凸出的、另一个面是凹下的，要根据其他视图判断它们的位置关系，如图 2-78 所示。

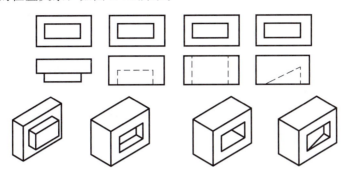

图 2-78　线框套线框的含义

当形体由切割方式形成时，常采用线面分析法对形体主要表面的形状进行分析，进而准确地想象出形体的形状。

【例 2-25】　根据图 2-79 所给三视图，想象其立体形状。

读图步骤：

① 分线框，对投影。根据所给三视图，将其分为四个部分。

a. 线框（线）1、1′、1″在三视图中是"两面一斜线"，表示为铅垂面。

b. 线框（线）2、2′、2″在三视图中是"一面两直线"，表示正平面。

c. 线框（线）3、3′、3″在三视图中是"一面两直线"，表示水平面。

d. 线框（线）4、4′、4″在三视图中是"两面一斜线"，表示正垂面。

② 分别从对应的线框找出形状特征线框，想象每次切割部分的形状，然后综合归纳想整体。

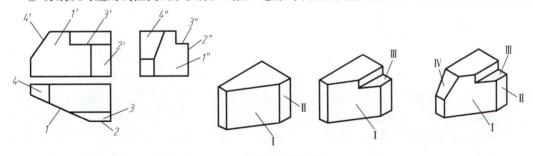

图 2-79　线面分析法读图

学习任务五　绘制轴测图

由于三视图的直观性较差，对初学者来说，看图有一定的困难，因此，工程上常用具有较强立体感的轴测图（图 2-80）作为辅助图样，一方面为了便于读图，另一方面可以提高初学者的空间想象能力。

一、轴测投影的基本知识

将物体连同其直角坐标系，沿不平行于任一坐标面的方向，用平行投影法将其向单一投影面进行投射，称为轴测投影。在投影面上得到的

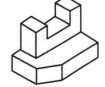

图 2-80　轴测图

图形，称为轴测图。轴测图能同时反映物体的长、宽、高和三个表面，具有立体感强，直观性好的优点，但绘图较麻烦，且不便于标注，因此富有立体感轴测图常作为辅助图样。

如图 2-81 所示，空间坐标轴在轴测投影面上的投影称为轴测轴，轴测轴间的夹角 $\angle XOY$、$\angle XOZ$、$\angle YOZ$ 称为轴间角。

轴测轴上的线段长度与空间物体上对应线段长度之比称为轴向伸缩系数。如图 2-81 所示，p 为 X 轴轴向伸缩系数，q 为 Y 轴轴向伸缩系数，r 为 Z 轴轴向伸缩系数。不同的轴测图，其轴向伸缩系数不同。

轴测投影图一般采用正等轴测图和斜二等轴测图两种，如图 2-81（a）（b）所示。

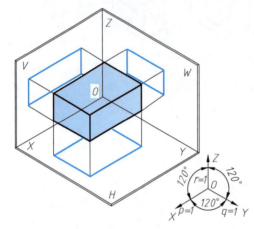

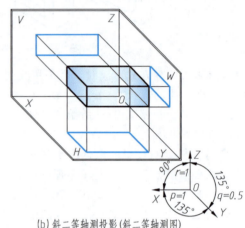

(a) 正等轴测投影(正等轴测图)　　(b) 斜二等轴测投影(斜二等轴测图)

图 2-81　轴测投影

平面立体
正等轴测
图的绘制

二、正等轴测图的绘制

向轴测投影面作正投影，所得到的轴测图称为正等轴测图。三个轴间角相等，都等于120°，Z 轴竖直方向。正等轴测投影中 OX、OY、OZ 轴的轴向伸缩系数相等，即 $p=q=r\approx0.82$，为作图方便，取简化轴向伸缩系数 $p=q=r=1$，如图 2-81（a）所示。

1. 平面立体正等轴测图的绘制

绘制平面立体轴测图最基本的方法是坐标法、切割法和叠加法。坐标法是绘制轴测图最基本的方法。即先根据形体特点在物体上建立直角坐标系，根据物体表面各点的坐标，分别作出其轴测投影，然后按顺序连接各点，完成物体的轴测图。

【例 2-26】 根据图 2-82（a）所示正六棱柱的主、俯视图，绘制其正等轴测图。

作图方法：（用坐标法作图）

① 选择顶面的中心点作为空间直角坐标系原点建立直角坐标系，在主、俯视图上对应标出 X、Y、Z 轴。

② 建立空间坐标轴，各轴夹角分别为 120°。

③ 依次标出俯视图中正六边形的 6 个顶点，并标出六边形边与 Y 轴的交点 7 和 8 两点。

④ 在 X 轴上量取 1 和 4 两点，在 Y 轴上量取 7 和 8 两点，分别过 7 和 8 点作 X 轴的平行线，并量取 7 点至 2 点的距离，确定 2 点，以此类推，得到 3、5、6 点，依次连接各点，得到俯视图正六边形。

⑤ 自各点向下沿 Z 轴作 h 高度，依次连接各点，加深描粗后即完成作图，如图 2-82（b）所示。

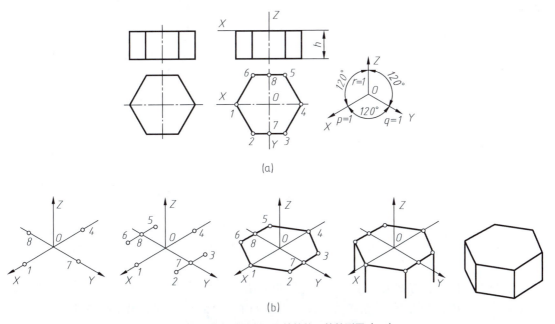

(a)

(b)

图 2-82 用坐标法绘制正六棱柱的正等轴测图（一）

【例 2-27】 根据图 2-83（a）所示正六棱柱的主、俯视图，绘制其正等轴测图。

分析：（用坐标法作图）本例和上例的区别是将主、俯视图位置对换，正六棱柱画法有区别。作图技巧是先画能反映立体形状的特征面的轴测图，再将面拉伸成立体。

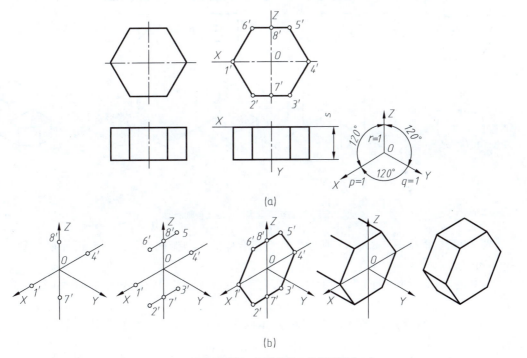

(a)

(b)

图 2-83 用坐标法绘制正六棱柱的正等轴测图（二）

作图方法：

① 选择正六边形的中心点作为空间直角坐标系原点建立直角坐标系，在主、俯视图上

对应标出 X、Y、Z 轴。

② 建立空间坐标轴，各轴夹角为 120°。

③ 依次标出主视图中正六边形的 6 个顶点，并标出六边形边与 Z 轴的交点 $7'$ 和 $8'$ 两点，如图 2-83 所示。

④ 在 X 轴上量取 $1'$ 和 $4'$ 两点，在 Z 轴上量取 $7'$ 和 $8'$ 两点，分别过 $7'$ 和 $8'$ 点作 X 轴的平行线，并量取 $7'$ 点至 $2'$ 点的距离，确定 $2'$ 点，以此类推，得到 $3'$、$5'$、$6'$ 点，依次连接各点，得到主视图正六边形。

⑤ 自各点向后沿 Y 轴方向作 S 长度，依次连接各点，加深描粗后即完成作图，如图 2-83（b）所示。

【例 2-28】　根据图 2-84（a）所示切割型组合体的主、俯、左视图，绘制其正等轴测图。

作图方法：

① 建立坐标，量取长方体的长、宽、高，在轴测投影图中作出长方体，如图 2-84（b）所示。

② 分析立体左上方切去一个角，先定切割的位置，再切割作图，如图 2-84（c）所示。

③ 分析立体前方切去一个三角块，先定切割的位置，再切割作图，如图 2-84（d）所示。

④ 擦去多余线条，检查描深，完成作图，如图 2-84（e）所示。

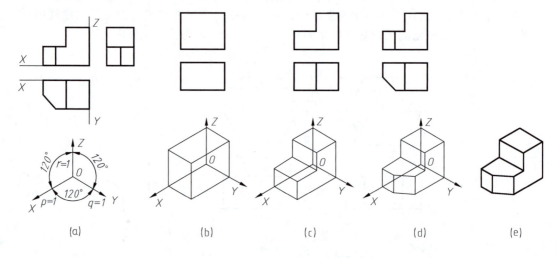

图 2-84　绘制切割型组合体的正等轴测图

【例 2-29】　根据图 2-85（a）所示叠加型组合体的主、俯视图，绘制其正等轴测图。

作图方法：

① 建立坐标，量取下面长方体的长、宽、高，在轴测投影图中作出长方体，如图 2-85（b）所示。

② 确定叠加的位置，再量取上面长方体的长、宽、高，作出长方体，如图 2-85（c）所示。

③ 擦去多余线条，检查描深，完成作图，如图 2-85（d）所示。

2. 回转体正等轴测图的绘制

① 绘制圆柱的正等轴测图。

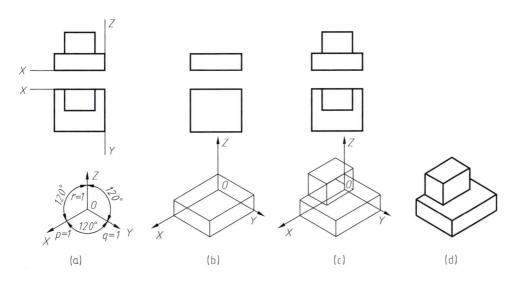

图 2-85 叠加型组合体的正等轴测图

圆柱摆放位置不同，平行于不同坐标平面的圆的正等轴测图画法也不同，如图 2-86～图 2-88 所示。以图 2-86 为例说明圆柱正等轴测图的画法和步骤。

作图方法：

a. 建立平面坐标，圆的投影在 XOY 面上，如图 2-86（a）所示。

b. 建立正等轴测图的三维坐标，量取圆的半径，在 X 轴上确定 1 点和 3 点、在 Y 轴上确定 2 点和 4 点，如图 2-86（b）所示。

c. 过 1、3 点分别作 Y 轴的平行线，过 2、4 点分别作 X 轴的平行线，得到一个菱形，如图 2-86（c）所示。

d. 找到四个圆心，如图 2-86（d）所示。分别过这四个圆心作圆弧，完成圆在 XOY 面轴测图的画法，如图 2-86（e）所示。

e. 向下或者向上平移圆柱高度，同理再作一次椭圆，检查描深，完成作图，如图 2-86（f）所示。

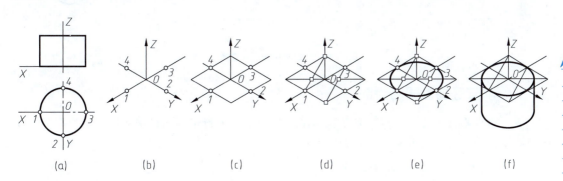

图 2-86 圆平行于 XOY 平面的圆柱正等轴测图画法

② 绘制圆角的正等轴测图。

【例 2-30】 根据图 2-89（a）所示带圆角的长方体的两个视图，画出其正等轴测图。

作图方法：

a. 画出底面矩形的正等轴测图，如图 2-89（b）所示。

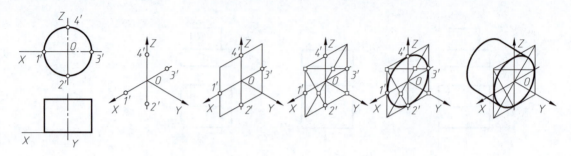

图 2-87　圆平行于 XOZ 平面的圆柱正等轴测图画法

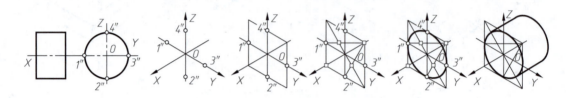

图 2-88　圆平行于 YOZ 平面的圆柱正等轴测图画法

b. 自两顶点分别截取圆角半径 15，确定圆弧与长方形边的切点；过切点分别作长方形各边的垂线，垂线的交点 O_1、O_2 就是圆弧的圆心，作圆弧，如图 2-89（c）所示。

c. 分别将圆心和切点向下平移长方体的厚度 30，如图 2-89（d）所示。

d. 擦去不可见线条，描深，如图 2-89（e）所示。

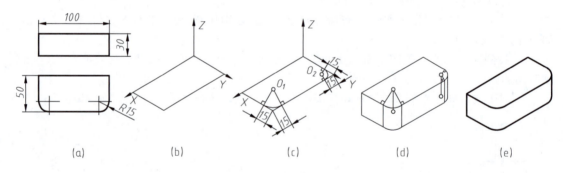

图 2-89　绘制圆角的正等轴测图

三、斜二等轴测图的绘制

斜二测投影（也称斜二测）是使物体某一坐标平面平行于轴测投影面，用斜投影的方法在轴测投影面上所得的轴测投影，如图 2-90 所示。

1. 斜二测的轴测轴和轴间角

轴间角 $\angle X_1O_1Z_1$ 为 90°，$\angle X_1O_1Y_1 = \angle Y_1O_1Z_1 = 135°$，如图 2-91 所示。

2. 斜二测的轴向伸缩系数

X_1 轴和 Z_1 轴的轴向伸缩系数 $p = r = 1$，Y_1 轴的轴向伸缩系数 $q = 0.5$，如图 2-91 所示。

【例 2-31】　根据图 2-92（a）所给视图，绘制平面立体的斜二等轴测图。

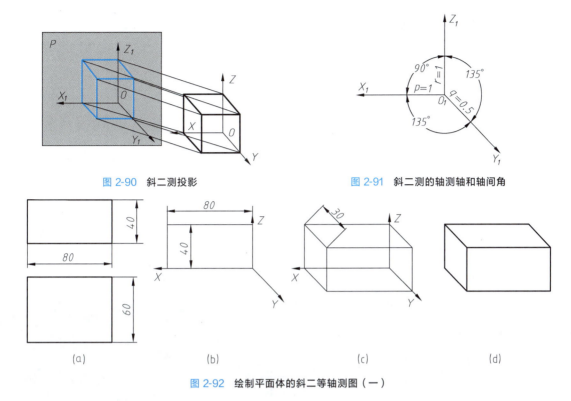

图 2-90 斜二测投影 　　　　　　　　　图 2-91 斜二测的轴测轴和轴间角

（a）　　　　　　　（b）　　　　　　（c）　　　　　（d）

图 2-92 绘制平面体的斜二等轴测图（一）

作图方法：

① 建立轴测轴，绘制特征面实形，如图 2-92（b）所示。

② 过各端点绘制 Y 轴的平行线，并取长度为 30（宽度 60 的 1/2），连接各点，如图 2-92（c）所示。

③ 擦除不可见部分，加深描粗即完成作图，如图 2-92（d）所示。

【例 2-32】 根据图 2-93（a）所给视图，绘制立体的斜二等轴测图。

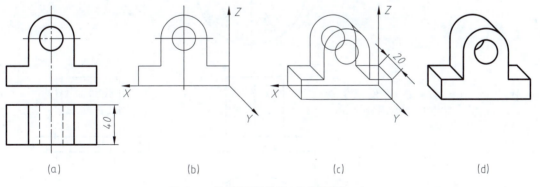

（a）　　　　　　　（b）　　　　　　（c）　　　　　（d）

图 2-93 绘制平面体的斜二等轴测图（二）

作图方法：

① 建立轴测轴，绘制特征面实形，如图 2-93（b）所示。

② 过各端点绘制 Y 轴的平行线，并取长度为 20（宽度 40 的 1/2），连接各点，如图 2-93（c）所示。

③ 擦除不可见部分，加深描粗即完成作图，如图 2-93（d）所示。

【项目任务实施单】

序号	方法步骤	图示
步骤1	画作图基准线和所有的点画线，定位	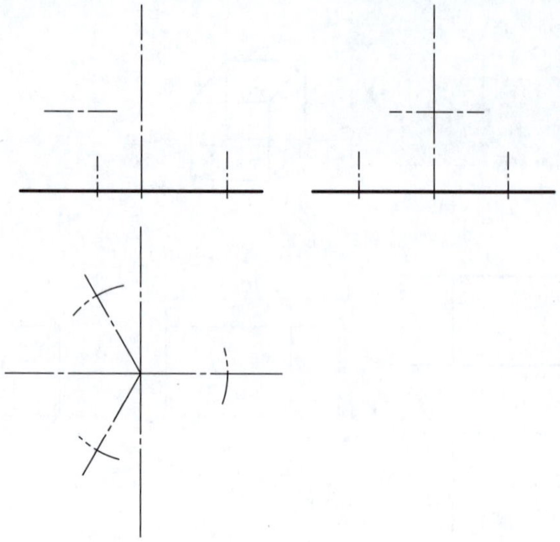
步骤2	作底座的三视图	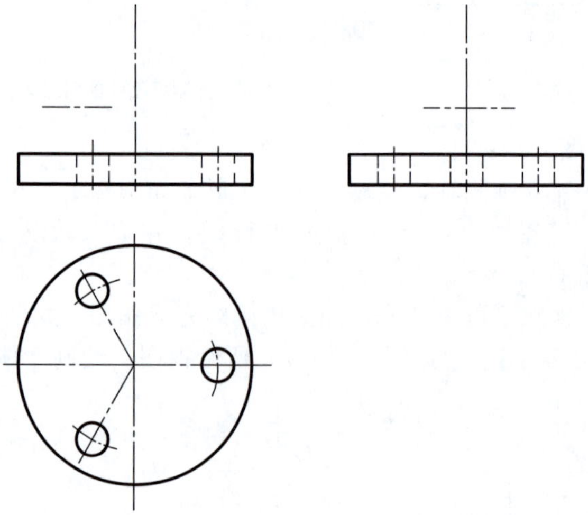
步骤3	作圆柱体三视图	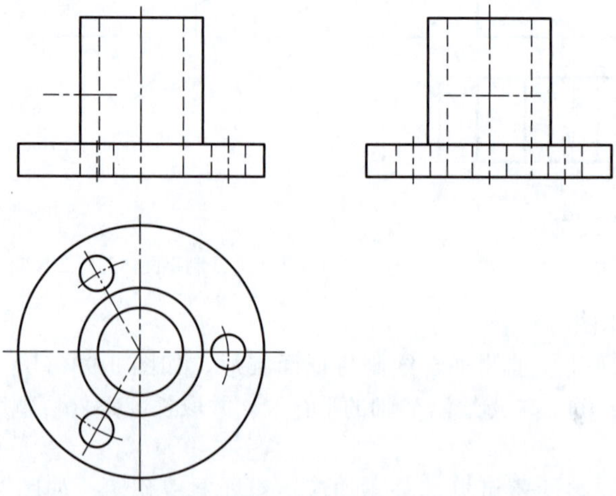

续表

序号	方法步骤	图示
步骤 4	作凸台三视图,注意相贯线的画法	
步骤 5	检查描深,标注尺寸	

项目三
图样的基本表达方法

 【项目任务单】

任务名称	选用合适的方法表达零件的外部和内部结构
任务描述	选用合适的方法表达零件的结构
任务分析	通过学习零件外部结构和内部结构的表达方法，合理选用合适的方案，完成零件结构的表达
学习目标	①掌握各种视图、剖视图、断面图、局部放大图的画法、标注方法及其应用范围 ②掌握用合理的表达方案将零件的形状表达清楚 ③培养细致、耐心的品质和规范使用国家标准制图的意识

 【知识链接】

学习任务一　视图

　　视图是根据有关国家标准和规定用正投影法绘制的图形，在机械图样中主要用来表达机件的外部结构形状。视图包括基本视图、向视图、局部视图和斜视图四种。

一、基本视图（GB/T 13361—2012、GB/T 17451—1998）

　　物体向基本投影面投射所得的视图称为基本视图，如图3-1（a）所示。投影按图3-1（b）所示展开在同一平面上，六个基本视图如图3-1（c）所示按"长对正、高平齐、宽相等"的投影关系配置，且一律不标注视图名称。
　　六个基本视图：
　　主视图：由前向后投射所得的视图。
　　俯视图：由上向下投射所得的视图。
　　左视图：由左向右投射所得的视图。

后视图：由后向前投射所得的视图。

仰视图：由下向上投射所得的视图。

右视图：由右向左投射所得的视图。

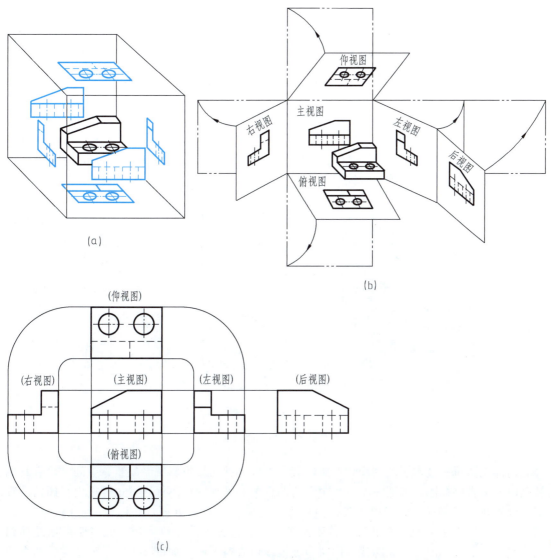

图 3-1 六个基本视图及配置

二、向视图（GB/T 17451—1998）

向视图是从指定方向投影的视图，是基本视图的一种表示形式，可以自由配置。

向视图的上方用大写拉丁字母标出该向视图的名称，并在相应的视图附近用箭头指明投射方向，注上相同的字母，如图 3-2 所示。向视图与基本视图的主要区别是视图的配置形式不同。基本视图只能按规定位置配置。

三、局部视图（GB/T 17451—1998、GB/T 4458.1—2002）

将机件的某一部分向基本投影面投射所得视图称为局部视图。

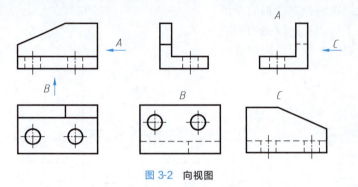

图 3-2   向视图

如图 3-3（a）所示机件，采用主、俯两个基本视图，其主要结构已表达清楚，如图 3-3（b）所示。但左边凸台和右边 U 形槽的形状没有表达出来。若补充图 3-3（c）所示局部视图表达凸台和 U 形槽的形状，形体结构表达完整。

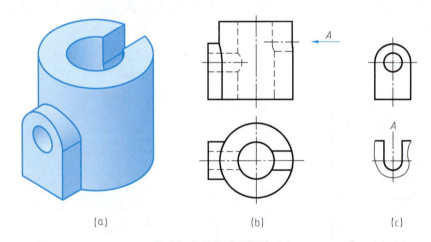

(a)   (b)   (c)

图 3-3   机件的局部视图表达

局部视图可按基本视图的配置形式配置，当局部视图按投影关系配置、中间又没有其他视图时，可省略标注，如图 3-3（c）中左边凸台的局部视图可不标注。也可按向视图的配置形式配置在适当位置，但需用箭头标明所表达的部位和投射方向，并标注相应的字母，如图 3-3（c）中 U 形槽的局部视图。局部视图的断裂边界用波浪线表示，但当所表示的局部结构是完整的，其图形的轮廓线封闭时，波浪线可省略不画，如图 3-3（c）所示左边凸台的局部视图可不画波浪线。

四、斜视图（GB/T 17451—1998）

机件向不平行于任何基本投影面的平面投射所得的视图称为斜视图。

斜视图只反映机件上倾斜结构的实形。斜视图的断裂边界可用波浪线或双折线表示。

斜视图通常按向视图的配置形式配置并标注，即在斜视图的上方用字母标出视图的名称，在相应的视图附近用带有同样字母的箭头指明投射方向。必要时，允许将斜视图旋转配置，并加注旋转符号，表示该视图名称的字母应靠近旋转符号的箭头端如 $\curvearrowleft A$ 或者 $A \curvearrowright$；也允许在字母之后注出旋转角度。旋转符号为半圆形，半径等于字体高度，如图 3-4 所示。

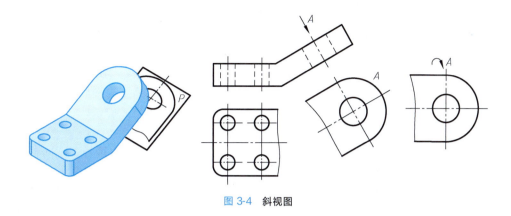

图 3-4　斜视图

学习任务二　剖视图

一、剖视图的基本知识

机件内部形状比较复杂时，视图中会出现较多虚线，影响图形的清晰和标注尺寸。因此，可以采用剖视图表达内部结构复杂的机件。

1. 剖视图的形成　(GB/T 17452—1998、GB/T 4458.6—2002)

如图 3-5 (a) 所示，机件由底座和圆柱体两部分组成，圆柱体内部有较多孔、槽结构。

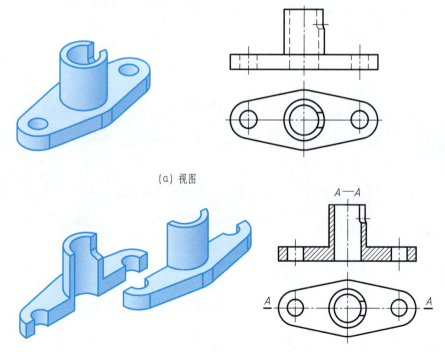

(a) 视图

(b) 剖视图

图 3-5　剖视图的形成及视图与剖视图的比较

假想用剖切面剖开机件，将处在观察者和剖切面之间的部分移去，而将余下部分向投影面投射所得的图形，称为剖视图，简称剖视，将剖开机件的假想平面或曲面称为剖切面，如图 3-5（b）所示。

若主视图采用剖视的画法，则可将机件内不可见的部分变成可见，视图中原有的虚线将变成实线，再画上剖面线。如图 3-5（b）所示，剖视图使机件内部结构形状的表达既清晰，又有层次感，同时，画图、看图和标注尺寸也都更为简便。

2. 剖面符号（GB/T 17453—2005、GB/T 4457.5—2013）

剖切面与机件接触的部分称为剖面区域，在剖面区域中应画上剖面符号。不同材料的剖面符号如表 3-1 所示。当不需要表示材料类别或表示金属材料的剖面时，用通用剖面线表示即可。通用剖面线一般用与水平成 45°、间隔（约 3mm）均匀的细实线绘制。但当图形主要轮廓线或对称线与水平成 45°角时，则该图形的剖面线应画成与水平成 30°或 60°的平行线，其倾斜方向仍与其他图形的剖面线方向一致。如图 3-6 所示。

表 3-1　剖面符号（GB/T 4457.5—2013）

材料名称	剖面符号	材料名称	剖面符号	材料名称	剖面符号
金属材料（已有规定剖面符号者除外）		玻璃及供观察者用的其他透明材料		非金属材料（已有规定剖面符号者除外）	
线圈绕组元件		砖		液体	
转子、电枢、变压器和电抗器等的叠钢片		型砂、填砂、粉末冶金、砂轮、陶瓷刀片、硬质合金刀片等		木材纵断面	
				木材横断面	

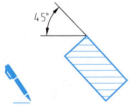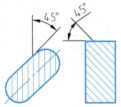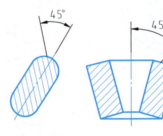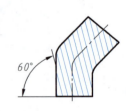

图 3-6　剖面线的角度

3. 剖视图的标注

剖视图的标注一般是在剖视图上方用大写字母标注剖视图的名称"×—×"；在相应视图上的剖切符号上标注相同的字母；在剖切符号外侧垂直画上箭头表示投射方向。

当剖视图按投影关系配置，中间又没有其他图形隔开时，可省略箭头，如图 3-5（b）中的 A—A 剖视图所示。当单一剖切平面通过机件的对称平面或基本对称平面且剖视图按投影关系配置，中间又没有其他图形隔开时，可省略标注。

4. 画剖视图要注意的问题

① 剖视是假想的，因此，机件的一个视图画成剖视后不影响其他视图。如图 3-5 中，主视图剖视后，前半部分被剖去，但在俯视图中仍画出前半部分。

② 在剖切肋板、轮辐等结构时，若剖切面平行于肋板特征面或轮辐长度方向，肋板和轮辐不画剖面线，而用粗实线将它们与相邻部分隔开，如图 3-7 所示。

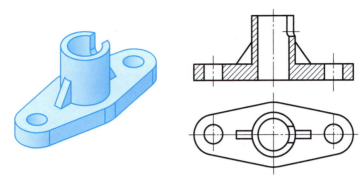

图 3-7　剖切肋板的画法

③ 剖视图（包括视图）中的不可见轮廓，若已在其他视图中表示清楚，图中的虚线应省略不画。如果使用少量虚线可减少视图数量，也可画出必要的虚线，如图 3-8 所示。

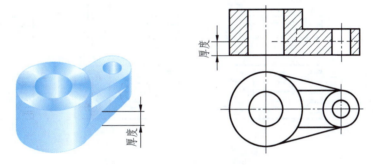

图 3-8　剖视图保留部分虚线

二、剖视图的种类

根据剖切范围的大小，剖视图可分为全剖视图、半剖视图和局部剖视图。

1. 全剖视图

用剖切平面完全地剖开机件所得的剖视图称为全剖视图。

（1）单一剖切面的全剖视图

全剖视图一般适用于外形比较简单、内部结构较为复杂的不对称机件，或外形已由其他视图表达清楚、内形需表达的对称机件，如图 3-5（b）、图 3-7 所示。

只用一平面或柱面剖切机件的方法称为单一剖。单一剖切面也可以是不平行于基本投影面的剖切平面，此时的剖切简称斜剖，如图 3-9 中的 *A—A* 视图。这种剖视图一般应与倾斜部分保持投影关系，但也可配置在其他位置，为了画图和读图的方便，也可将视图旋转，但必须按规定标注，如图 3-9 所示。

（2）几个平行的剖切面的全剖视图——阶梯剖

用几个平行的剖切面剖开机件的方法称为阶梯剖。它用来表示机件上的孔、槽对称中心线及空腔分布在几个互相平行的平面上的机件的内部结构，如图 3-10 所示。

阶梯剖画法规定如下。

① 在相应视图中［图 3-10（a）］用剖切符号表示剖切平面的起、讫和转折，并注上相

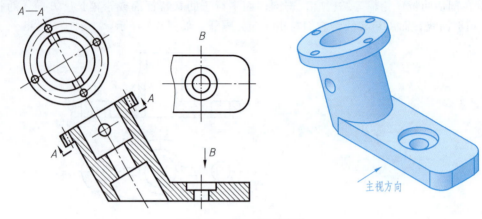

图 3-9　单一剖切面斜剖

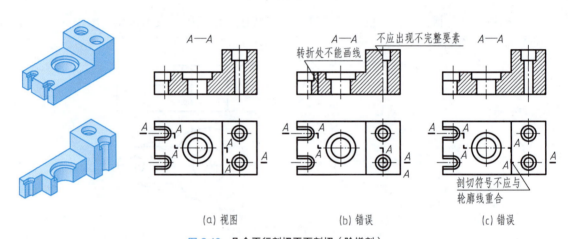

(a) 视图　　　　　　　(b) 错误　　　　　　　(c) 错误

图 3-10　几个平行剖切平面剖切（阶梯剖）

同字母。注意剖切符号不与轮廓线重合，如图 3-10（c）所示。

② 把几个平行的剖切面视为一个平面考虑，不画剖切面转折处的界线，如图 3-10（b）所示。正确选择剖切位置，在剖视图中不应出现不完整要素，如图 3-10（b）所示。

（3）几个相交的剖切面的全剖视图——旋转剖

用几个相交的剖切面，并使其交线垂直于某一投影面剖开机件的方法称为旋转剖。

旋转剖画法规定如下。

① 假想按剖切位置剖开机件，然后将被倾斜剖切面剖开的结构及有关部分绕剖切面交线旋转到与选定的基本投影面平行时再进行投射，如图 3-11 所示。

② 应对剖视图加以标注。剖切符号的起、讫和转折处用相同的字母标出，但当转折处空间狭小又不致引起误解时，转折处允许省略字母。

2. 半剖视图

（1）半剖视图的概念

当机件具有对称平面时，向垂直于对称平面的投影面上投射所得的图形，以对称中心线为界，一半画成剖视图，另一半画成视图，这种剖视图称为半剖视图，如图 3-12 所示。半剖视图常用于表达内外形状都比较复杂的对称机件。当机件形状接近对称，且不对称部分已另有图形表达清楚时，也可画成半剖视图。

（2）画半剖视图的注意事项

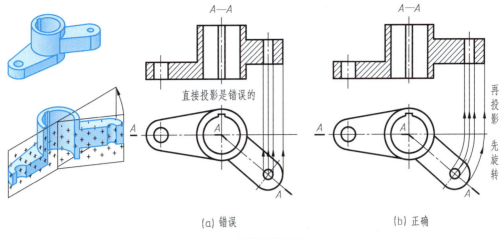

（a）错误　　　　　　　　　（b）正确

图 3-11　旋转剖展开画法

① 只有对称图形或者基本对称图形才能用半剖视图［图 3-13（a）］，半个视图与半个剖视图的分界线以细点画线为界，如图 3-13（b）所示。半剖视图中的剖视图部分的位置通常按以下原则配置：主视图中应位于对称线右侧；俯视图中应位于对称线下方；左视图中应位于对称线右侧。

② 机件内部形状已在半剖视图中表达清楚时，半剖视图中不应再画虚线，但对孔、槽应画出中心线的位置，如图 3-13（c）所示。

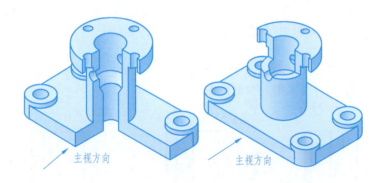

图 3-12　对称形体的半剖视图

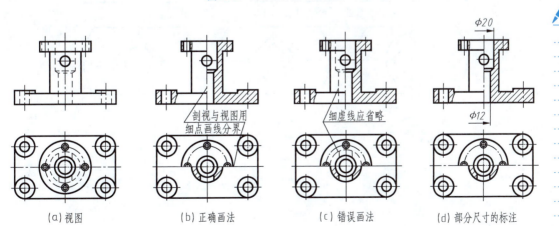

（a）视图　　　　（b）正确画法　　　　（c）错误画法　　　　（d）部分尺寸的标注

图 3-13　半剖视图

③ 半剖视图的尺寸标注，尺寸线应略超过对称中心线，如图 3-13（d）所示。

④ 如果机件的轮廓线正好与机件的中心对称轴（细点画线）重合，则机件不能采用半剖视图表达。

3. 局部剖视图

（1）局部剖视图的概念

用剖切平面局部地剖开机件所得的剖视图，称为局部剖视图，如图 3-14 所示。局部剖视图可根据机件结构、形状特点灵活选择剖切位置和剖切范围。

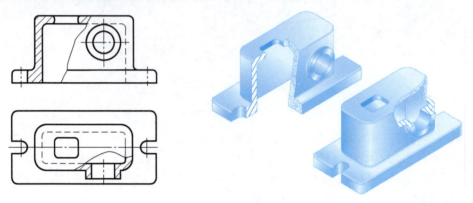

图 3-14　局部剖视图（一）

① 当机件只有局部的内部结构需要表达，但不必或不宜采用全剖视图或者半剖视图时，可以采用局部剖视图。

② 当不对称机件外部和内部形状都需要表达时，如图 3-14 所示，可以采用局部剖视图。

③ 对称机件的内部或外部的轮廓线正好与图形对称中心线重合，因而不宜采用半剖视图时，如图 3-15 所示，可以采用局部剖视图。

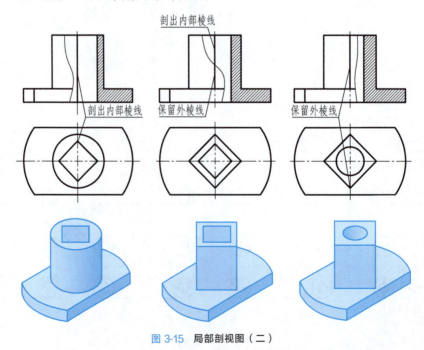

图 3-15　局部剖视图（二）

（2）局部剖视图的画法注意事项

① 在不影响外形表达的情况下，可采用大面积的局部剖视图，如图 3-14 所示。

② 局部剖视图的标注方法和全剖视相同，但剖切位置明显的局部剖视图，一般省略剖视图的标注，如图 3-14、图 3-15 所示。

③ 局部剖视图的剖视和视图用波浪线分界，波浪线应画在机件的实体上，不能超出实体轮廓线，也不能画在机件的中空处，当遇到孔、槽等结构时，波浪线必须断开；波浪线不应画在轮廓线的延长线上，也不能用轮廓线代替，或与图样上其他图线重合。如图 3-16 所示。局部剖视图表达方法灵活，一般在一个视图中，局部剖视图的数量不宜过多。

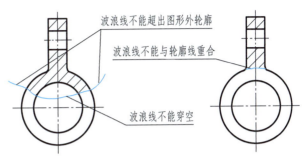

图 3-16　局部剖视图波浪线的画法

学习任务三　断面图

假想用剖切平面将机件某处切断，仅画出该剖切面与机件接触部分的图形，该图形称为断面图，如图 3-17 所示。表达轴类零件时，一般用主视图表达主体结构，用断面图补充表达主视图没有表达清楚的结构（如键槽深度）。

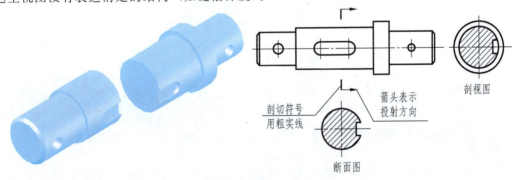

图 3-17　断面图与剖视图比较

断面图可分为移出断面和重合断面两种。

一、移出断面图（GB/T 17452—1998、GB/T 4458.6—2002)

画在视图之外，轮廓线用粗实线表达的断面图称为移出断面图。

注意事项：

① 移出断面应尽量画在剖切线的延长线上，或者配置在附近适当的位置，如图 3-18 中的 A—A 断面。

② 剖切平面通过由回转面形成的孔或凹槽的轴线时，这些结构按剖视绘制，如图 3-19 所示。

③ 剖切平面通过非圆孔，导致两个断面完全分离时，这些结构按剖视绘制，如图 3-19 所示。

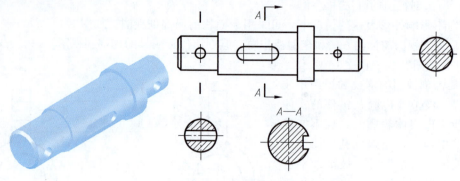

图 3-18　移出断面图画法

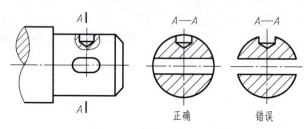

正确　　　　错误

图 3-19　按剖视绘制的断面图

④ 对于较长对称机件，可以将断面图画在视图的中断处，如图 3-20 所示。

⑤ 剖切平面一般垂直于被剖切部分的主要轮廓线，由两个或多个相交的剖切平面剖切所得的移出断面，中间一般应由波浪线断开，如图 3-21 所示。

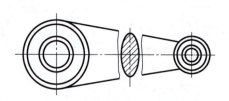

图 3-20　画在视图中断处的断面图

用波浪线断开

图 3-21　相交剖切面所得的断面图

二、重合断面图（GB/T 17452—1998、GB/T 4458.6—2002）

画在视图之内，轮廓线用细实线绘制的断面图称为重合断面图。画重合断面图应注意：当断面图轮廓线与视图的轮廓线重叠时，视图中的轮廓线仍需完整画出，不能间断，如图 3-22 所示。

三、断面图的标注

移出断面图和重合断面图的标注方法相同，一般用剖切符号表示剖切位置，用箭头表示投射方向，并注上字母，在断面图上方用对应字母注出名称"×—×"，如图 3-18 中的 A—A 断面；如断面图在剖切位置的延长线上，可省略字母；如图形对称，可省略箭头，如图 3-18 所示。

不对称的重合断面图应标注剖切符号和箭头，如图 3-22（a）所示；对称的重合断面图及配置在视图中断处的对称的移出断面图不必标注，如图 3-22（b）所示。

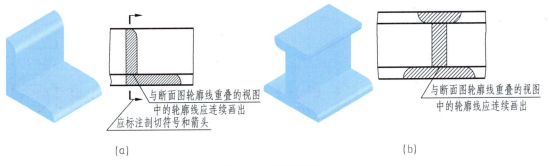

图 3-22　重合断面图

学习任务四　局部放大图和简化画法

一、局部放大图（GB/T 4458.1—2002）

将机件的部分细小结构用大于原图形所用的比例画出，这种图形称为局部放大图，如图 3-23 所示。

局部放大图可画成视图、剖视图和断面图，与原图形的表达方式无关，并应尽量放在被放大部位附近，如图 3-23 所示。

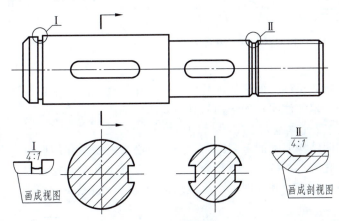

图 3-23　局部放大图

绘制局部放大图时，除螺纹牙型、齿轮和链条的齿形外，其他结构应在原视图中用细实线圆（或长圆）圈出被放大部位，并在放大图上方标注出所采用的比例；如有几处被放大的部位，必须用罗马数字依次在放大图中标注的比例的上方横线上注明，如图 3-23 所示。

二、简化画法（GB/T 16675.1—2012、GB/T 4458.1—2002）

为了减少工作量，提高工作效率，通常可以采用简化画法。

1. 相贯线、过渡线的简化画法

在不致引起误解时，图形中的相贯线、过渡线可简化。例如，可用圆弧或直线代替非圆曲线，如图 3-24（a）所示。也可用模糊画法表示相贯线，如图 3-24（b）所示。

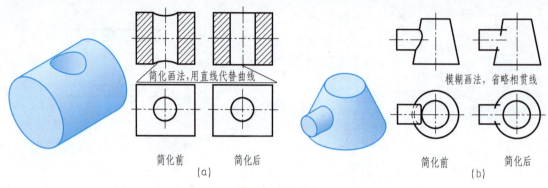

图 3-24　相贯线、过渡线的简化画法

2. 对称机件的简化画法

对称机件的视图，在不致引起误解时，允许只画 1/2 或 1/4，并在对称中心线的两端画出两条与其垂直的平行细实线，如图 3-25 所示。

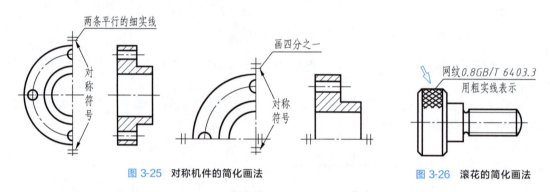

图 3-25　对称机件的简化画法　　　　图 3-26　滚花的简化画法

3. 滚花的简化画法

网状物、编织物或机件上的滚花部分，可采用在轮廓线附近用粗实线局部画出的方法表示，也可省略不画，但需注明这些结构的具体要求，如图 3-26 所示。

4. 相同结构的简化画法

尽可能减少相同结构要素的重复绘制，避免不必要的视图和剖视图。当机件具有若干相同结构的齿、槽、孔等，并按一定规律分布时，只需画出几个完整结构，其余用细实线连接或画中心线表示中心位置，并在图中注明该结构的总数，如图 3-27 所示。

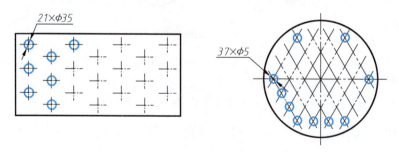

图 3-27　相同结构的简化画法

5. 回转体上的平面的简化画法

当回转体上的平面在图形中不能充分表达时，可用两条相交的细实线表示这些平面，如图 3-28 所示。

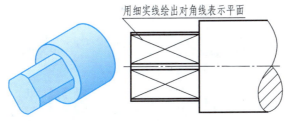

用细实线绘出对角线表示平面

图 3-28 回转体上平面的简化画法

6. 较长机件的简化画法

较长机件（轴、杆、型材、连杆等）沿长度方向的形状一致或按一定规律变化时，可断开后缩短绘制，但尺寸仍按机件的设计要求标注，如图 3-29 所示。

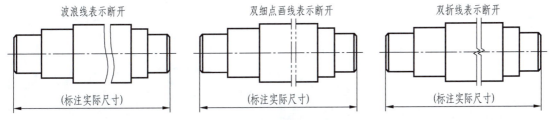

波浪线表示断开　　　双细点画线表示断开　　　双折线表示断开

（标注实际尺寸）　　　（标注实际尺寸）　　　（标注实际尺寸）

图 3-29 较长机件的简化画法

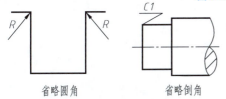

省略圆角　　　省略倒角

图 3-30 圆角与倒角的简化画法

7. 圆角与倒角的简化画法

除确实需要表示某些结构的圆角外，其他圆角在零件图中均可不画；在不致引起误解时，零件图中倒角可以省略不画，但图上必须注明尺寸或在技术要求中加以说明。如图 3-30 所示。

 【项目任务实施单】

序号	方法步骤	图示
步骤 1	主视图用全剖视图表达形体的内外部结构	
步骤 2	俯视图采用局部剖视图表达凸台孔的结构	
步骤 3	省略左视图,用一个局部视图表达凸台的外部结构	

项目四
标准件和常用件

 【项目任务单】

任务名称	绘制螺纹紧固件连接图
任务描述	按比例画法,选择合适的螺栓、螺母、垫圈连接零件(比例 1∶1,主视图画全剖视图,俯、左视图画视图) 15 15 $\phi11$
任务分析	螺栓、螺母、垫圈属于标准件,其形状和结构都已标准化,国家标准规定了相应的画法。要完成此任务,需掌握螺纹、螺纹紧固件、螺纹紧固件连接的规定画法及查阅螺纹紧固件参数的方法
学习目标	①熟练掌握标准件和常用件的规定画法 ②熟练掌握标准件和常用件的标注 ③掌握标准件的查表方法 ④掌握标准件和常用件装配的画法

  【知识链接】

学习任务一　螺纹及螺纹紧固件

　　在机械设备中经常会用到螺钉、螺母、螺栓等标准件和齿轮等常用件,为了减少设计和绘图工作量以及便于批量生产和使用,国家对它们的结构规格及技术要求等进行了全部或部分标准化,并对其图样规定了特殊表示方法。

　　螺纹是圆柱体或圆锥表面上沿着螺旋线所形成的具有规定牙型的连续凸起和沟槽。

　　如图 4-1 所示,工件做等速旋转运动,具有一定牙型形状的刀具沿轴线方向做等速移动即可车出螺纹。在圆柱体(或圆锥)外表面上加工出的螺纹称为外螺纹,在圆柱体(或圆锥)内表面上加工出的螺纹称为内螺纹。

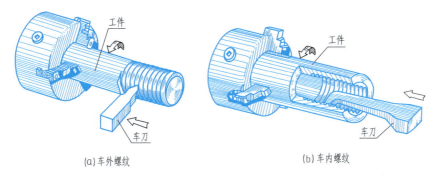

(a) 车外螺纹　　　　　　　　　　(b) 车内螺纹

图 4-1　车削螺纹

一、螺纹的基本要素（GB/T 14791—2013）

螺纹的基本要素包括牙型、公称直径、线数、螺距与导程、旋向等。

1. 牙型

螺纹的牙型是指在通过螺纹轴线剖开的断面图上螺纹的轮廓形状。常用的螺纹的牙型有三角形、梯形和锯齿形等，如图 4-2 所示。

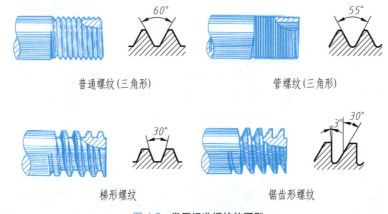

普通螺纹(三角形)　　　　　　　管螺纹(三角形)

梯形螺纹　　　　　　　　　　锯齿形螺纹

图 4-2　常用标准螺纹的牙型

2. 公称直径

螺纹公称直径分大径、中径和小径，如图 4-3 所示。

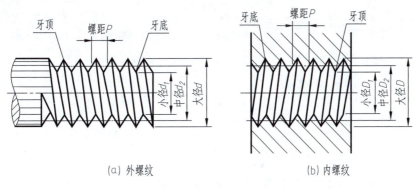

(a) 外螺纹　　　　　　　　　　(b) 内螺纹

图 4-3　螺纹的公称直径

① 大径。与外螺纹牙顶或内螺纹牙底相切的假想圆柱面的直径称为大径。内螺纹大径

代号是 D，外螺纹大径代号是 d。公称直径是代表螺纹尺寸的直径，指螺纹大径。图样上一般都标注大径。

② 小径。与外螺纹牙底或内螺纹牙顶相切的假想圆柱面的直径称为小径。内螺纹小径代号是 D_1，外螺纹小径代号是 d_1。

③ 中径。中径是一个假想圆柱的直径，该圆柱的母线通过牙型上沟槽和凸起宽度相等的地方。内螺纹的中径用 D_2 表示，外螺纹的中径用 d_2 表示。

3. 螺纹的线数（n）

螺纹有单线和多线之分。沿一条螺旋线形成的螺纹称为单线螺纹（$n=1$），如图 4-4（a）所示；沿两条或两条以上螺旋线形成的螺纹称为多线螺纹（$n=2$、3、4……），如图 4-4（b）所示。

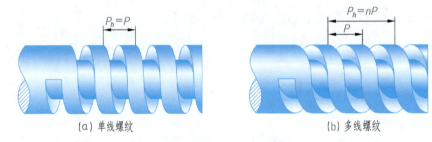

(a) 单线螺纹　　　　　　　　　　(b) 多线螺纹

图 4-4　螺纹的线数、螺距与导程

4. 螺纹的螺距（P）与导程（P_h）

螺距 P 即螺纹相邻两牙在中径线上对应两点间的轴向距离；导程 P_h 即同一螺旋线上相邻两牙在中径线上对应两点间的轴向距离。如图 4-4 所示。螺距、线数与导程的关系是

$$导程＝线数×螺距$$

$$P_h＝nP$$

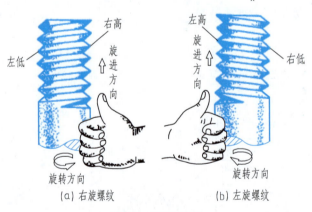

(a) 右旋螺纹　　　(b) 左旋螺纹

图 4-5　螺纹的旋向

5. 螺纹的旋向

螺纹按旋进方向的不同，可分为右旋螺纹和左旋螺纹。顺时针方向旋进的螺纹称为右旋螺纹，逆时针方向旋进的螺纹称为左旋螺纹。将螺纹轴线垂直放置，螺旋线右高左低的是右旋螺纹，如图 4-5（a）所示；螺旋线左高右低的是左旋螺纹，如图 4-5（b）所示。右旋螺纹使用较多。

对于螺纹来说，只有牙型、公称直径、螺距、线数、导程、旋向等要素都相同时，内、外螺纹才能旋合。其中，牙型、公称直径和螺距是螺纹最基本的三要素。凡三要素符合国家标准的螺纹，称为标准螺纹，只有牙型符合国家标准的称为特殊螺纹，牙型不符合国家标准的称为非标准螺纹。

二、螺纹的规定画法（GB/T 4459.1—1995）

由于螺纹的结构尺寸及技术要求已经标准化，绘图时不按其真实投影画，只需按国家标

准规定的画法绘制，并进行必要的标注。

螺纹的规定画法如表 4-1 所示。

螺纹的规定画法

表 4-1　螺纹的规定画法（摘自 GB/T 4459.1—1995）

名称	规定画法	说明
外螺纹	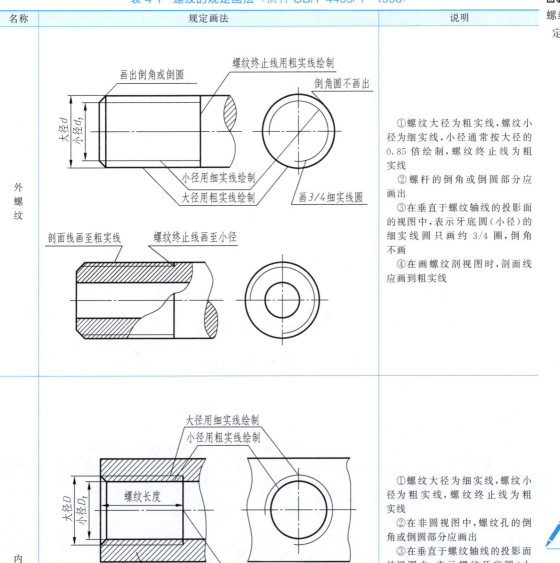	① 螺纹大径为粗实线，螺纹小径为细实线，小径通常按大径的 0.85 倍绘制，螺纹终止线为粗实线 ② 螺杆的倒角或倒圆部分应画出 ③ 在垂直于螺纹轴线的投影面的视图中，表示牙底圆（小径）的细实线圆只画约 3/4 圈，倒角不画 ④ 在画螺纹剖视图时，剖面线应画到粗实线
内螺纹		① 螺纹大径为细实线，螺纹小径为粗实线，螺纹终止线为粗实线 ② 在非圆视图中，螺纹孔的倒角或倒圆部分应画出 ③ 在垂直于螺纹轴线的投影面的视图中，表示螺纹牙底圆（大径）的细实线圆只画约 3/4 圈，倒角不画 ④ 在画螺纹剖视图时，剖面线应画到粗实线 ⑤ 钻孔底部锥角按 120° 画出。螺纹部分的深度和钻孔深度应分别画出

续表

名称	规定画法	说明
螺纹连接	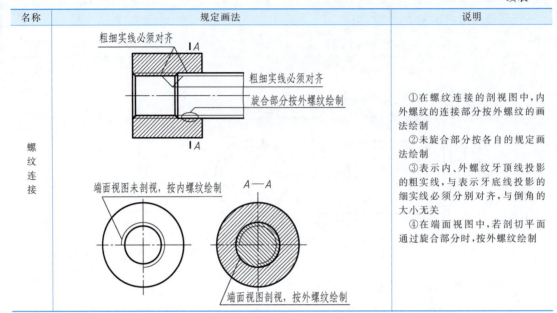	①在螺纹连接的剖视图中,内外螺纹的连接部分按外螺纹的画法绘制 ②未旋合部分按各自的规定画法绘制 ③表示内、外螺纹牙顶线投影的粗实线,与表示牙底线投影的细实线必须分别对齐,与倒角的大小无关 ④在端面视图中,若剖切平面通过旋合部分时,按外螺纹绘制

三、常用螺纹的分类和标注

螺纹按用途分为连接螺纹和传动螺纹两类。前者起连接作用,后者用来传递动力和运动。连接螺纹有三种常见的标准螺纹:粗牙普通螺纹、细牙普通螺纹和管螺纹。由于螺纹采用了统一的规定画法,在图样上反映不出螺纹的种类和要素,因此应按国家标准规定的格式标注螺纹。如表 4-2 所示。

1. 普通螺纹的标注（GB/T 197—2018）

普通螺纹将尺寸标注在内、外螺纹的大径上,其标注格式如下:

单线:螺纹特征代号 公称直径×螺距-公差带代号-旋合长度代号-旋向代号

多线:螺纹特征代号 公称直径×Ph 数字 P 数字—公差带代号—旋合长度代号—旋向代号

表 4-2　常用标准螺纹的种类、特征代号及标注示例

螺纹种类		特征代号	标注示例	标记注写说明
连接螺纹	普通螺纹 粗牙	M	M24-6G 解释:普通粗牙内螺纹,公称直径为 24mm,右旋,中径、顶径公差带代号均为 6G,中等旋合长度	①普通螺纹的特征代号为 M ②普通单线螺纹的尺寸代号为"公称直径×螺距"。普通螺纹分粗牙普通螺纹和细牙普通螺纹两种,粗牙普通螺纹不标注螺距;细牙普通螺纹必须注出螺距;普通多线螺纹的尺寸代号为"公称直径×Ph 数字 P 数字" ③普通螺纹的公差带代号包含中径公差带代号和顶径公差带代号。中径公差带代号在前,顶径公差带代号在后。如果中径公差带代号和顶径公差带代号相同,则应只标注一个公差带代号。最常用的中等公差精度的普通螺纹(公称直径≤1.4mm 的 5H、6h 和公称直径≥1.6mm 的 6H 和 6g),不标注公差带代号 ④普通螺纹的旋合长度规定为短(S)、中等(N)、长(L),中等旋合长度(N)不必标注 ⑤左旋螺纹应标注旋向代号"LH",右旋螺纹不标注旋向代号
	细牙		M16×Ph3P1.5-7g6g-L-LH 解释:普通细牙外螺纹,公称直径为 16mm,导程为 3mm,螺距为 1.5mm,双线,中径公差带代号为 7g,顶径公差带代号为 6g,长旋合长度,左旋	

续表

螺纹种类		特征代号	标注示例	标记注写说明
连接螺纹	管螺纹 55°非密封管螺纹	G	G1A 解释:55°非密封管螺纹,右旋,外螺纹尺寸代号为1,公差等级为A级	①55°非密封管螺纹的特征代号为G。55°密封管螺纹的特征代号有四种 R_1 表示与圆柱内螺纹相配合的圆锥外螺纹 R_2 表示与圆锥内螺纹相配合的圆锥外螺纹 Rc 表示圆锥内螺纹 Rp 表示圆柱内螺纹 ②55°非密封管螺纹外螺纹公差等级有A级、B级两种,应注出;内螺纹公差等级只有一种,不标记;其余管螺纹公差等级只有一种,故省略不标记 ③管螺纹的尺寸代号不是管螺纹的公称直径,是指管子的内径,管螺纹在图样上标注时必须从螺纹大径处引出标注 ④左旋时,55°非密封管螺纹的外螺纹应在公差等级代号后加注"-LH"。其余的左旋管螺纹均应在尺寸代号后加LH,右旋时不必标注
	55°密封管螺纹	R_1 R_2 Rc Rp	$R_2 1/2$ 解释:55°密封管螺纹,R_2表示与圆锥内螺纹配合的圆锥外螺纹。外螺纹的尺寸代号为1/2,右旋	
			Rc3/4LH 解释:Rc 表示圆锥内螺纹,内螺纹的尺寸代号为3/4,左旋	
传动螺纹	梯形螺纹	Tr	Tr32×12(P6)-LH-7e 解释:梯形螺纹,公称直径为32mm,导程为12mm,螺距为6mm,双线,左旋,中径公差带代号为7e,中等旋合长度	①梯形螺纹的特征代号为Tr,锯齿形螺纹的特征代号为B ②梯形螺纹和锯齿型螺纹的尺寸代号为公称直径×导程(P螺距),对于单线螺纹应省略括号部分 ③左旋螺纹应注写旋向代号LH,右旋螺纹不标注旋向代号 ④梯形螺纹和锯齿形螺纹的公差带代号仅包含中径公差带代号。梯形螺纹和锯齿形螺纹的旋合长度只有长(L)、中等(N)两种,中等旋合长度N不必标注
	锯齿螺纹	B	B40×7LH-7e 解释:锯齿形螺纹,公称直径为40mm,螺距为7mm,单线,左旋,中径公差带代号为7e,中等旋合长度	

2. 管螺纹的标注（GB/T 7306.1—2000）

管螺纹一般包括55°密封管螺纹和55°非密封管螺纹,其标注格式如下:

55°密封管螺纹：螺纹特征代号 尺寸代号 旋向代号

55°非密封管螺纹：螺纹特征代号 尺寸代号 螺纹公差等级代号-旋向代号

3. 常用标准螺纹的种类、特征代号及标注示例

各种常用螺纹的螺纹标记见表4-2。

螺纹标注方法如图4-6所示。

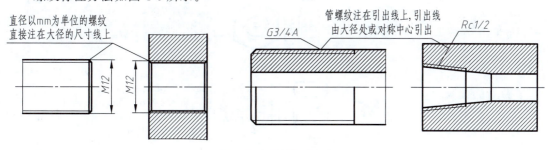

图 4-6 螺纹的标注方法

四、螺纹紧固件

常见的螺纹紧固件有螺栓、双头螺柱、螺钉、螺母及垫圈等。它们的结构、尺寸都已标

准化，使用或绘图时，可以从相应标准中查到所需的结构和尺寸。

1. 螺纹紧固件的标记及画法

常用螺纹紧固件的图例及标注示例见表4-3。

表4-3　常用螺纹紧固件的图例及标注示例

名称及国标号	实体图	图例	标注示例
六角头螺栓 GB/T 5782—2016			螺栓 GB/T 5782　M12×50 螺纹规格 $d=12$mm，公称长度50mm，表面不经处理，产品等级为 A 级的六角头螺栓
双头螺柱 GB/T 898—1988 （$b_m=1.25d$）			螺柱 GB/T 898　M8×40 两端均为粗牙普通螺纹，螺纹规格 $d=8$mm，公称长度40mm，性能等级为 4.8 级，不经表面处理，B 型，$b_m=1.25d$ 的双头螺柱
开槽圆柱头螺钉 GB/T 65—2016			螺钉 GB/T 65　M10×45 螺纹规格 $d=10$mm，公称长度45mm，性能等级为 4.8 级，表面不经处理的 A 级开槽圆柱头螺钉
内六角圆柱头螺钉 GB/T 70.1—2008			螺钉 GB/T 70.1　M10×40 螺纹规格 $d=10$mm，公称长度40mm，性能等级为 8.8 级，表面氧化的 A 级内六角圆柱头螺钉
开槽沉头螺钉 GB/T 68—2016			螺钉 GB/T 68　M10×50 螺纹规格 $d=10$mm，公称长度50mm，性能等级为 4.8 级，表面不经处理的开槽沉头螺钉
开槽锥端紧定螺钉 GB/T 71—2018			螺钉 GB/T 71　M12×40 螺纹规格 $d=12$mm，公称长度40mm，钢制，性能等级14H 级，表面氧化处理，产品等级为 A 级的开槽锥端紧定螺钉
1 型六角螺母 GB/T 41—2016			螺母 GB/T 41　M16 螺纹规格 $D=16$mm，性能等级为 5 级，表面不经处理的 C 级 1 型六角螺母
1 型六角开槽螺母 （A 和 B 级） GB 6178—1986			螺母 GB 6178　M16 螺纹规格 $D=16$mm，性能等级为 8 级，表面不经处理，产品等级为 A 级的 1 型六角开槽螺母 M16
平垫圈（A 级） GB/T 97.1—2002			垫圈 GB/T 97.1　16 标准系列，公称规格为 16mm，由钢制造的硬度等级为 200HV 级，不经表面处理，产品等级为 A 级的平垫圈

名称及国标号	实体图	图例	标注示例
标准型弹簧垫圈 GB/T 93—1987			垫圈 GB/T 93 20 公称规格为 20mm，材料为 65Mn，表面氧化的标准型弹簧垫圈

螺纹紧固件的种类虽然很多，但其连接形式可归为螺栓连接、双头螺柱连接和螺钉连接三种，在画装配图时通常采用比例画法画出。画螺纹连接图时，各部分尺寸均与公称直径建立了一定的比例关系，按这些比例关系绘图，称为比例画法。

2. 螺纹紧固件连接的画法

螺纹紧固件连接的基本形式有螺栓连接、双头螺柱连接、螺钉连接。画螺纹紧固件连接时应遵守下列规定：在剖视图中，当剖切平面通过螺纹紧固件的轴线时，螺纹紧固件均按不剖绘制；零件的接触表面画一条直线，不接触表面画两条直线；剖视图中相接触的两个零件的剖面线方向相反，但同一零件在各视图中的剖面线的方向和间隔应相同。

（1）螺栓连接

螺栓用来连接两个不太厚的并能钻成通孔的零件。图 4-7 所示为螺栓连接，被连接的两块板上钻有通孔，通孔直径比螺栓大径略大（一般按 $1.1d$ 画出），连接时，螺栓穿入两个零件的光孔，再套上垫圈，然后用螺母拧紧。

螺栓连接可采用简化画法，如图 4-7 所示。

螺栓连接
简化画法

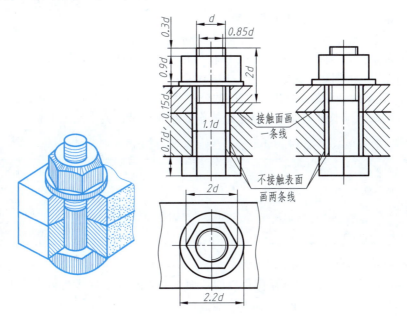

图 4-7 螺栓连接简化画法

（2）双头螺柱连接

当两个被连接的零件中有一个较厚，不适宜钻成通孔时，常采用双头螺柱连接或螺钉连接。双头螺柱两头制有螺纹，一端旋入较厚零件的螺孔中，称为旋入端；另一端穿过较薄零件的通孔，套上垫圈，再用螺母拧紧，称为紧固端。双头螺柱连接如图 4-8 所示。

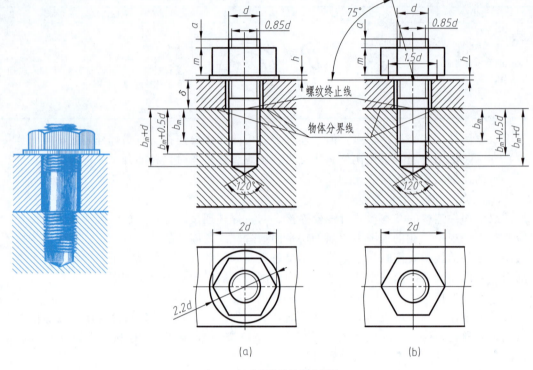

图 4-8　双头螺柱连接简化画法

双头螺柱的公称长度 L 应按下式估算：

$$L \geqslant \delta + a + m + h$$

式中，δ 为被连接零件的厚度；a 为螺柱伸出螺母的长度（$a = 0.3d$）；m 为螺母的高度（$m = 0.9d$）；h 为垫圈的厚度（$h = 0.15d$）。

计算出 L 值，在双头螺柱标准长度 L 的公称系列中选取一个相等或略大的标准值。

双头螺柱的旋入端长度 b_m 与带螺孔的被连接件的材料有关，见表 4-4。

表 4-4　旋入端长度 b_m 取值表

旋入材料	b_m 取值	国家标准号
铜与青铜材料	$b_m = d$	GB 897—1988
铸铁材料	$b_m = 1.25d$ 或 $b_m = 1.5d$	GB 898—1988
铝合金材料	$b_m = 2d$	GB 900—1988

画双头螺柱连接应注意以下问题：

① 旋入端的螺纹终止线应与螺孔孔口的端面平齐，也可以看成与被连接零件结合面平齐，表示旋入端已足够拧紧，如图 4-8 所示。

② 被连接件螺孔的螺纹深度应大于旋入端的螺纹长度 b_m。一般螺孔的螺纹深度：$b_m + d$ 为钻孔深度，$b_m + 0.5d$ 为钻孔的螺纹深度。

③ 其余部分的画法与螺栓连接画法相同。

④ 可以采用普通垫圈，如图 4-8（a）所示，或采用弹簧垫圈，如图 4-8（b）所示。

（3）螺钉连接

螺钉连接是一种不需与螺母配用而仅用螺钉连接两个零件的连接方式，常用于受力不大而又不需经常拆卸的零件间的连接，如图4-9（a）所示。

螺钉连接的种类很多，以开槽圆柱头螺钉为例说明比例画法，如图4-9（b）所示，其中 L 可按下式估算

$$L = b_\text{m} + \delta$$

式中，b_m 为旋入端长度，根据被旋入零件的材料而定，尺寸可查表4-4；δ 为被连接零件的厚度。

计算出 L 后，在螺栓标准长度的公称系列中选取一个相等或略大的标准值。

画螺钉连接应注意以下问题：

① 螺钉头部的一字槽要偏转45°（自左下向右上倾斜），当一字槽槽宽小于或等于2mm时，可以涂黑线（宽度是粗实线的2倍）画出。

② 螺纹的旋入深度与双头螺柱旋入端相同，由被连接件的材料决定。

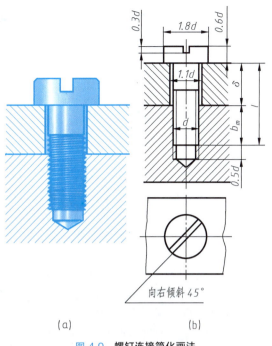

(a)   (b)

图 4-9 螺钉连接简化画法

学习任务二 齿轮

齿轮是广泛用于机器或部件中的传动零件，不仅可以用来传递动力，还能改变转速和转动方向。常见的齿轮如下。

① 圆柱齿轮。常用于两平行轴的传动，如图4-10（a）所示。

② 圆锥齿轮。常用于两相交（一般是正交）轴的传动，如图4-10（b）所示。

③ 蜗杆蜗轮。常用于两交错（一般是垂直交错）轴的传动，如图4-10（c）所示。

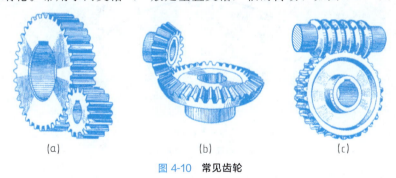

(a)   (b)   (c)

图 4-10 常见齿轮

圆柱齿轮分为直齿圆柱齿轮［图4-11（a）］、斜齿圆柱齿轮［图4-11（b）］和人字齿柱齿轮［图4-11（c）］。

一、直齿圆柱齿轮

1. 直齿圆柱齿轮几何要素的名称及代号

直齿圆柱齿轮各几何要素的名称及代号如图4-12所示。

　　　　　(a)　　　　　　　　　　　(b)　　　　　　　　　　　(c)

图 4-11　圆柱齿轮

　　① 齿顶圆。通过轮齿顶部的圆，其直径用 d_a 表示。

　　② 齿根圆。通过轮齿根部的圆，其直径用 d_f 表示。

　　③ 分度圆。分度圆为一假想圆，其直径用 d 表示。在该圆上，齿厚 s 等于齿槽宽 e（s 和 e 均指弧长）。

　　④ 齿顶高。齿顶圆与分度圆之间的径向距离，用 h_a 表示。

　　⑤ 齿根高。齿根圆与分度圆之间的径向距离，用 h_f 表示。

　　⑥ 齿高。齿顶圆与齿根圆之间的径向距离，用 h 表示。

　　⑦ 端面齿厚（简称齿厚）。一个齿的两侧齿廓之间的分度圆弧长，用 s 表示。

　　⑧ 端面齿槽宽（简称齿槽宽）。一个齿槽的两侧齿廓之间的分度圆弧长，用 e 表示。

　　⑨ 端面齿距（简称齿距）。相邻两齿的同侧齿廓之间的分度圆弧长，用 p 表示。

　　⑩ 齿宽。齿轮轮齿的轴向宽度，用 b 表示。

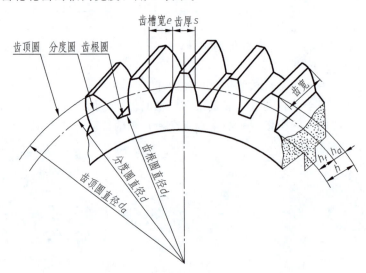

图 4-12　直齿圆柱齿轮几何要素名称及代号

2. 直齿圆柱齿轮的基本参数

　　① 齿数（z）。齿轮上轮齿的个数。

　　② 模数（m）。齿轮的齿数 z、齿距 p 和分度圆直径 d 之间有如下关系：

$$\pi d = z p$$

即 $d = z p / \pi$。令 $p / \pi = m$，则 $d = m z$。将 m 称为齿轮的模数（单位：mm）。由于两啮合齿轮的齿距 p 必须相等，所以两啮合齿轮的模数也必须相等。

　　模数 m 是齿轮设计、制造的一个重要参数。模数越大，轮齿各部分尺寸也随之成比例增大，轮齿上所能承受的力也越大。为了设计和制造的方便，模数的数值已经标准化，圆柱齿轮标准模数如表 4-5 所示。

表 4-5　圆柱齿轮标准模数（GB/T 1357—2008）　　　　　单位：mm

第一系列 （优先选用）	1　1.25　1.5　2　2.5　3　4　5　6　8　10　12　16　25　32　40　50
第二系列	1.125　1.375　1.75　2.25　2.75　3.5　4.5　5.5　(6.5)　7　9　11　14　18　22　28　36　45

注：选用模数时，应优先选用第一系列，其次选用第二系列，括号内的模数尽可能不用。

3. 直齿圆柱齿轮各部分尺寸的计算

标准直齿圆柱齿轮的计算公式如表 4-6 所示。

表 4-6　标准直齿圆柱齿轮的计算公式

基本参数：模数 $m = p/\pi$，齿数。计算举例：已知 $m=2\text{mm}, z=20$		
名称代号	计算公式	计算举例（单位：mm）
分度圆直径 d	$d = mz$	$d = mz = 2 \times 20 = 40$
齿顶圆直径 d_a	$d_a = d + 2h_a = m(z+2)$	$d_a = d + 2h_a = m(z+2) = 44$
齿根圆直径 d_f	$d_f = d - 2h_f = m(z-2.5)$	$d_f = d - 2h_f = m(z-2.5) = 35$
齿顶高 h_a	$h_a = m$	$h_a = m = 2$
齿根高 h_f	$h_f = 1.25m$	$h_f = 1.25m = 1.25 \times 2 = 2.5$
齿高 h	$h = h_a + h_f = 2.25m$	$h = h_a + h_f = 2.25m = 4.5$
齿距 p	$p = \pi m$	$p = 2\pi$
中心距 a	$a = \dfrac{d_1 + d_2}{2} = \dfrac{m}{2}(z_1 + z_2)$	

4. 圆柱齿轮规定画法

（1）单个圆柱齿轮的画法

单个圆柱齿轮通常用两个视图表示，轴线放成水平，如图 4-13（a）所示。齿顶圆和齿顶线用粗实线绘制，分度圆和分度线用细点画线绘制，齿根圆和齿根线用细实线绘制，或者也可省略不画，如图 4-13（b）所示。在剖视图中，齿根线用粗实线绘制，如图 4-13（c）所示。

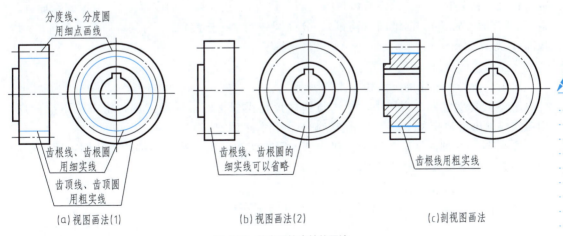

分度线、分度圆
用细点画线

齿根线、齿根圆
用细实线

齿顶线、齿顶圆
用粗实线

齿根线、齿根圆的
细实线可以省略

齿根线用粗实线

(a) 视图画法(1)　　　　　(b) 视图画法(2)　　　　　(c) 剖视图画法

图 4-13　单个圆柱齿轮的画法

（2）两圆柱齿轮的啮合画法

两标准圆柱齿轮互相啮合时，两者的分度圆处于相切的位置，两齿轮的啮合画法的关键是啮合区的画法，其他部分仍按单个圆柱齿轮的画法绘制。啮合区的规定画法如下。

① 在投影为圆的视图中，两齿轮的分度圆相切。啮合区内的齿顶圆均用粗实线绘制，如图 4-14（b）所示，也可以省略不画，如图 4-14（d）所示。

② 在非圆投影的剖视图中，两齿轮分度线（节线）重合，用细点画线绘制，齿根线用粗实线绘制。齿顶线的画法是将一个齿轮的轮齿视为可见，用粗实线绘制，另一个齿轮的轮齿被遮住部分画成虚线。如图 4-14（a）所示，也可以分度线用粗实线绘制，啮合区内齿顶线省略不画，如图 4-14（c）所示。

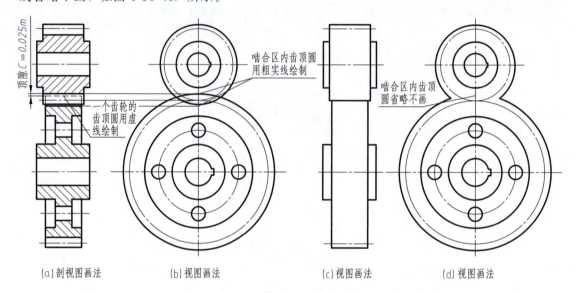

(a)剖视图画法   (b)视图画法   (c)视图画法   (d)视图画法

图 4-14   圆柱齿轮的啮合画法

二、直齿圆锥齿轮

单个圆锥齿轮的结构如图 4-15 所示。由于圆锥齿轮的轮齿加工在圆锥面上，所以圆锥齿轮在齿宽范围内有大、小端之分。为了计算和制造方便，国家标准规定以大端为准。在圆锥齿轮上，有关的名称和术语有齿顶圆锥面（顶锥）、齿根圆锥面（根锥）、分度圆锥面（分锥）、背锥面（背锥）、前锥面（前锥）、分度圆锥角 δ（分锥角）、齿高 h、齿顶高 h_a 及齿根高 h_f 等，如图 4-15 所示。

1. 单个直齿圆锥齿轮的画法

单个直齿圆锥齿轮的画法如图 4-15 所示。

① 在投影为非圆的视图中，画法与圆柱齿轮类似。即常采用剖视，轮齿按不剖处理，用粗实线画出齿顶线和齿根线，用细点画线画出分度线。

② 在投影为圆的视图中，轮齿部分只需用粗实线画出大端和小端的齿顶圆，用细点画线画出大端的分度圆，齿根圆不画。

2. 两直齿圆锥齿轮的啮合画法

其啮合区的画法与圆柱齿轮啮合区类似（图 4-16）。

① 画两齿轮的轴线，确定相交点，根据给定的参数，画出圆锥齿轮的分度圆锥角，确定分度圆锥母线，如图 4-16（a）所示。

② 分别画出齿轮的齿顶高、齿根高、齿宽，如图 4-16（b）所示。

③ 在剖视图中，将一齿轮的轮齿画成粗实线，另一齿轮的轮齿被遮挡部分画成细虚线，两齿轮剖面线方向相反，如图 4-16（c）所示。

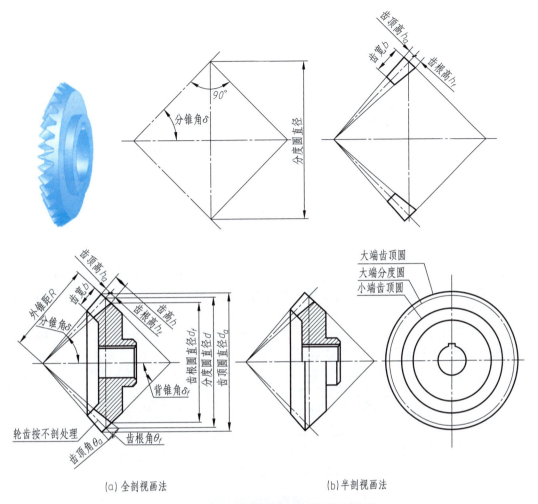

(a) 全剖视画法　　　　　　　　(b) 半剖视画法

图 4-15　圆锥齿轮的结构及单个圆锥齿轮的画法

④ 在有圆视图中，一齿轮的分度线与另一齿轮的分度圆相切，如图 4-16（d）所示。

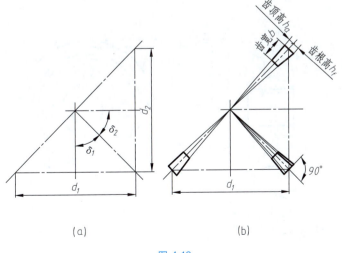

(a)　　　　　　　　　　(b)

图 4-16

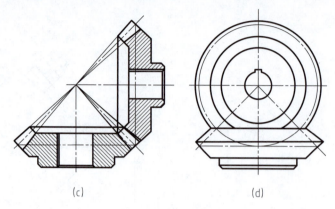

(c)　　　　　　　　(d)

图 4-16　两直齿圆锥齿轮啮合的画法

三、蜗轮与蜗杆

蜗杆与蜗轮一般用于垂直交错的两轴之间的传动。通常蜗杆是主动件，蜗轮是从动件。蜗杆的齿数（z_1）称为头数，相当于螺纹的线数，有单头、多头之分，最常用的蜗杆为圆柱形。

① 蜗杆的画法。蜗杆的齿顶线、齿根线、分度线的画法与圆柱齿轮相同，如图 4-17 所示，齿根线用细实线表示，可以省略不画。

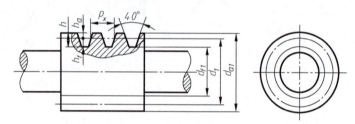

图 4-17　蜗杆的几何要素代号和画法

② 蜗轮的画法。类似斜齿圆柱齿轮，蜗轮轮齿部分的主要尺寸以垂直轴线的中间平面为准。蜗轮和蜗杆各部分几何要素的代号和规定画法，如图 4-18 所示。

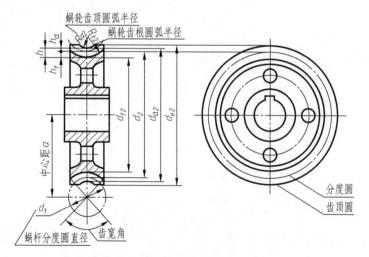

图 4-18　蜗轮的几何要素代号和画法

③ 蜗杆与蜗轮啮合的画法。如图 4-19 所示，其中图 4-19（a）采用了两个外形视图；图 4-19（b）采用了全剖视图和局部剖视图。在全剖视图中，蜗轮在啮合区被遮挡部分的虚线省略不画，局部剖视中啮合区内蜗轮的齿顶圆和蜗杆的齿顶线也可省略不画。

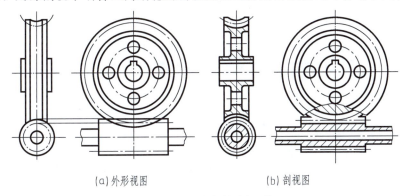

(a) 外形视图   (b) 剖视图

图 4-19　蜗杆与蜗轮啮合画法

学习任务三　键连接和销连接

一、键连接（GB/T 1096—2003）

键用于连接轴和轴上的传动件（如齿轮、带轮），使轴和传动件不产生相对转动，保证两者同步旋转，传递转矩和旋转运动。键连接是一种可拆连接，如图 4-20 所示。

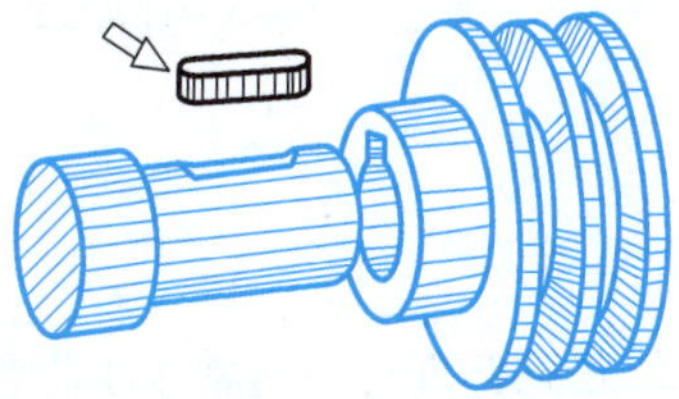

键连接有多种形式，其各有特点及应用场合。常用的键有普通平键、半圆键及钩头楔键等。它们都是标准件，根据连接处的轴径 d 在有关标准中可查得相应的尺寸、结构及标记。

图 4-20　键连接

1. 普通平键连接

普通平键有 A 型（圆头）、B 型（方头）、C 型（单圆头）三种结构形式。除 A 型省略型号外，B 型和 C 型要注出型号。

2. 普通平键的标记

标记示例：

① GB/T 1096 键 12×8×100

标记说明：圆头普通平键（A 型），宽 $b=12$mm，高 $h=8$mm，长 $L=100$mm。

② GB/T 1096 键 B 14×9×100

标记说明：方头普通平键（B 型），宽 $b=14$mm，高 $h=9$mm，长 $L=100$mm。

③ GB/T 1096 键 C 16×10×100

标记说明：单圆头普通平键（C 型），宽 $b=16$mm，高 $h=10$mm，长 $L=100$mm。

3. 普通平键和键槽的画法

键槽的画法和尺寸标注如图 4-21 所示。键槽的宽度 b，轴上的槽深 t_1 和轮毂上的槽深 t_2 可从键的标准中查得，键槽的长度 L 应小于或等于轮毂的长度。普通平键的尺寸可按轴的直径 d 从附表 9 中查出。

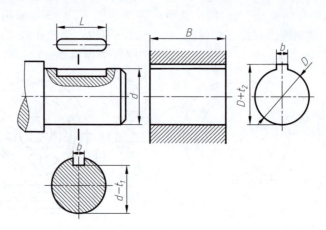

图 4-21 轴及轮毂上键槽的画法和尺寸标注

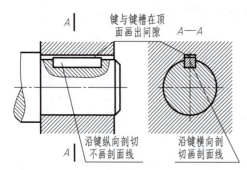

图 4-22 普通平键连接画法

4. 普通平键的连接画法

普通平键在轴的装配画法中，为表示键在轴上的装配情况，当剖切面通过轴和键的轴线时，轴采用了局部剖视图，键按不剖表示。由于平键的两个侧面是其工作表面，键的两个侧面分别与轴的键槽和轮毂的键槽的两侧面配合，键的底面与轴的键槽底面接触，画一条线；而键的顶面不与轮毂键槽底面接触，画两条线。左视图中键被垂直轴线的剖切面横向剖切时，键要画剖面线（与轮毂的剖面线方向相反，或一致但间隔不等），如图 4-22 所示。

二、销连接

销是标准件，通常用于零件间的连接或定位。常用的销有圆柱销、圆锥销和开口销等。使用及绘图时，可在有关标准或手册中查得其规格、尺寸及标记。销的画法及标记示例如表 4-7 所示。

表 4-7 销的画法及标记示例

名称	图例与标记示例	标记说明	连接画法
圆柱销 GB/T 119.1—2000	销 GB/T 119.1 8 m6×40	公称直径 $d=8$mm、公差为 m6、公称长度 $l=40$mm、材料为钢，不经表面处理的圆柱销	
圆锥销 GB/T 117—2000	1:50 销 GB/T 117 8×40	公称直径 $d=8$mm、公称长度 $l=40$mm 的 A 型圆锥销	

续表

名称	图例与标记示例	标记说明	连接画法
开口销 GB/T 91—2000	销 GB/T 91 4×30	公称规格为 4mm、公称长度 $l=30$mm、不经表面处理的开口销	

学习任务四　滚动轴承

滚动轴承是用来支承轴，承受轴上载荷的标准部件，可以减少轴与孔相对旋转时的摩擦力，提高机械效率，因此应用极为广泛。

一、滚动轴承的结构及分类

滚动轴承一般由内圈、外圈、滚动体、保持架四部分组成。内圈与轴相配合，通常与轴一起转动。外圈固定在机体或轴承座内，一般不转动。滚动体有球、圆柱、圆锥等多种形状。保持架用来保持滚动体在滚道上彼此之间有一定的距离，防止相互间摩擦和碰撞，如图 4-23 所示。

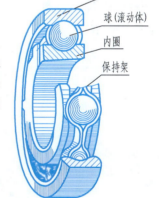

外圈
球（滚动体）
内圈
保持架

图 4-23　滚动轴承的结构

二、滚动轴承的代号（GB/T 272—2017）

基本代号表示轴承的基本类型、结构和尺寸，是轴承代号的基础。基本代号由轴承类型代号、尺寸系列代号及内径代号构成。其排列顺序如下：

轴承类型代号　尺寸系列代号　内径代号

① 轴承类型代号。轴承类型代号用阿拉伯数字或大写拉丁字母表示，如表 4-8 所示。

表 4-8　轴承类型代号（GB/T 272—2017）

代号	0	1	2	3	4	5
轴承类型	双列角接触球轴承	调心球轴承	调心滚子轴承和推力调心滚子轴承	圆锥滚子轴承	双列深沟球轴承	推力球轴承
代号	6	7	8	N	U	QJ
轴承类型	深沟球轴承	角接触球轴承	推力圆柱滚子轴承	圆柱滚子轴承	外球面球轴承	四点接触球轴承

注：类型代号如果是"0"，可省略不注。

② 尺寸系列代号。尺寸系列代号由轴承的宽（高）度系列代号和直径系列代号组成，用两位数字表示。它主要区分内径相同而宽（高）和外径不同的轴承。代号见附表12。

③ 内径代号。内径代号表示轴承的公称内径，用数字表示。

滚动轴承标记示例见表 4-9。

表 4-9　滚动轴承标记示例

滚动轴承标记	基本代号及含义
滚动轴承 6208 GB/T 276—2013	6 2 08 内径代号 d=8×5＝40mm 尺寸系列代号(02)宽度系列代号0省略，直径系列代号为2 轴承类型代号——深沟球轴承
滚动轴承 51310 GB/T 301—2015	5 13 12 内径代号 d=12×5＝60mm 尺寸系列代号，高度系列代号为1，直径系列代号为3 轴承类型代号——推力球轴承

三、滚动轴承的画法（GB/T 4459.7—2017）

滚动轴承的画法包括通用画法、特征画法和规定画法。一般不单独画出滚动轴承的零件图，仅在装配图中根据其基本代号，从标准中查得外径 D、内径 d、宽度 B（或 T）等几个主要尺寸来进行绘图。表 4-10 介绍了常用的深沟球轴承、圆锥滚子轴承及推力球轴承的结构及三种画法。

表 4-10　滚动轴承的简化画法和规定画法（摘自 GB/T 4459.7—2017）

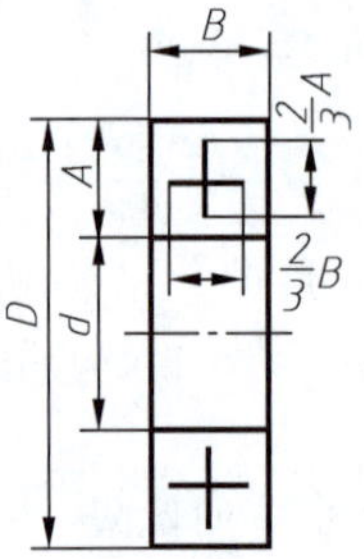

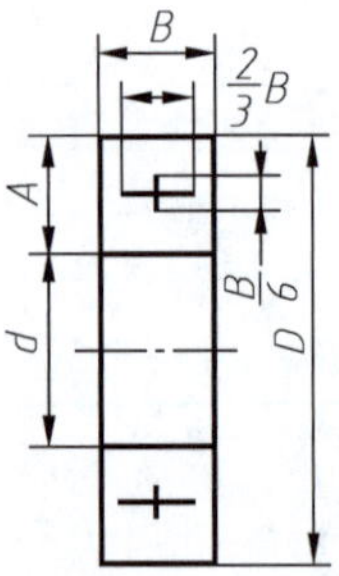

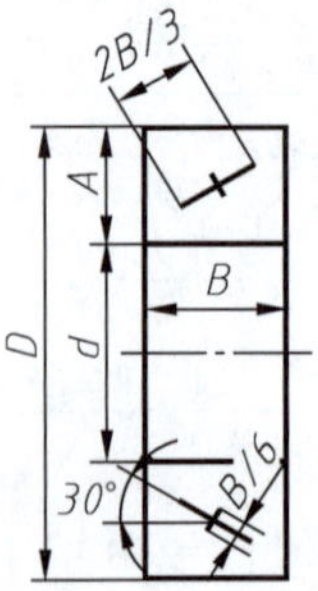

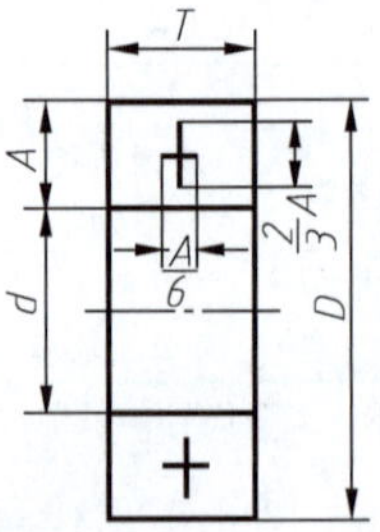

续表

画法	深沟球轴承 GB/T 276—2013	圆锥滚子轴承 GB/T 297—2015	推力球轴承 GB/T 301—2015
规定画法			

学习任务五　圆柱螺旋压缩弹簧

弹簧是储存和释放能量的零件，其主要用于减振、夹紧、自动复位、测力和储存能量等方面。弹簧的种类很多，常用的圆柱螺旋弹簧有压缩弹簧、拉伸弹簧和扭转弹簧等，如图 4-24 所示。

一、圆柱螺旋压缩弹簧各部分名称和尺寸关系（GB/T 1805—2021）

圆柱螺旋压缩弹簧的各部分名称和尺寸关系如下（图 4-25）。

① 簧丝直径（线径）d。弹簧钢丝直径。

② 弹簧中径 D。弹簧的规格直径。

③ 弹簧外径 D_2。弹簧的最大直径，$D_2 = D + d$。

压缩弹簧　拉伸弹簧　扭转弹簧

图 4-24 常用圆柱螺旋弹簧

④ 弹簧内径 D_1。弹簧的最小直径，$D_1 = D - d$。

⑤ 节距 t。除磨平压紧的支承圈外，相邻两有效圈上对应点之间的轴向距离。

⑥ 有效圈数 n。除支承圈外，保持相等节距 t 的圈数称为有效圈数，它是计算弹簧受力的主要依据。

⑦ 支承圈数 n_2。为了使弹簧在工作时受力均匀，增加弹簧的平稳性，将弹簧的两端并紧、磨平，并紧、磨平的圈主要起支承作用，称为支承圈。一般情况下，支承圈数 $n_2 = 2.5$ 圈，即两端各并紧 $1\frac{1}{4}$ 圈。

⑧ 总圈数 n_1。有效圈数与支承圈数之和称为总圈数，即 $n_1 = n + n_2$。

⑨ 弹簧自由长度（高度）H_0。弹簧在不受任何外力的作用，即处于自由状态时的长度，$H_0 = nt + 2d$。

⑩ 弹簧钢丝的展开长度 L。制造弹簧时坯料的长度，$L \approx \pi D n_1$。

二、圆柱螺旋压缩弹簧的画法（GB/T 4459.4—2003）

圆柱螺旋压缩弹簧可画成视图、剖视图或示意图。画图时，应注意以下几点。

① 弹簧在平行于轴线的投影面的视图中，各圈的轮廓的投影用直线表达。

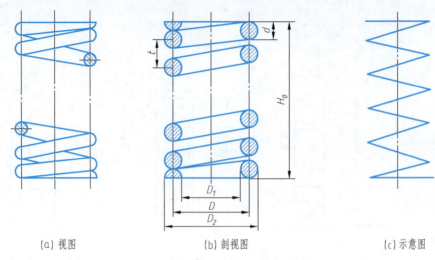

（a）视图　　　　　　　　　（b）剖视图　　　　　　　　　（c）示意图

图 4-25　圆柱螺旋压缩弹簧的画法

② 有效圈数在 4 圈以上的弹簧，允许每端只画 2 圈（不包括支承圈），中间部分可以省略不画，中间只需用通过弹簧钢丝断面中心的细点画线连起来。省略后，允许适当缩短图形的长度，但应注明弹簧设计的自由高度，如图 4-25（a）、（b）所示。

③ 弹簧不论右旋还是左旋，均可画成右旋，但左旋弹簧要注出旋向"LH"。

④ 在装配图中，如果弹簧钢丝直径在图形上等于或小于 2mm，可涂黑表示；也可采用示意画法，如图 4-25（c）所示。

⑤ 在装配图中，弹簧被剖切时，不论中间各圈是否省略，被弹簧挡住的结构一般不画出，如图 4-26 所示。

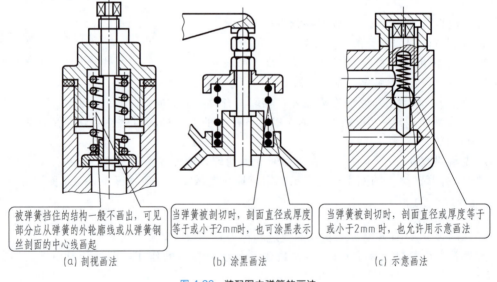

被弹簧挡住的结构一般不画出，可见部分应从弹簧的外轮廓线或从弹簧钢丝剖面的中心线画起

当弹簧被剖切时，剖面直径或厚度等于或小于2mm时，也可涂黑表示

当弹簧被剖切时，剖面直径或厚度等于或小于2mm 时，也允许用示意画法

（a）剖视画法　　　　　　　（b）涂黑画法　　　　　　　（c）示意画法

图 4-26　装配图中弹簧的画法

三、绘制圆柱螺旋压缩弹簧的步骤

① 根据 D 和 H_0 作出矩形，如图 4-27（a）所示。

② 根据 d 画出两端支承圈，如图 4-27（b）所示。

③ 根据节距 t 画出中间各圈，如图 4-27（c）所示。

④ 按右旋方向作相应圆的公切线，再画上剖面符号，完成全图，如图 4-27（d）所示。

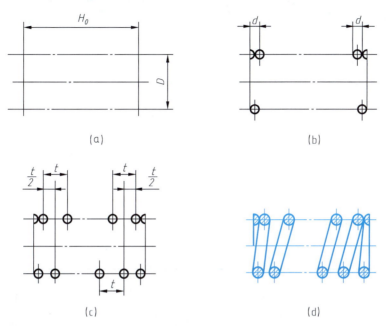

图 4-27　圆柱螺旋压缩弹簧的画图步骤

【项目任务实施单】

序号	方法步骤	图示
步骤 1	根据任务给定的孔径，查阅附表 3，选择合适的螺纹公称直径 M10	
步骤 2	计算螺栓的长度，可按下式进行计算： $L = \delta_1 + \delta_2 + 0.15d + 0.9d + 0.3d$ $\quad = 15 + 15 + 0.15 \times 10 + 0.9 \times 10 + 0.3 \times 10$ $\quad = 43.5(\text{mm})$ 计算出 L 之后，从螺栓标准中查得符合规定的长度，选取与计算的 L 值相等或略大的系列值，取 $L = 45$	
步骤 3	按螺栓连接的比例画法画出螺栓连接图。绘制螺栓连接图时，注意螺栓孔与螺杆的表面不接触，应画两条线，相邻两零件的剖面线方向应相反。在剖切面通过紧固件轴线的视图中，螺栓、螺母和垫圈按不剖绘制。螺栓孔中接触面的粗实线应画到螺杆为止	

项目五

绘制与识读零件图

 【项目任务单】

任务名称	识读齿轮轴零件图						
任务描述	识读齿轮轴零件图 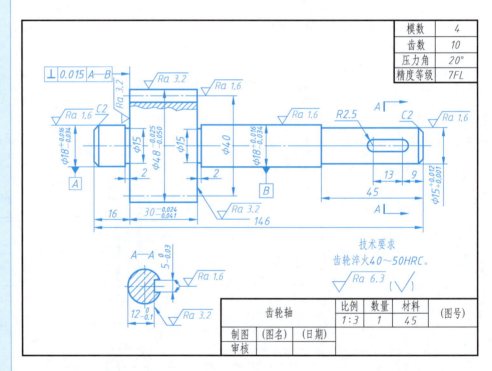						
任务分析	通过对零件图的视图、尺寸、技术要求和标题栏进行分析,掌握零件图的识读方法,学会识读各种典型零件的零件图的方法和步骤						
学习目标	①了解零件图的作用,熟悉零件图的内容 ②通过典型零件分析,掌握识读零件图的步骤和方法,能读懂和绘制典型生产实际零件的图样 ③学会常见零件的表达方法,尺寸及技术要求的标注方法 ④通过本项目的学习,培养细致、耐心的品质和规范使用国家标准制图的意识						

学习任务一　零件图的绘制

零件图是表达零件结构、形状、大小及技术要求的图样，是制造和检验机器零件的依据，又称零件工作图。任何机器都是先根据零件图加工制造若干零件，再按装配图组装而成。因此，它是指导零件生产的重要技术文件。

一、零件图的内容

零件图必须包含制造和检验零件的全部技术资料。因此，一张完整的零件图一般应包括以下几项内容，如图 5-1 所示。

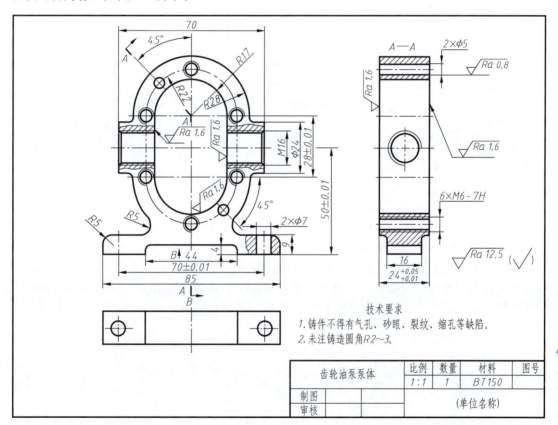

图 5-1　齿轮油泵泵体零件图

① 一组图形。正确、完整、清晰和简便地表达出零件内外形状的图形，其中包括视图、剖视图、断面图、局部放大图和简化画法等零件的各种表达方法。

② 一组尺寸。零件图中应正确、完整、清晰、合理地标注出制造和检验零件时所需的全部尺寸。

③ 技术要求。零件图中必须用规定的代号、数字、字母和文字注解说明制造和检验零件时在技术指标上应达到的要求。如表面粗糙度、尺寸公差、几何公差、材料和热处

理、检验方法以及其他特殊要求等。技术要求的文字一般注写在标题栏上方或左侧图纸空白处。

④ 标题栏。标题栏填写的内容主要有零件的名称、材料、数量、比例、图号以及绘制者、审核者的姓名和日期等。标题栏的尺寸和格式已经标准化，可参见有关标准，配置在图框的右下角。

二、零件图的视图选择

选择表达方案的原则：在完整、清晰地表达零件形状的前提下，力求制图简便。

1. 主视图的选择

主视图是一组图形的核心。在选择主视图时，一般应根据以下三方面综合考虑。

① 加工位置原则。主视图的选择应尽量与零件在机械加工时所处的位置一致，如加工轴、套、轮、圆盘等零件的大部分工序是在车床或磨床上进行的，因此这些零件的主视图应将其轴线水平放置，以便于加工时看图，如图 5-2 所示。

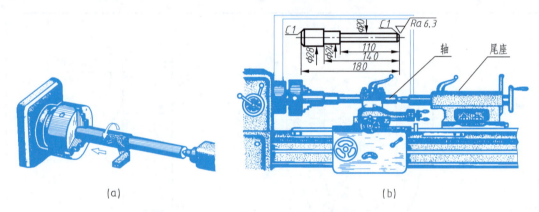

(a) (b)

图 5-2　按加工位置选择的主视图

② 工作位置原则。每个零件在机器上都有一定的工作位置（即安装位置）。零件主视图应尽量反映零件的工作位置，以便与装配图直接对照。如图 5-3（a）所示吊车吊钩与图 5-3（b）所示汽车的拖钩，虽然形状、结构相似，但由于它们的工作位置不同，两主视图的选择也不相同。

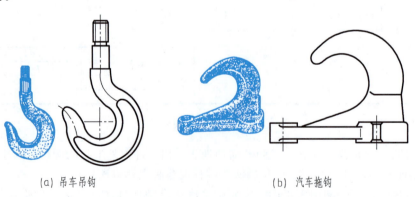

(a) 吊车吊钩　　　　　　　　　　(b) 汽车拖钩

图 5-3　按工作位置选择的主视图

③ 形状特征原则。主视图的投射方向应最能表达零件各部分的形状特征。图 5-4 中箭头 K 所示方向的投影清楚地显示出该支座各部分的形状、大小及相互位置关系。支座由圆

筒、连接板、底座、支承肋四部分组成，所选择的主视图投射方向 K 较其他方向（如 Q、R 向）更清楚地显示了零件的形状特征。主视图的选择应尽量多地反映出零件各组成部分的结构特征及相互位置关系。形状特征原则是选择主视图的一般性原则。

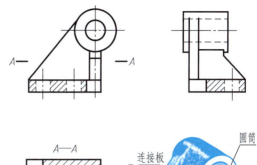

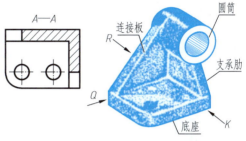

2. 其他视图的选择

一般来讲，仅用一个主视图是不能完全反映零件的结构和形状的，必须补充其他视图，包括俯视图、左视图等。主视图确定后，针对其表达未尽的部分，选择其他视图予以完善表达。具体选用时，应注意以下几点。

① 根据零件的复杂程度及内外结构和形状，全面地考虑还需要哪些视图；每个所选视图应具有独立存在的意义及明确的表达

图 5-4 按形状特征原则选择的主视图

重点，注意避免不必要的细节重复；在清晰表达零件的前提下，尽量减少视图数量。

② 优先考虑采用基本视图，当有内部结构时应尽量在基本视图上做剖视；对尚未表达清楚的局部结构和倾斜部分，可增加必要的局部（剖）视图、局部放大图或斜视图；有关的视图应尽量保持直接投影关系，并配置在相关视图附近。

③ 按照视图表达零件形状要正确、完整、清晰、简便的要求，进一步综合、比较、调整、完善，选出最佳的表达方案。

三、零件图的尺寸标注

1. 尺寸基准的选择

尺寸基准是指零件在加工、测量或装配到机器上时，用以确定其位置的一些点、线或面。零件图的尺寸标注既要保证设计要求又要满足工艺要求，首先应当正确选择尺寸基准。尺寸基准的选择

零件有三个方向（长、宽、高）的尺寸，每个方向至少要有一个尺寸基准。它可以是零件上的对称平面、安装底平面、端面、零件的接合面、主要孔和轴的轴线等。

（1）尺寸基准的分类

根据基准作用的不同，一般将尺寸基准分为设计基准和工艺基准两类。

① 设计基准。根据零件结构特点和设计要求而选定的基准称为设计基准。零件有长、宽、高三个方向，每个方向都要有一个设计基准，该基准又称为主要基准，如图 5-5 所示。

② 工艺基准。在加工、制造、测量、检验时，确定零件装夹位置和刀具位置的一些点、线或面称为工艺基准。工艺基准应尽量与设计基准重合，当该基准不与设计基准重合时又称为辅助基准。零件同一方向可以有多个辅助基准。辅助基准必有一个尺寸与主要基准相联系，该尺寸称为联系尺寸。如图 5-5 中的圆柱中心线为辅助基准，60 为联系尺寸。

（2）选择尺寸基准的原则

尽可能使设计基准与工艺基准一致，以减少两个基准不重合而引起的尺寸误差。当设计基准与工艺基准不一致时，应以保证设计要求为主，将重要尺寸从设计基准注出，次要尺寸从工艺基准注出，以便加工和测量。

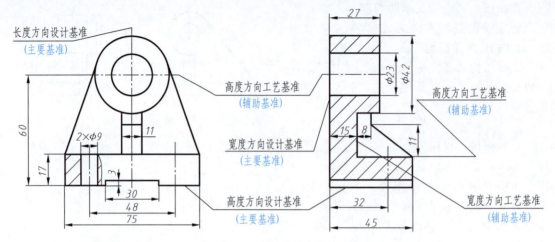

图 5-5   零件的尺寸基准

2. 合理选择标注尺寸应注意的问题

（1）结构上的重要尺寸必须直接注出

重要尺寸主要是指直接影响零件在机器中的工作性能和相对位置的尺寸。常见的如零件间的配合尺寸，重要的安装、定位尺寸等。如图 5-6（a）所示轴承座，轴承孔的中心高 60 和安装孔的间距尺寸 48 必须直接注出，而不应像图 5-6（b）那样，重要尺寸需靠间接计算得到，从而造成误差的积累。

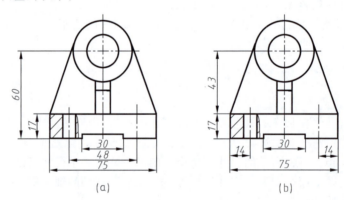

图 5-6   重要尺寸直接注出

（2）避免出现封闭的尺寸链

封闭的尺寸链是指一个零件同一方向上的尺寸首尾相接，成为封闭形状的情况。如图 5-7 所示，在实际中，不允许各分段尺寸与总体尺寸间形成封闭的尺寸链。在标注尺寸时，应将次要的轴段尺寸空出不注（称为开口环），如图 5-8 所示。

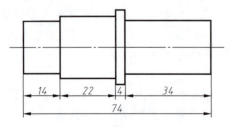

图 5-7   封闭的尺寸链

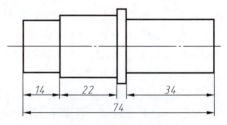

图 5-8   开口环的确定

（3）考虑零件加工和测量的要求

① 考虑加工看图方便。不同加工方法所用尺寸分开标注，以便于看图加工。如图 5-9 所示，把车削与铣削所需要的尺寸分开标注。

② 考虑测量方便。尺寸标注有多种方案，但要注意所注尺寸是否便于测量。如图 5-10 所示结构的两种不同标注方案，不便于测量的标注方案是不合理的。

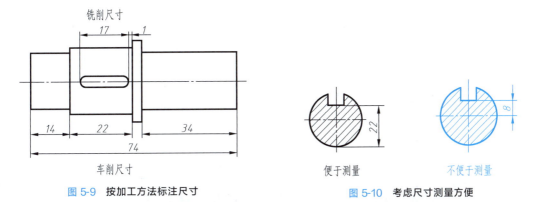

图 5-9 按加工方法标注尺寸 　　　　　图 5-10 考虑尺寸测量方便

3. 零件上常见孔的尺寸注法

光孔、锪孔、沉孔和螺孔等是零件图上常见的结构，它们的尺寸标注分为普通注法和旁注法。零件上常用孔的尺寸注法如表 5-1 所示。

表 5-1 零件上常用孔的尺寸注法

类型	普通注法	旁注法	类型	普通注法	旁注法
一般光孔	4×φ5	4×φ5▽10　4×φ5▽10	锪平孔	φ13 锪平　4×φ7	4×φ7⌴φ13　4×φ7⌴φ13
锥形沉孔	90° φ13　4×φ7	4×φ7▽φ13×90°　4×φ7▽φ13×90°	柱形沉孔	φ13 3　4×φ7	4×φ7⌴φ13▽3　4×φ7⌴φ13▽3
螺纹通孔	2×M8-6H	2×M8-6H　2×M8-6H	螺纹盲孔	2×M8-6H	2×M8-6H　2×M8-6H▽8 孔▽12

四、零件图的技术要求

零件图除有图形和尺寸标注外，还应有零件的性能，必须注明零件在制造过程中的质量要求，即技术要求，如表面粗糙度、尺寸公差、几何公差、材料热处理及表面处理等。技术要求一般应尽量用技术标准规定的代号（符号）标注在零件上，没有规定的可用简明的文字逐项写在标题栏附近的适当位置。

1. 零件图的表面结构（GB/T 131—2006）

国标《产品几何技术规范（GPS）技术产品文件中表面结构的表示法》（GB/T 131—

2006）中定义表面结构是表面粗糙度、表面波纹度、表面缺陷和表面几何形状的总称。这里简单介绍表面粗糙度的概念和表示法。

（1）表面粗糙度

我国机械图样中目前最常用的表面粗糙度评定参数为轮廓参数（R 轮廓）的两个高度参数 Ra 和 Rz。

算术平均偏差 Ra 是指在一个取样长度内，纵坐标 $z(x)$ 绝对值的算术平均值。

轮廓的最大高度 Rz 是指在一个取样长度内，最大的轮廓峰高与最大的轮廓谷深之和，如图 5-11 所示。

表面粗糙度是在微观上评定零件表面质量的一项重要技术指标，一般情况下零件上凡是有配合要求或有相对运动的表面，表面粗糙度值均较小。表面粗糙度值越小，表面质量越高，加工成本也越高，因此，在满足使用要求的前提下，应尽量选用较大的表面粗糙度值，以降低成本。

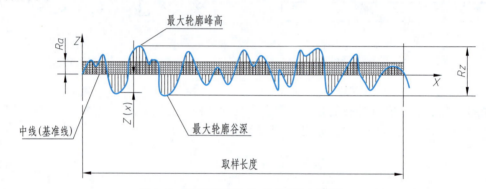

图 5-11　算术平均偏差 Ra 和轮廓最大高度 Rz

（2）表面粗糙度图形符号

标注表面粗糙度时的图形符号见表 5-2。

表 5-2　标注表面粗糙度时的图形符号

符号名称	符号	含义/解释
基本图形符号	$60°$　$60°$　$2.8h$　$1.4h$ h 为字体高，符号粗细为 $h/10$	未指定工艺方法的表面,没有补充说明时不可单独使用
扩展图形符号		用去除材料方法获得的表面,仅当其含义是"被加工表面时"可单独使用
		不去除材料的表面,也可用于保持上道工序形成的表面,不管这个表面是通过去除或不去除材料形成的
完整图形符号	允许任何工艺 去除材料 不去除材料	在以上各种符号的长边上加一横线,以便注写对表面粗糙度的各种要求

（3）表面粗糙度在图样中的注法

① 表面粗糙度对每一表面一般只注一次，并尽可能注在相应的尺寸及其公差的同一视图中。除非另有说明，所标注的表面粗糙度要求是对完工零件表面的要求。

② 表面粗糙度的注写方向与尺寸的注写方向一致。表面粗糙度可标注在轮廓线上，其符号应从材料外指向并接触表面。如图 5-12 所示。

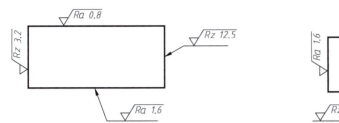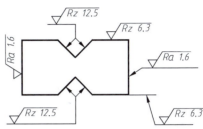

图 5-12 表面粗糙度在轮廓线上的标注

③ 在不致引起误解时，表面粗糙度可以标注在给定的尺寸线上，如图 5-13 所示。

④ 表面粗糙度可标注在形位公差框格的上方，如图 5-14 所示。

（4）表面粗糙度在图样中的简化注法

① 有相同表面粗糙度的简化注法。如果工件的多数（包括全部）表面有相同的表面粗糙度，则表面粗糙度可统一标注在图样的标题栏附近（不同的表面粗糙度应直接标注在图形中）。此时，表面粗糙度应分以下两种情况注出。

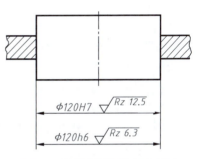

图 5-13 表面粗糙度标注在尺寸线上

图 5-14 表面粗糙度标注在形位公差框格的上方

a. 在圆括号内给出无任何其他标注的基本符号，如图 5-15（a）所示。

b. 在圆括号内给出不同的表面粗糙度，如图 5-15（b）所示。

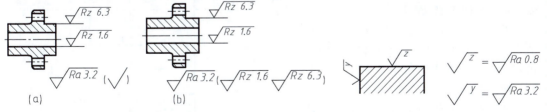

图 5-15 有相同表面粗糙度的简化注法　　　　图 5-16 在图纸空间有限时的简化注法

② 多个表面有共同要求的注法。当多个表面有共同要求时，可采用下列方法标注：如图 5-16 所示，用带字母的完整符号以等式的形式，在图形或标题栏附近对有相同表面粗糙

度的表面进行简化标注。

2. 零件图的尺寸公差

零件的互换性是机械产品批量生产的前提。零件的互换性，即同一规格的零件不经选择和修配就能顺利地装配在一起，并能保证使用要求。为了满足零件的互换性，国家制定了与国际标准统一的国家标准 GB/T 1800.1—2020。

（1）尺寸公差

在实际生产中，允许零件的尺寸在一个合理的范围内变动。这个允许的尺寸变动量就是尺寸偏差，简称公差。

当轴与孔配合时，为了满足使用过程中不同松紧程度的要求，必须对轴和孔的直径分别给出一个尺寸的限制范围。

① 公称尺寸与极限尺寸。

公称尺寸：设计给定的尺寸。

极限尺寸：允许尺寸变动的两个极限值——上极限尺寸和下极限尺寸。

零件经过测量所得的尺寸称为实际尺寸，若实际尺寸在上极限尺寸和下极限尺寸之间，即为合格零件。

② 极限偏差与尺寸公差。

极限偏差：极限尺寸减去公称尺寸所得的代数差。

上极限偏差：最大极限尺寸减去公称尺寸所得的代数差。

下极限偏差：最小极限尺寸减去公称尺寸所得的代数差。

孔的上、下极限偏差代号用大写字母 ES、EI 表示。轴的上、下极限偏差代号用小写字母 es、ei 表示。

$$尺寸公差＝上极限尺寸－下极限尺寸＝上极限偏差－下极限偏差$$

极限偏差可以是正值、负值或零。尺寸公差是一个没有符号的绝对值，恒为正值。

例如：轴的直径 $\phi 50^{+0.007}_{-0.018}$。

上极限偏差　es＝＋0.007

下极限偏差　ei＝－0.018

上极限尺寸　50＋（＋0.007）＝50.007

下极限尺寸　50＋（－0.018）＝49.982

轴的公差　50.007－49.982＝0.025

或＋0.007－（－0.018）＝0.025

③ 公差带图。

在公差分析计算中，常将公称尺寸、极限偏差及尺寸公差之间的关系用示意图表示，如图 5-17 所示。

零线：在极限与配合图中表示公称尺寸的一条直线，以其为基准确定偏差和公差。通常零线沿水平方向绘制，正偏差位于其上，负偏差位于其下。

孔、轴公差带表示方法：在公差带图中，为了区别孔和轴的公差带，一般用方向相反的剖面线来分别表示孔和轴的公差区域。公差带宽度应基本成比例，

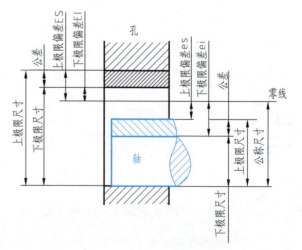

图 5-17　轴与孔基本术语示意图

公差带的左右长度可根据需要而定。公差带图如图
5-18 所示。

（2）标准公差与基本偏差

① 标准公差（IT）。

公差带由公差带大小和公差带位置两个要素确
定。公差带大小由标准公差来确定。标准公差分为
20 个等级，即 IT01、IT0、IT1、…、IT18。IT 表
示标准公差，数字表示公差等级，IT01 公差值最
小，精度最高；IT18 公差值最大，精度最低（标准公差见附表 13）。

② 基本偏差。

基本偏差是国家标准规定的用以确定公差带相对于零线位置的上极限偏差或下极限偏
差，一般为靠近零线的偏差。

孔与轴的基本偏差系列中分别规定了 28 个基本偏差，其代号用拉丁字母（一个或两个）按
顺序表示，大写字母表示孔的基本偏差代号，小写字母表示轴的基本偏差代号，如图 5-19 所示。

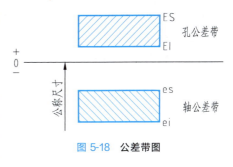

图 5-18　公差带图

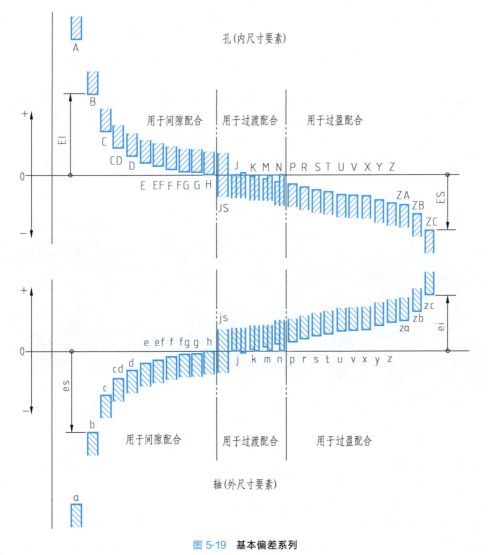

图 5-19　基本偏差系列

基本偏差系列图只表示了公差带的各种位置，所以只画出属于基本偏差的一端，另一端是开口的，即公差带的另一端取决于标准公差（IT）的大小。

在基本偏差系列图中，只有 JS（js）的上、下极限分别为＋IT/2 和－IT/2。

轴和孔的公差代号由基本偏差代号和标准公差等级代号（省略书写"IT"）组成。两种代号并列，位于公称尺寸之后并与其字号相同。如图 5-20 所示。

图 5-20　公差带代号的形式

（3）配合制度

公称尺寸相同的、互相结合的孔和轴的公差带之间的关系称为配合。

① 配合的种类。

根据零件使用要求的不同，国家标准将配合分为三类。

a. 间隙配合。具有间隙（包括最小间隙等于零）的配合。此时，孔的公差带在轴的公差带之上。

b. 过盈配合。具有过盈（包括最小过盈等于零）的配合。此时，孔的公差带在轴的公差带之下。

c. 过渡配合。可能具有间隙或过盈的配合。此时，孔的公差带与轴的公差带互相交叠。

以上三种配合公差带之间关系图例，见表 5-3。

表 5-3　配合的种类

名称	公差带图例	说明	应用举例
间隙配合	最小间隙/孔公差带/最大间隙/轴公差带	孔的尺寸减去相配合的轴的尺寸之差为正，称为间隙 具有间隙（包括最小间隙等于零）的配合称为间隙配合。此时，孔的公差带在轴的公差带之上	$\phi50H7/f7$ 孔公差带 ＋0.025 0 －0.025 轴公差带 －0.050
过盈配合	最小过盈/轴公差带/最大过盈/孔公差带	孔的尺寸减去相配合的轴的尺寸之差为负，称为过盈 具有过盈（包括最小过盈等于零）的配合称为过盈配合。此时，孔的公差带在轴的公差带之下	$\phi50H7/s6$ 轴公差带 ＋0.059 ＋0.043 ＋0.025 0 孔公差带
过渡配合	最大过盈/最大间隙/孔公差带/轴公差带	可能具有间隙或过盈配合称为过渡配合。此时，孔的公差带与轴的公差带相互交叠	$\phi50H7/n6$ 孔公差带 ＋0.033 ＋0.025 0　＋0.017 轴公差带

② 配合的基准制。

当公称尺寸确定后，孔和轴之间有各种不同性质的配合，如果孔和轴的公差带都可以任意变动，则配合情况变化极多，不便于零件的设计和制造，因此国家标准规定了两种不同的配合制度——基孔制配合与基轴制配合。

a. 基孔制配合。孔的基本偏差为零，即孔的下偏差等于零的配合，称为基孔制配合。

基孔制配合中，选作基准的孔称为基准孔，用基本偏差代号 H 表示，其下极限偏差为零。在基孔制配合中，轴的基本偏差 a～h 用于间隙配合；js～zc 用于过渡配合和过盈配合。例如，在基孔制配合中；ϕ50H7/f7 为间隙配合，ϕ50H7/n6 为过渡配合，ϕ50H7/s6 为过盈配合。它们的配合示意图，即孔、轴公差带之间的关系如表 5-3 所示。

b. 基轴制配合。轴的基本偏差为零，即轴的上偏差等于零的配合，称为基轴制配合。

基轴制配合中，选作基准的轴称为基准轴，用基本偏差带号 h 表示，其上极限偏差为零。在基轴制配合中，孔的基本偏差 A～H 用于间隙配合；JS～ZC 用于过渡配合和过盈配合。例如，在基轴制配合中，ϕ50F8/h6 为间隙配合；ϕ50N7/h6 为过渡配合；ϕ50S7/h6 为过盈配合。

为取得较好的经济性和工艺性，在机械制造中优先采用基孔制（轴比孔容易加工）。

基孔制配合和基轴制配合的优先配合和常用配合见表 5-4、表 5-5。

表 5-4　基孔制优先、常用配合（摘自 GB/T 1800.1—2020）

基准孔	轴公差带代号																
	b	c	d	e	f	g	h	js	k	m	n	p	r	s	t	u	x
	间隙配合							过渡配合			过盈配合						
H6						H6/g5	H6/h5	H6/js5	H6/k5	H6/m5	H6/n5	H6/p5					
H7					H7/f6	H7/g6	H7/h6	H7/js6	H7/k6	H7/m6	H7/n6	H7/p6	H7/r6	H7/s6	H7/t6	H7/u6	H7/x6
H8				H8/e7	H8/f7		H8/h7	H8/js7	H8/k7	H8/m7				H8/s7		H8/u7	
			H8/d8	H8/e8	H8/f8		H8/h8										
H9			H9/d9	H9/e8	H8/f8		H8/h8										
H10	H10/b9	H10/c9	H10/d9	H10/e9			H10/h9										
H11	H11/b11	H11/c11	H11/d10				H11/h10										

注：常用配合 45 种，其中优先配合（标注▮）16 种。

表 5-5　基轴制优先、常用配合（摘自 GB/T 1800.1—2020）

基准轴	孔公差带代号																
	B	C	D	E	F	G	H	JS	K	M	N	P	R	S	T	U	X
	间隙配合							过渡配合			过盈配合						
h5						G6/h5	H6/h5	JS6/h5	K6/h5	M6/h5	N6/h5	P6/h5					
h6					F7/h6	G7/h6	H7/h6	JS7/h6	K7/h6	M7/h6	N7/h6	P7/h6	R7/h6	S7/h6	T7/h6	U7/h6	X7/h6
h7				E8/h7	F8/h7		H8/h7										
h8			D9/h8	E9/h8	F9/h8		H9/h8										

续表

基准轴	孔公差带代号																
	B	C	D	E	F	G	H	JS	K	M	N	P	R	S	T	U	X
	间隙配合							过渡配合			过盈配合						
h9				$\frac{E8}{h9}$	$\frac{F8}{h9}$		$\frac{H8}{h9}$										
			$\frac{D9}{h9}$	$\frac{E9}{h9}$	$\frac{F9}{h9}$		$\frac{H9}{h9}$										
	$\frac{B11}{h9}$	$\frac{C10}{h9}$	$\frac{D10}{h9}$				$\frac{H10}{h9}$										

注：常用配合 38 种，其中优先配合（标注▼）18 种。

（4）极限与配合的标注

① 零件图上的公差注法。

用于大批量生产的零件图，可只标注公差带代号；用于单件、中小批量生产的零件图，一般标注极限偏差数值；当需要同时注出公差带代号和数值时，则其数值应加上圆括号，如图 5-21 所示。标注极限偏差时，应注意上极限偏差标注在公称尺寸的右上方，下极限偏差应与公称尺寸注在同一底线上，字高要比公称尺寸的字高小一号；上下极限偏差的小数点必须对齐，小数点后位数也必须相同；若上极限偏差或下极限偏差为"零"，用数字"0"标出，并与下极限偏差或上极限偏差的小数点前的个位数对齐。

当上、下极限偏差数值相同时，其数值只需标注一次，其字高与公称尺寸相同，如 $\phi50\pm0.03$。

轴与孔的极限偏差数值可由极限偏差数值表（附表 14 和附表 15）查出，表中所列的数值单位为微米（μm），标注时需换算成毫米（mm）。

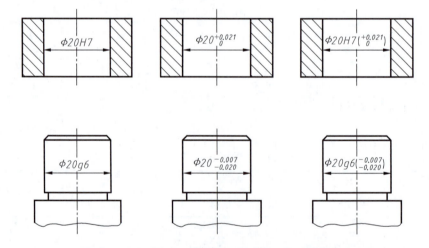

图 5-21　公差带代号、极限偏差在零件图上标注的三种形式

② 装配图上的配合注法。

在装配图上标注线性尺寸的配合代号时，必须在公称尺寸的右边用分数形式注出，分子位置注孔的公差带代号，分母位置注轴的公差带代号，如图 5-22 所示。

③ 标准件、外购件与零件配合的标注。

在装配图上标注标准件、外购件与零件配合时，通常只标注零件的公差带代号，如图 5-23 所示。

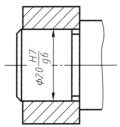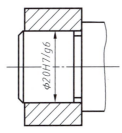

图 5-22　配合代号在装配图上标注的两种形式

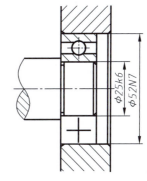

图 5-23　标准件与零件配合时的标注

3. 零件图的几何公差

除对零件提出恰当的表面粗糙度和尺寸公差要求外，还要对零件要素（点、线、面）的形状和位置的精准度提出适当的要求。为此，国家标准《产品几何技术规范（GPS）　几何公差　形状、方向、位置和跳动公差标注》（GB/T 1182—2018）规定了保证零件加工质量的技术要求。

（1）几何公差的一般知识

零件加工时，可能会产生几何形状及相对位置的误差。形状和位置误差过大会影响零件的工作性能，因此对精度要求高的零件，除应保证尺寸精度外，还应控制其形状和位置误差。

GB/T 1182—2018 对几何公差的几何特征、术语、代号、数值标注方法等都作了统一规定。几何公差类型分为四类（形状公差、方向公差、位置公差、跳动公差），各类中几何特征、术语、符号如表 5-6 所示。

表 5-6　几何特征符号

公差类型	几何特征	符号	有无基准	公差类型	几何特征	符号	有无基准
形状公差	直线度	—	无	位置公差	位置度	⊕	无有或无
	平面度	▱	无		同心度（用于中心点）	◎	有
	圆度	○	无		同轴度（用于轴线）	◎	有
	圆柱度	⌀	无		对称度	≡	有
	线轮廓度	⌒	无		线轮廓度	⌒	有
	面轮廓度	⌓	无		面轮廓度	⌓	有
方向公差	平行度	∥	有	跳动公差	圆跳动	↗	有
	垂直度	⊥	有		全跳动	↗↗	有
	倾斜度	∠	有				
	线轮廓度	⌒	有				
	面轮廓度	⌓	有				

（2）几何公差的标注

几何公差在图样上一般用框格形式表示，框格由两格或多格组成。框格中所填写的内容和符号如图 5-24 所示。

基准符号用一个大写字母表示。字母标注在基准方格内与一个涂黑的或空白的三角形相

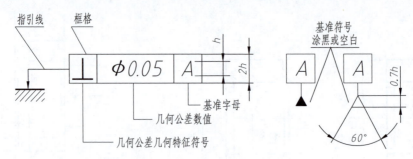

图 5-24 几何公差几何特征符号及基准符号的画法

连以表示基准。涂黑的和空白的基准三角形含义相同，如图 5-24 所示。

标注几何公差应遵守以下规定。

① 当公差涉及轮廓线或轮廓面时，应将箭头指向该要素的轮廓线或其延长线（应与尺寸线明显错开）。

② 当公差涉及要素的轴线、中心线、中心面或中心点时，箭头与该要素尺寸线对齐。

③ 当基准是尺寸要素确定的轴线、中心平面或中心点时，基准三角形与该要素尺寸线对齐，如图 5-25 所示。如果没有足够的位置标注基准要素尺寸的两个尺寸箭头，则其中一个箭头可用基准三角形代替。

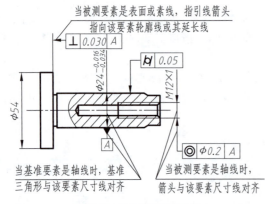

图 5-25 几何公差标注示例

【例 5-1】 解释图样中标注的几何公差的含义，如图 5-25 所示。

解：$\boxed{\perp\ |\ 0.030\ |\ A}$ 表示 $\phi54$ 的圆柱右端面对 $\phi24$ 圆柱轴线 A 的垂直度为 0.030。

$\boxed{|\slashed{\diagup}|\ 0.05}$ 表示 $\phi24$ 圆柱的圆柱度公差为 0.1。

$\boxed{\odot\ |\ \phi0.2\ |\ A}$ 表示 M12 螺纹孔轴线对于 $\phi24$ 圆柱轴线 A 的同轴度公差为 $\phi0.2$。

五、零件工艺结构的表达

为了满足零件的成型、加工和装拆等设计和工艺上的要求，零件上常有一些特定的几何结构，如起模斜度、倒角、倒圆、凸台、凹坑、沟槽、圆角过渡线等。画零件图时，必须清楚、正确地画出零件上的全部结构。

1. 铸造工艺结构

① 起模斜度。用铸造方法制造零件的毛坯时，为了便于将木模从砂型中取出，一般沿木模起模的方向做成约 1:20 的斜度（约 3°），称为起模斜度。铸件上也有相应的斜度，这种斜度在图上可以不标注，也可不画出，如图 5-26（a）所示。必要时，可在技术要求中注明。

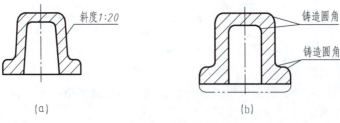

(a)　　　　　　　(b)

图 5-26 起模斜度和铸造圆角

② 铸造圆角。为了便于起模，防止在浇铸时铁水将砂型转角处冲坏，避免铸件在冷却时产生裂纹或缩孔，在铸件毛坯各表面的相交处都有铸造圆角，如图 5-26（b）所示。铸造圆角半径在图上一般不注出，而写在技术要求中。铸件毛坯底面（作为安装面）常需切削加工，这时铸造圆角被削平。

铸件表面由于有圆角存在，使铸件表面的交线变得不很明显，如图 5-27 所示，这种不明显的交线称为过渡线。过渡线的画法与相贯线画法基本相同，只是过渡线的两端与圆角轮廓线之间应留有空隙。

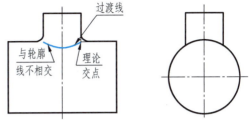

图 5-27　过渡线及其画法

③ 铸件壁厚。在浇铸零件时，为了避免各部分因冷却速率不同而产生缩孔或裂纹，铸件的壁厚应保持大致均匀，或采用逐步过渡的方法，并尽量保持壁厚均匀，如图 5-28 所示。

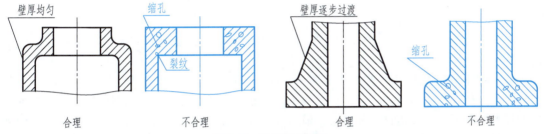

图 5-28　铸件壁厚的变化

2. 机械加工工艺结构

机械加工工艺结构主要有倒圆、倒角、砂轮越程槽、退刀槽、凸台和凹坑、钻孔底孔结构等。常见机械加工工艺结构的画法、尺寸标注及用途如表 5-7 所示。

表 5-7　零件上常见的机械加工工艺结构

内容	图例	说明
倒角和倒圆	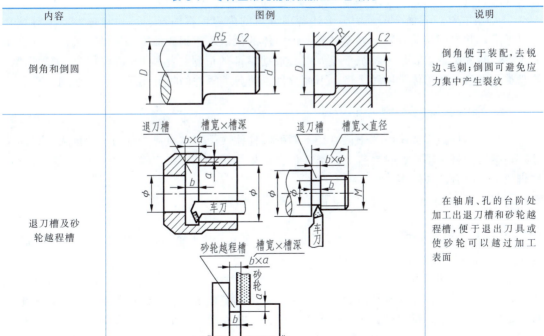	倒角便于装配,去锐边、毛刺;倒圆可避免应力集中产生裂纹
退刀槽及砂轮越程槽		在轴肩、孔的台阶处加工出退刀槽和砂轮越程槽,便于退出刀具或使砂轮可以越过加工表面

续表

内容	图例	说明
钻孔底孔结构		钻孔底孔结构是钻头顶角加工工件时在工件上自然形成的，如需画出，则锥顶角统一画成120°

学习任务二　零件图的识读

识读零件图的一般方法和步骤如下。

① 概括了解。通过标题栏可了解零件的名称、材料、绘图比例以及该零件在装配图中的编号等内容。

② 分析视图，想形状。首先从主视图开始，分析表达方法和表达内容；其次要结合其他视图，分析零件主体结构；再次根据剖视图、断面图的剖切方法、剖切位置，分析并推断出剖视图、断面图的表达目的和作用；最后分析局部视图和斜视图等其他视图，弄清它们表达的形状。

③ 分析尺寸，找基准。首先找出零件长、宽、高三个方向的主要尺寸基准和相应的辅助基准，再从基准出发找出各自的定形尺寸和定位尺寸。分析尺寸的作用和加工精度要求，找出重要的定形和定位尺寸，以便深入理解尺寸之间的关系，确定零件的加工工序。

④ 分析技术要求，弄清其加工要求。分析零件的尺寸公差、几何公差、表面粗糙度、表面处理等技术要求，以便进一步考虑相应的加工方法。

⑤ 归纳总结，看懂全图。综合上述各项分析的内容，将图形、尺寸和技术要求等综合起来考虑，并参阅相关资料，对零件有一个整体的认识，达到读懂零件图的目的。

零件的种类繁多，形体特征千差万别。根据零件的形状、结构特点可将其分为轴套类、轮盘类、叉架类和箱体类四种类型。下面分别说明各类零件的零件图的识读方法与步骤。

一、轴套类零件零件图的识读

轴套类零件的主体多由若干段直径不同的圆柱体或圆锥体组成，轴向尺寸远大于径向尺寸，包括轴、杆、轴套、衬套等。这类零件在机器中最为多见，其作用是与传动件（齿轮、皮带轮等）结合传递转矩。

【例 5-2】 识读图 5-29 所示主动齿轮轴的零件图。

识读步骤：

① 看标题栏，概括了解。由标题栏知零件名称为主动齿轮轴，材料是 45 钢，绘图比例为 1∶1，数量为 1。

② 读视图，想象零件形状、结构。轴套类零件多在车床、磨床上加工，一般按加工位置确定主视图方向，零件水平放置，只采用一个主视图来表达轴上各段的形状特征，其他结构如键槽、退刀槽、越程槽、中心孔等可用剖视、断面图、局部放大图和简化画法等表达方法画出。本例主动齿轮轴采用一个基本视图，用两个局部剖视图分别表达键槽和齿轮，用一

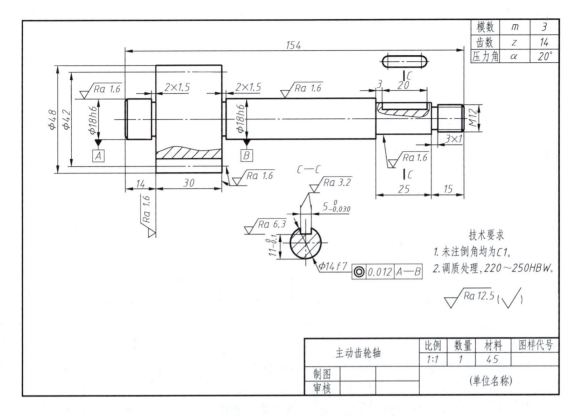

模数	m	3
齿数	z	14
压力角	α	20°

主动齿轮轴	比例	数量	材料	图样代号
	1:1	1	45	
制图				(单位名称)
审核				

图 5-29 主动齿轮轴零件图

个断面图表达键槽宽度。

③ 看尺寸，分析零件尺寸基准。由于零件是回转体，零件的径向基准（即高度和宽度方向的主基准是回转体的轴线），由这个基准注出 $\phi18h6$、$\phi14f7$、$\phi48$、$\phi42$ 等。轴的左端面是长度方向的主要基准，由此注出 14、154 等。长度方向的第一辅助基准是轴的右端面，由此注出长度 15。

④ 看技术要求，明确零件加工要求。轴的径向尺寸 $\phi18h6$、$\phi14f7$ 均标注了尺寸公差，表明这两部分与相关零件有配合关系，相应的表面粗糙度也有较高要求，Ra 值为 $1.6\mu m$。$\phi14$ 段同轴度公差值为 $0.012mm$。轴需经调质处理，布氏硬度值为 $220\sim250HBW$。

⑤ 归纳总结，看懂全图。结合上述各项分析内容，将图形、尺寸和技术要求等综合起来考虑，并参阅相关资料，对零件有一个整体的认识，达到读懂零件图的目的。图 5-30 所示为主动齿轮轴的轴测图。

图 5-30 主动齿轮轴的轴测图

二、轮盘类零件零件图的识读

轮盘类零件的基本形状是扁平的盘状，主体部分多为回转体。轮盘类零件的径向尺寸远大于其轴向尺寸。轮盘类零件大部分是铸件，各种齿轮、带轮、手轮、减速器的端盖、齿轮泵的泵盖等都属于这类零件。

【例 5-3】 识读图 5-31 所示小齿轮的零件图。

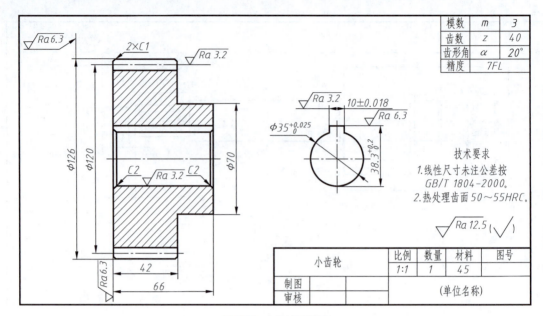

图 5-31　小齿轮零件图

识读步骤：

① 看标题栏，概括了解。由标题栏知零件名称为小齿轮，材料为 45 钢，数量为 1，绘图比例为 1∶1。

② 读视图，想象零件形状、结构。大多数轮盘类零件在车床上加工，因此主视图应按加工位置选择。本例小齿轮由全剖主视图和左视图两个视图表达，主视图按工作位置确定，采用全剖的方法，显示了小齿轮的齿顶线、齿根线、分度线和带键槽的孔等结构，左视图省略了小齿轮的齿顶圆、齿根圆、分度圆等几个大圆，只画了带键槽的孔，主要目的是表达键槽的宽度。

③ 看尺寸，分析零件尺寸基准。以小齿轮的左端面为长度方向的主要基准，注出小齿轮的厚度尺寸 42 和总长尺寸 66。以小齿轮水平中心线为高度方向的主要基准，注出尺寸 $\phi126$、$\phi120$、$\phi70$、$\phi35$。左视图重点表达键槽的宽度为 10。

④ 看技术要求，明确零件加工要求。小齿轮齿顶圆 $\phi126$ 有表面粗糙度要求，表面粗糙度 Ra 值为 6.3μm，分度圆 $\phi120$ 表面粗糙度 Ra 值为 3.2μm。键槽和键相结合，因为键槽侧面是主要接触面，其表面粗糙度要求较键槽底面的高，因此表面粗糙度 Ra 值分别为 3.2μm 和 6.3μm。小齿轮进行合适的热处理，硬度要求为 50～55HRC。

⑤ 归纳总结，看懂全图。综合上述各项分析的内容，将图形、尺寸和技术要求等综合起来考虑，并参阅相关资料，对零件有一个整体的认识，达到读懂零件图的目的。小齿轮的轴测图如图 5-32 所示。

图 5-32　小齿轮的轴测图

三、叉架类零件零件图的识读

叉架类零件包括拨叉、连杆、支架、支座等。这类零件常用于变速操纵、连接或支承等。其结构特点是形状不规范，且多为扭曲歪斜形。

【例 5-4】 识读图 5-33 所示托架零件图。

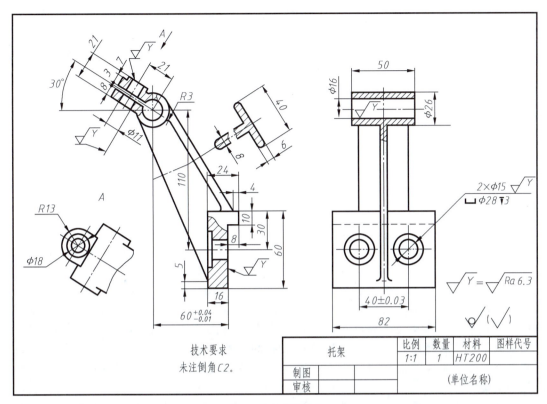

图 5-33　托架零件图

识读步骤：

① 看标题栏，概括了解。由标题栏知零件名称为托架，材料为灰铸铁 HT200，绘图比例为 1:1，数量为 1。

② 读视图，想象零件形状、结构。叉架类零件形式多样，结构较复杂，多为铸件、锻件。其加工位置难以分出主次，工作位置也不尽相同，因此在选主视图时，应将能较多地反映零件结构形状和相对位置的方向作为主视图方向。该零件图由两个基本视图、一个局部视图和一个移出断面图组成。根据视图的配置可知，主视图使用了两个局部剖视图，左视图使用了一个局部剖视图。对照主、左视图可以看出托架的主要结构形状：上部呈空心圆柱形，圆柱水平向左 30°处有一圆头形凸耳，凸耳在与圆柱水平向左 30°处开了一条间隔为 3 的槽，把凸耳分为上下两部分，在凸耳上部的上表面有一 $\phi18$ 的凸台，在凸台上表面有一个与凸台同心的 $\phi11$ 通孔；零件下部是一个宽 82、长 24、高 60 的倒 L 形底板，在底板上前后有对称的两个中心线间距为 40 的沉头孔，沉头孔为 $\phi15$ 通孔、$\phi28$ 深 3 的孔；圆柱和底板之间用一个 T 形的支承板连接。

③ 看尺寸，分析零件尺寸基准。高度方向的主要基准为沉头孔 $\phi15$ 的轴线；长度方向的主要基准为托架底板的右端面；宽度方向的主要基准为前后对称中心线。从上述三个基准出发，不难看出各部分的定形和定位尺寸，并由此进一步了解托架各部分的相对位置，从而想象出托架的整体形状。

④ 看技术要求，明确零件加工要求。托架的主要尺寸都注有公差要求，如上部空心圆柱的定位尺寸 60，底板前后对称分布的两个沉孔的定位尺寸 40。对应的表面粗糙度要求也严格，Ra 值为 $6.3\mu m$。

图 5-34　托架轴测图

⑤ 归纳总结，看懂全图。综合上述各项分析的内容，将图形、尺寸和技术要求等综合起来考虑，并参阅相关资料，对零件有一个整体的认识，达到读懂零件图的目的。托架轴测图如图 5-34 所示。

四、箱体类零件零件图的识读

箱体类零件包括各种机座、箱体、泵和阀体。其作用是包容和支承运动件等，因此它们设有空腔。毛坯多为铸件，并且有凸台、凹坑、铸造圆角和肋板等常见结构。

【例 5-5】　识读图 5-1 所示齿轮油泵泵体零件图。

识读步骤：

① 看标题栏，概括了解。由标题栏知零件名称为齿轮油泵泵体，材料为铸铁 HT150，由此可以想到零件上有铸件常见的工艺结构，如凸台、凹坑、铸造圆角和起模斜度等。

② 读视图，想象零件形状、结构。箱体类零件结构复杂，加工位置变化较多，所以一般以工作位置和最能反映形体特征的一面作为主视图。通常采用三个以上基本视图，并结合剖视图、断面图、局部视图等表达方法，表达出零件的内外形状特征。该泵体零件由主、左两个视图及底部局部视图组成。主视图表达了泵体的外形结构，采用局部剖视图表达了左、右螺纹孔的结构和底座安装孔的结构；左视图采用了全剖视图，剖切面用旋转剖，经过泵体的前后对称平面，表达了泵体厚度及底座厚度。B 向局部视图表达底座的结构。

③ 看尺寸，分析零件尺寸基准。长度方向的主要基准是对称中心，由此基准注出的尺寸有 44、70、85；高度方向的主要基准是泵体底面，由此基准注出的尺寸有 50，高度方向的辅助基准是泵体腔中心线；宽度方向的主要基准是泵体的前后对称平面，由此基准注出的尺寸有 16、24。

④ 看技术要求，明确零件加工要求。从零件图中不难看出，注有尺寸公差的是 $24^{+0.05}_{+0.01}$，其对应的表面粗糙度 Ra 值为 $1.6\mu m$，说明泵体的这个部位和相关零件有较严格的配合要求。销钉孔表面粗糙度要求较高，Ra 值为 $0.8\mu m$。另外，泵体内腔接触面还有表面粗糙度要求，Ra 值为 $1.6\mu m$，其他的表面粗糙度要求都不高，Ra 值为 $12.5\mu m$。

⑤ 归纳总结，看懂全图。综合上述各项分析的内容，将图形、尺寸和技术要求等综合起来考虑，并参阅相关资料，对零件有一个整体的认识，达到读懂零件图的目的。齿轮油泵泵体轴测图如图 5-35 所示。

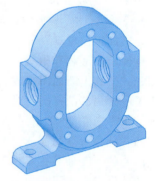

图 5-35　齿轮油泵泵体轴测图

【项目任务实施单】

序号	方法步骤	图示				
步骤1	概括了解	由标题栏了解零件的名称、材料、绘图比例等。此为齿轮油泵中齿轮轴的零件图。按 1：3 绘制，材料为 45 钢				

齿轮轴		比例	数量	材料	图号
		1：3	1	45	
制图	(姓名)	(日期)		(厂名)	
审核					

续表

序号	方法步骤		图示
步骤 2	分析视图，想形状	零件图中采用了主视图和移出断面图两个视图对零件进行表达，主视图中采用了局部剖视图表达齿轮结构，移出断面图表达键槽的深度	
步骤 3	分析尺寸，找基准	通过对零件图的分析，确定尺寸基准：主轴轴线为径向基准，零件的右端面为轴向基准；总长尺寸为146，总高尺寸为48，9为键槽的轴向定位尺寸	
步骤 4	分析技术要求，弄清其加工要求	通过分析发现：右侧 $\phi15$ 的加工要求最高，径向尺寸公差带带号查表确定为 k6；左右两侧 $\phi18$ 及齿轮齿顶圆直径的加工要求也比较高，径向尺寸公差带号查表均确定为 f7；$\phi18$、齿轮中径、键槽两侧面的表面粗糙度为 $Ra1.6\mu m$，齿轮两端面、键槽底部的表面粗糙度为 $Ra3.2\mu m$，其余未标注的表面粗糙度为 $Ra6.3\mu m$；齿轮左端面相对于左右两侧 $\phi18$ 轴线的垂直度公差为 0.015；齿轮淬火后硬度要达到 40~50HRC	
步骤 5	归纳总结，看懂全图	综上所述，对获得的各方面资料进行归纳、再分析，就能对零件的形状和结构有完整的了解，并形成零件的整体形状	

项目六
绘制与识读装配图

【项目任务单】

任务名称	阅读装配图,拆画主要零件图

任务描述

阅读装配图,分析其工作原理、零件间的装配关系和连接方式,以及主要零件的结构形状,拆画出泵体和齿轮轴的零件图

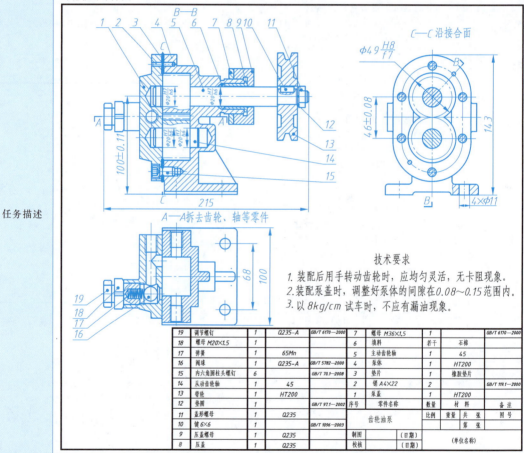

A—A拆去齿轮、轴等零件

B—B

C—C沿接合面

技术要求
1. 装配后用手转动齿轮时,应均匀灵活,无卡阻现象。
2. 装配泵盖时,调整好泵体的间隙在0.08~0.15范围内。
3. 以8kg/cm试车时,不应有漏油现象。

19	调节螺钉	1	Q235-A	GB/T 6170—2000	7	螺母 M36×1.5	1		GB/T 6170—2000
18	螺母 M20×1.5	1			6	填料	若干	石棉	
17	弹簧	1	65Mn		5	主动齿轮轴	1	45	
16	阀球	1	Q235-A	GB/T 5782—2000	4	泵体	1	HT200	
15	内六角圆柱头螺钉	6		GB/T 70.1—2008	3	垫片	1	橡胶垫片	
14	从动齿轮轴	1	45		2	销 A4×22	2		GB/T 119.1—2000
13	带轮	1	HT200		1	泵盖	1	HT200	
12	垫圈	1		GB/T 97.1—2002	序号	零件名称	数量	材料	备注
11	盖形螺母	1	Q235			齿轮油泵	比例	重量	共 张 图号
10	键 6×6	1		GB/T 1096—2003					第 张
9	压盖螺母	1	Q235		制图		(日期)		(单位名称)
8	压盖	1	Q235		校核		(日期)		

任务分析

要完成绘制装配图并拆画零件图的任务,首先必须熟悉装配图的内容及表达方法,掌握装配图的读图方法和步骤,弄清楚各视图的表达重点,分析各零件间的装配关系及零件的结构和作用,了解产品在装配、调试、安装、使用等过程中的技术要求

学习目标

①了解装配图的内容和作用
②熟悉装配图图样表达方案的选择原则,掌握装配图的规定画法和特殊画法
③掌握装配图的尺寸标注及技术要求
④能看懂装配图和主要零件的装配关系
⑤熟悉装配图的测绘方法及步骤
⑥培养严格遵守国家标准,践行精益求精的大国工匠精神

📖 【知识链接】

学习任务一　装配图的绘制

装配图是表达装配体（机器或部件）中零件之间的装配关系、工作原理等内容的技术图样。装配图是设计、制造、检验、安装、使用和维修机器或部件以及进行技术交流的重要技术文件。

一、装配图的内容

一张完整的装配图应具有下列内容。

① 一组视图。用合适的表达方法表达各组成零件之间的装配关系、相对位置、连接方式以及装配体的工作原理、传动路线等的一组视图。图 6-1 中共有两个基本视图，主视图采用全剖视图，左视图采用拆卸画法。

② 必要的尺寸。标注用来确定与机器或部件的性能、规格、安装、装配、外形等有关的尺寸。

③ 零件的序号及明细表。在装配图中，按一定的顺序对每个零件编写序号并在明细表中说明装配图中全部零件的详细情况，包括零件的序号、名称、材料、数量等内容。通过零件的序号及明细表使装配图与相应的零件图有机地联系起来，既有利于加工生产，也便于查找和管理。

④ 标题栏。标题栏用来说明装配体（机器或部件）的名称、图号、绘图比例、必要的签署和设计单位等。

⑤ 技术要求。用文字或符号说明装配、检验、调整、试车及使用等方面的要求。图 6-1 所示为铣刀头的装配图。

二、装配图的规定画法和特殊画法

1. 装配图的规定画法

① 接触面和配合面的画法。在装配图中，两相邻零件的接触面和配合面只画一条线，非接触、非配合面不论间隙大小，都必须画两条线，如图 6-2 所示。

② 实心零件和标准件的画法。在装配图中，剖切平面通过实心零件（如轴、手柄、杆、球、键、销等）和标准件（如螺栓、螺母、垫圈等）的轴线时按不剖绘制，剖切平面沿垂直于这些零件的轴线方向剖切时，按剖视绘制，如图 6-2 所示。

③ 剖面线的画法。在同一装配图中，同一零件在各个视图上的剖面线的倾斜方向和间隔必须相同。相邻两零件的剖面线的倾斜方向应相反或者间隔不同，如图 6-2 所示。

④ 简化画法。对于装配图中若干相同的零件组（如螺钉连接等），可仅详细地画出一组，其余的零件组只需以细点画线表示中心位置。在装配图中，零件的工艺结构（如倒角、圆角、退刀槽等）可不画。滚动轴承可按国家标准规定的简化画法画出，在同一轴上相同型号的轴承，在不致引起误解时，可只完整地画出一个。钻孔深度可省略绘制，如图 6-2 所示。

⑤ 轴承是标准件，按规定画法画，如图 6-2 所示。

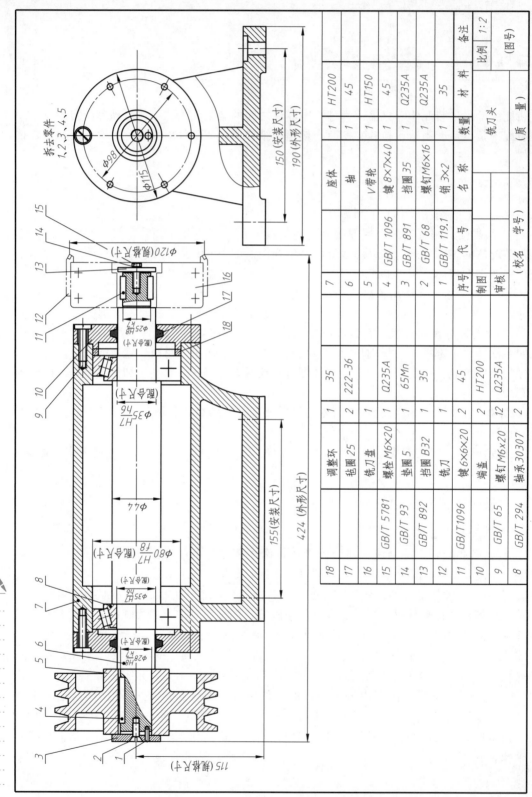

图 6-1 铣刀头装配图

18		调整环	1	35			7		座体	1	HT200				比例	1:2
17		毡圈 25	2	222-36			6		轴	1	45					
16		铣刀盘	1	Q235A			5		V带轮	1	HT150				(图号)	
15	GB/T 5781	螺栓 M6×20	1				4	GB/T 1096	键 8×7×40	1	45					
14	GB/T 93	垫圈 5	1	65Mn			3	GB/T 891	挡圈 35	1	Q235A					
13	GB/T 892	挡圈 B32	1	35			2	GB/T 68	螺钉M6×16	1	Q235A					
12		铣刀	1	45			1	GB/T 119.1	销 3×2	1	35					
11	GB/T1096	键 6×6×20	2				序号	代号	名称	数量	材料			铣刀头		
10	GB/T 65	端盖	2	HT200			制图					备注				
9		螺钉M6x20	12	Q235A			审核		(校名 学号)					(质量)		
8	GB/T 294	轴承30307	2													

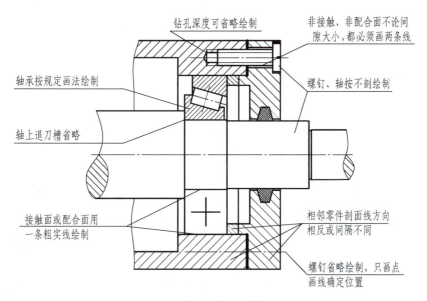

钻孔深度可省略绘制

非接触、非配合面不论间
隙大小,都必须画两条线

轴承按规定画法绘制

螺钉、轴按不剖绘制

轴上退刀槽省略

接触面或配合面用
一条粗实线绘制

相邻零件剖面线方向
相反或间隔不同

螺钉省略绘制,只画点
画线确定位置

图 6-2   装配图的规定画法和简化画法

2. 装配图的特殊画法

（1）拆剖画法

沿零件的接合面剖切。在装配图中,可假想沿某零件的接合面剖切,以表达装配体内部
零件间的装配关系。如【项目任务单】中的 $A—A$ 视图所示。

（2）拆卸画法

在装配图中,为了表达清楚机器或部件中的被遮住的零件,可以假想将某些零件拆卸后
再投影。采用拆卸画法时,一般应在视图的上方标注"拆去××等"。图 6-1 中左视图属于
拆卸画法,在左视图的上方标注了"拆去××零件"等。

（3）假想画法

在装配图中,当需要表达运动零件的运动范围、极限位置和相邻辅助零件轮廓线时,可
用双点画线画出其外形轮廓,对于与本零件有关但不属于本零件的相邻零件,可用双点画线
表示其与本零件的连接关系。如图 6-1 所示铣刀部分的画法。

（4）夸大画法

在装配图中,为了表达清楚较小的间隙与薄垫片,在无法按其实际尺寸画出时,允许该
部分不按比例而夸大画出,即将薄部加厚,细部加粗,间隙加宽。

三、装配图的尺寸标注和制图要求

1. 装配图的尺寸标注

装配图的作用是表达零件的装配关系,是安装和检修的重要依据,不是制造零件的依
据,不需要标注出每个零件的全部尺寸。在装配图中,一般需要标注下列几种尺寸。

① 性能（规格）尺寸。性能（规格）尺寸即表示机器或部件的工作性能和规格的尺寸,
它是设计、了解和选用机器或部件的主要依据。

② 装配尺寸。装配尺寸即表示零件之间装配关系和工作精度的尺寸。装配尺寸主要有
配合尺寸和相对位置尺寸。装配尺寸是指凡是有配合要求的结合部位,都应标注的配合类型
及配合尺寸,如传动零件与轴、轴承内孔与轴、轴承外圈与箱座孔等,图 6-1 中的配合尺寸

$\phi 28H8/k7$ 和 $\phi 80H7/f8$。

③ 安装尺寸。安装尺寸即将部件安装到机座上所需要确定的尺寸。图 6-1 中的尺寸 155、150 是安装尺寸。

④ 外形尺寸。表示机器或部件总长、总宽、总高的尺寸称为外形尺寸。它为包装、运输、安装和厂房设计提供依据。图 6-1 中 190、424、$\phi 115$ 是外形尺寸。

⑤ 其他重要尺寸。在设计中已确定的，而又未包括上述几类尺寸中的一些重要尺寸，即为其他重要尺寸。如主要零件的重要尺寸、运动零件的极限尺寸等。如图 6-1 中 $\phi 98$。

需要说明的是，上述五种尺寸并不是在每张装配图上都同时出现，有时同一个尺寸可能兼有几种意义。

2. 装配图的制图要求

（1）技术要求

装配图的技术要求具体包括机器或部件的工作性能、装配、检验、使用等方面的要求和条件等。

一般对装配体提出技术要求时，要考虑以下几个方面的问题。

① 装配要求。装配时的注意事项和装配后应达到的性能指标等，如装配方法、装配精度等。

② 检验和调试要求。对装配体进行检验、试验的方法和条件及应达到的指标。

③ 安装使用要求。装配体在安装、使用、保养、维修时的注意事项及要求。

编制装配图的技术要求时，可参阅同类产品的图样，根据具体情况确定。技术要求中的文字注写应准确、简练。一般写在明细栏的上方或图纸下方空白处，内容太多时，也可另写成技术要求文件作为图样的附件。

（2）装配图的零件序号及明细栏

为了便于读图、管理图样和组织生产，装配图上的所有零件都必须进行编号，并填写明细栏。

① 零件序号。序号是装配图中所有零件有一定顺序的编号。应按《技术制图 明细栏》（GB/T 10609.2—2009）的规定对装配图中的零件进行序号编排。装配图中的序号编注一般由指引线（细实线）、圆点或箭头、横线（或圆圈）和序号数字组成，如图 6-3（a）所示。

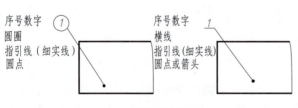
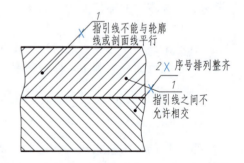

（a）序号的编注形式   （b）指引线错误画法

图 6-3 序号的编注形式和指引线的画法

具体要求如下。

a. 装配图中的每种零件（包括标准件）只编一个序号。装配图零件序号应与明细栏中的序号一致。

b. 序号应按顺时针或逆时针顺序在视图的周围编写，并沿水平和铅垂方向按顺序排列整齐，以便于查找。

c. 指引线末端不便画出圆点时，可在直引线末端画出箭头，箭头指向该零件的轮廓线。

d. 指引线不要与轮廓线或剖面线等平行，指引线之间不允许相交。但指引线允许弯折一次。如图6-3（b）所示。

e. 在指引线附近注写序号，序号数字比装配图的尺寸数字大一号或两号。同一装配图中编注序号的形式应一致。

f. 对紧固件组或装配关系清楚的零件组允许采用公共指引线，如图6-4所示。

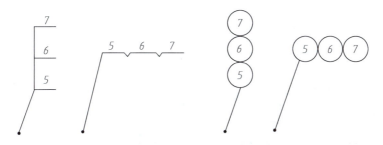

图6-4　公共指引线和序号的画法

② 明细栏。明细栏按国家标准（GB/T 10609.2—2009）推荐的格式绘制，其内容包括零件的序号、名称、数量、材料、备注等。明细栏一般画在标题栏的上方，序号自下而上填写，如位置有限，可将明细栏分段在标题栏的左方继续填写。明细栏中的零件序号应与装配图中所编序号一致，因此，在绘制装配图时，应先在装配图上编写零件序号，再填写明细栏。明细栏的形式如图6-5所示。

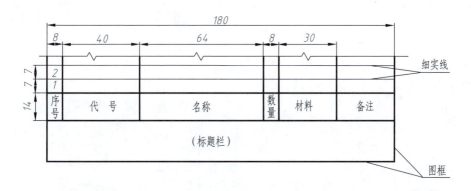

图6-5　明细栏的形式

四、装配结构的表达

为了保证机器或部件的性能，便于制造、装拆和维修，在设计过程中必须考虑装配结构的合理性。

1. 接触面结构的合理性

① 接触面结构。两个零件接触时，在同一方向上的接触面只能有一对，这样既能满足装配要求，也便于制造，如图6-6所示。

② 接触面转角处结构。为了保证轴肩端面和孔端面的良好接触，应在轴肩处加工退刀槽，或在孔的端面加工内倒角，如图6-7所示。

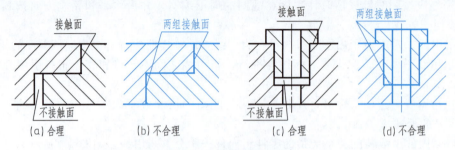

图 6-6 两零件接触面结构

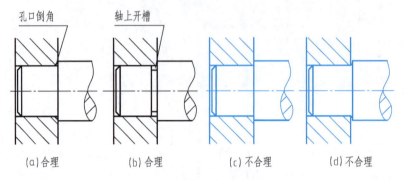

图 6-7 接触面转角处结构

③ 合理减少接触面积。利用沉孔和凸台等结构合理减少接触面积，以保证良好的接触，如图 6-8 所示。

2. 防松结构的合理性

由于机器工作时的振动，一些螺纹紧固件可能发生松动，导致严重的事故，因此，在实际中需要采用合理的防松结构，如图 6-9 所示。

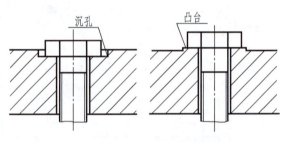

图 6-8 合理减少接触面积

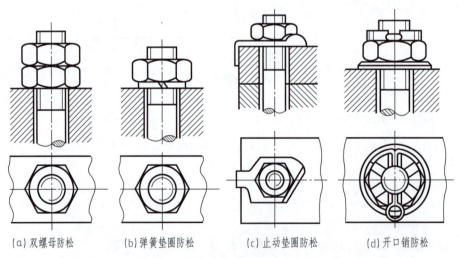

图 6-9 防松结构

五、装配图的绘制方法和步骤

1. 确定表达方案

① 主视图的选择。选择较全面反映工作原理、装配关系及主要结构的视图作为主视图。主视图多采用剖视图，以表达部件的内部结构。

② 其他视图的选择。为了进一步准确、完整、简便地表达各零件间的结构形状及装配关系，需选用合适的其他视图，以补充表达主视图上没有表示出来或者没有表示清楚而又必须表示的内容。装配体上的每种零件至少应在视图中出现一次。

2. 确定绘图比例和图纸幅面

在表达方案确定以后，根据装配体的总体尺寸、复杂程度和视图数量确定绘图比例、图纸幅面。布图时，应同时考虑标题栏、明细栏、零件注、尺寸标注和技术要求等所需的位置。

3. 画图

① 画出各视图的主要轴线、对称线和作图基准，如轮轴的轴线、底座的底平面、对称线等，再画出装配图中的主要零件。

② 逐个画出零件的图形。一般从主视图入手，兼顾各视图的投影关系，几个基本视图结合起来绘制。先画主要零件，后画次要零件；由里到外依次画出。

③ 校核，描深，画剖面线。

④ 标注尺寸，编排序号。

⑤ 填写技术要求、明细栏、标题栏，完成全图。

学习任务二　装配图的识读

机器或部件的设计、装配、安装、调试、使用、维修等各个阶段都是以装配图为依据的，因此，作为工程技术人员，必须掌握识读装配图及由装配图拆画零件图的方法。

一、读图的基本要求

① 了解机器或部件的名称、用途、性能和工作原理。

② 明确各零件的作用、零件之间的相对位置和装配关系等。

③ 读懂各零件的结构、形状和作用。

④ 看懂技术要求中的各项内容。

二、读装配图的方法和步骤

下面以图 6-1 所示铣刀头装配图为例说明读装配图的方法和步骤。

① 概括了解。读装配图时，首先看标题栏和明细栏，了解机器或部件的名称，组成该机器或部件的零件的名称、数量、材料、备注说明等内容。如图 6-1 所示，铣刀头由 18 种零件组成，其中，1、2、3、4、8、9、11、13～15 号零件是标准件，共有 10 种。标准件通常只需查表确定其规格尺寸，不需要画零件图。其他为非标准件。通过分析其组成零件和连接关系可大致分析出工作原理：动力经 V 带轮通过键传递到轴，轴与铣刀盘通过双键连接，从而带动铣刀盘转动，对工件进行平面铣削加工。

② 分析视图。首先分析主视图，其反映了主要零件的装配关系。主视图采用了全剖视

图和两个局部剖视图，左边局部剖视图反映了轴与 V 带轮的键连接、挡圈与轴的螺钉连接和销连接。右边局部剖视图反映了挡圈与轴的螺栓连接。左视图采用了拆卸画法和局部剖视图，反映了座体结构和螺钉的分布情况。读图时必须对照其他视图。

③ 分析各零件的结构形状。铣刀头的主要零件是座体、轴、V 带轮等。零件的结构形状主要是由零件的作用、与其他零件的关系和加工工艺要求等因素决定的。根据铣刀头装配图分析各零件的结构形状，参见图 6-10 所示铣刀头装配轴测图。

④ 分析尺寸。分析图 6-1 所示铣刀头装配图上所标注的尺寸：尺寸 $\phi28H8/k7$ 和 $\phi80H7/f8$ 是配合尺寸；尺寸 155、150 是安装尺寸；190、424、$\phi115$ 是外形尺寸。

⑤ 归纳总结。在以上分析的基础上，再从传动方式、装拆顺序、安装方法和技术要求等方面做进一步分析，从而获得对铣刀头的完整认识。

铣刀头是安装在铣床上的一个部件，用来安装铣刀盘，该部件由 18 种零件组成，铣刀盘通过双键与轴连接，动力通过 V 带轮和键传递到轴，带动铣刀盘转动，从而对工件进行平面铣削加工。

对每个零件的结构形状分析清楚之后，将各个零件联系起来，想象出铣刀头的完整形状。如图 6-10 所示。

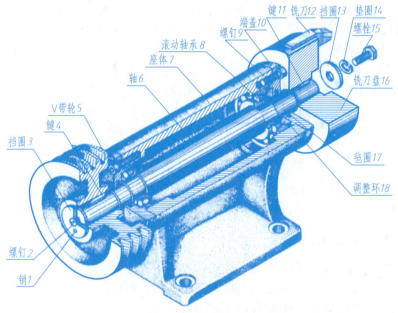

图 6-10　铣刀头装配轴测图

三、拆画零件图

由装配图拆画零件图的过程称为拆图，即在读懂装配图的基础上，按照零件图的内容和要求，拆画出零件图。拆画时先要正确分离零件，一般应先拆画主要零件，然后再逐一画出相邻零件，以保证各零件结构形状的合理。

1. 拆图的步骤

拆图的步骤如下。

① 读懂装配图，了解机器或部件的工作原理、装配关系和各零件的结构形状。

② 分离零件，根据各零件的结构形状，确定各零件的表达方案，根据零件图的内容要求画出零件图。

2. 零件图的绘制

① 了解零件的作用，分析零件的结构，确定零件表达方案。

② 画各视图的中心线、轴线和基准线，画各视图的外轮廓。注意各视图间要留有标注尺寸等内容的地方。

③ 补全工艺结构。装配图中零件的细小工艺结构，如倒角、圆角、退刀槽等往往被省略。拆画零件图时，这些结构需补全，并加以标注。

④ 零件图的尺寸标注。画出标注零件尺寸的全部尺寸界线和尺寸线。标注尺寸时，可再次检查零件结构形状是否表达完整、清晰。装配图中已经注出的尺寸，应在相关零件图上直接注出。如 $\phi35H7/h6$、$\phi28H8/k7$ 等。装配图上未注的尺寸，可按比例从装配图中量取并圆整。对于标准结构，如倒角、退刀槽、键槽、销孔、螺纹等，由查表确定有关的尺寸。

⑤ 零件图的技术要求。零件的表面粗糙度、尺寸公差、几何公差等技术要求，应根据该零件在装配图中的功能及连接关系等来确定。

⑥ 标准件不画零件图，但要测出主要尺寸，确定型号，查阅有关标准后列表备查。

由图 6-1 所示铣刀头装配图拆画的零件图如图 6-11～图 6-18 所示。

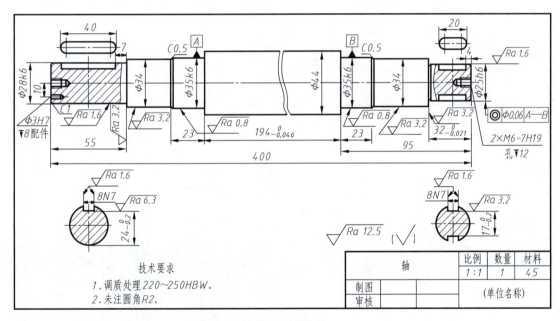

图 6-11　轴零件图

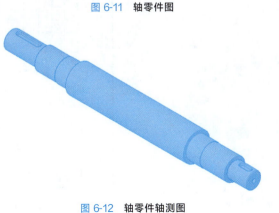

图 6-12　轴零件轴测图

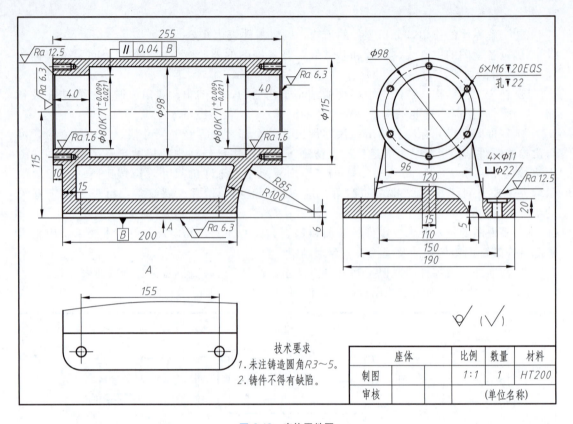

技术要求
1. 未注铸造圆角R3～5。
2. 铸件不得有缺陷。

座体		比例	数量	材料
制图		1:1	1	HT200
审核		(单位名称)		

图 6-13　座体零件图

图 6-14　座体零件轴测图

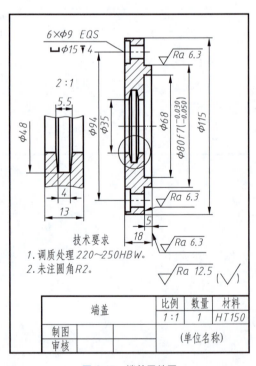

技术要求
1. 调质处理220～250HBW。
2. 未注圆角R2。

端盖		比例	数量	材料
		1:1	1	HT150
制图				
审核		(单位名称)		

图 6-15　端盖零件图

图 6-16   端盖轴测图

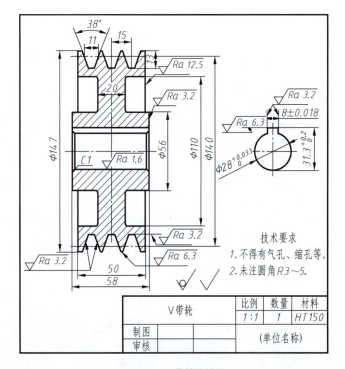

图 6-17   V 带轮零件图

图 6-18   V 带轮零件轴测图

【项目任务实施单】

序号		方法步骤	图示
步骤 1	了解和分析装配体工作原理	齿轮油泵是由装在泵体内的一对齿轮数相同的齿轮组成，泵体、泵盖与齿轮三者之间形成密封的工作容积。当齿轮按右图方向旋转时，右侧吸油腔的轮齿逐渐分离，齿间的工作容积逐渐增大，从而形成部分真空，因而油箱中的油液在大气压力作用下，经吸油口进入吸油腔。吸入到齿间的油液在密封的工作容积中随齿轮旋转，带到左侧压油腔，左侧压油腔逐渐啮合，使密封工作空间逐渐缩小，油轮齿间的油从齿间挤出，经过出油口逐渐升高，将油从出油口送入液压系统中	 吸油口 出油口
步骤 2	装配图的识读		①概括了解。读装配图时，首先要看标题栏、明细栏。由标题栏、明细栏，可知该部件名称为齿轮油泵。对照图上的序号和明细栏，可知它由 19 种零件组成，其中圆锥销 2、螺母 7、垫圈 10、键 12、内六角圆柱头螺钉 15、调节螺钉 19 是标准件（明细栏中有标准件编号），其他为非标准件。各视图及表达方法的分析如下 ②分析视图。装配图采用了主、俯、左三个基本视图，并采用了拆卸画法和沿结合面画法等表达方法。 a. 主视图采用了全剖视图，主要反映工作原理和零件的装配关系 b. 俯视图主要表达外形，并通过局部剖视图表达两轴的装配关系 c. 左视图采用拆卸画法，表达装配位置关系和齿轮油泵的工作原理 ③了解装配关系和工作原理（见步骤 1） ④分析主要零件结构（见步骤 3） ⑤归纳总结

续表

序号	方法步骤		图示
步骤 3	绘制零件图	画泵体和主动齿轮轴零件图	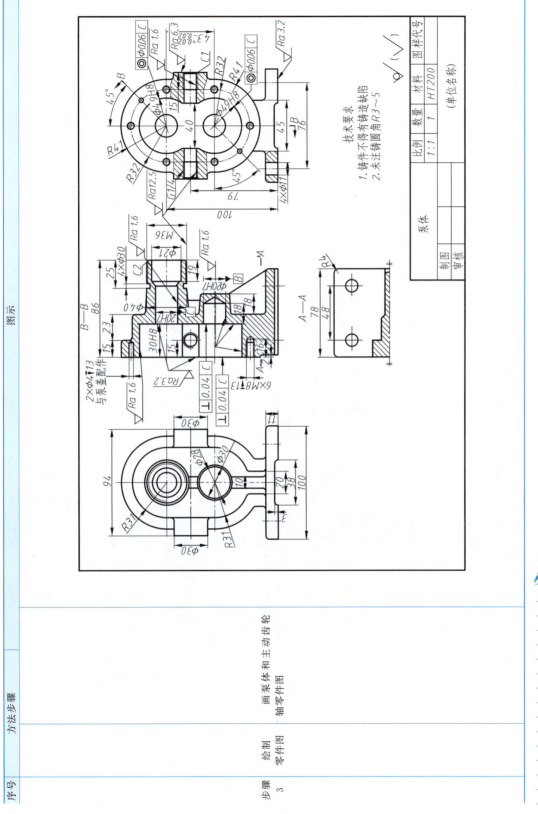

续表

序号	方法步骤	图示
步骤3	绘制零件图	画泵体和主动齿轮轴零件图 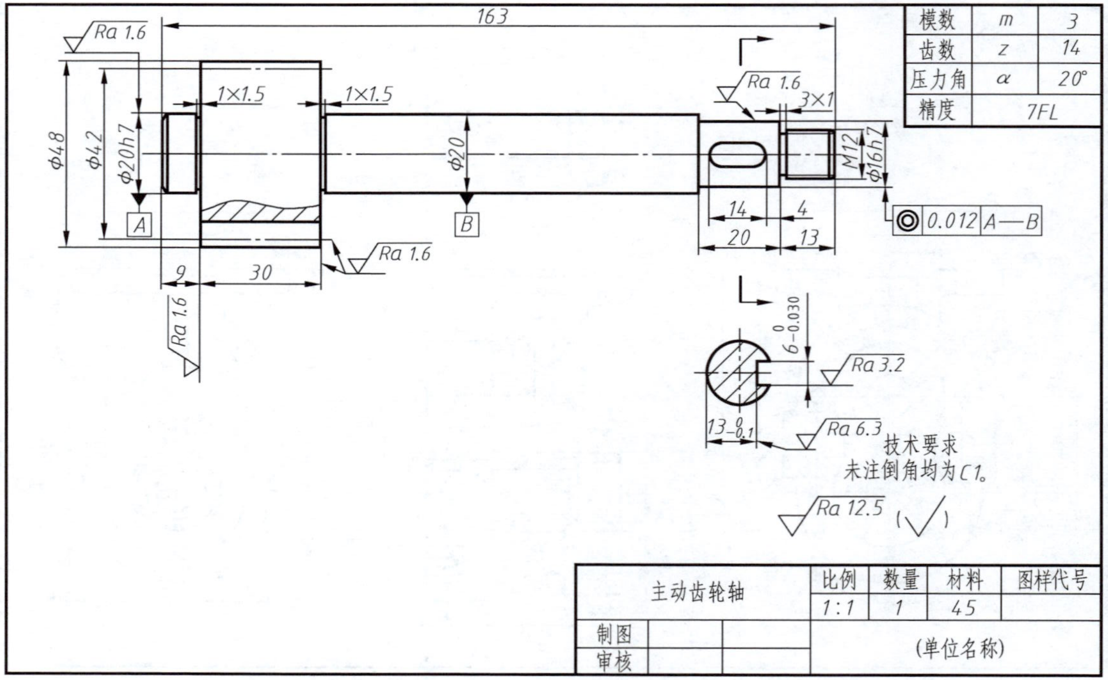

模数	m	3
齿数	z	14
压力角	α	20°
精度		7FL

⌀0.012 A—B

技术要求
未注倒角均为C1。

比例	数量	材料	图样代号
1:1	1	45	
主动齿轮轴			
制图			(单位名称)
审核			

项目七

绘制与识读化工设备图与化工工艺图（选学）

【项目任务单】

任务名称	识读化工设备图
任务描述	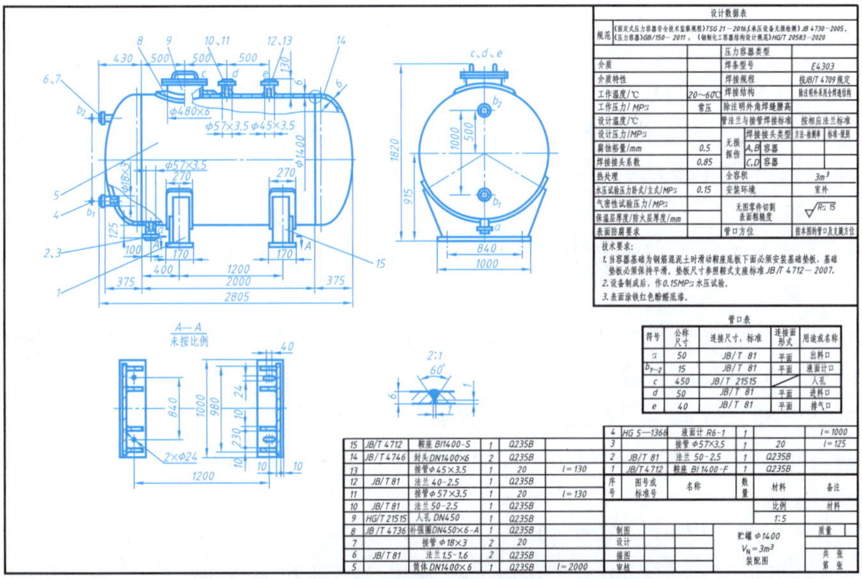
任务分析	本任务中给定了化工设备图，通过阅读标题栏、明细栏、设计数据表、管口表等分析设备用途、组成、参数等，了解设备结构、工作原理、作用等
学习目标	①了解化工设备图的作用和内容 ②通过分析典型化工设备图，掌握识读化工设备图的步骤和方法 ③学会常见标准化零部件的表达方法、尺寸及技术要求的标注方法，会查阅国家标准 ④通过本项目的学习，培养细致、耐心的品质和规范使用制图国家标准的意识

【知识链接】

学习任务一　化工设备图的绘制与识读

一、化工设备图的基础知识

表示化工设备的形状、结构、大小、性能和制造要求等内容的图样，称为化工设备图。

化工设备图按正投影原理和国家标准《技术制图》《机械制图》的规定绘制，机械制图的各种表达方法都适用于化工设备图。但化工设备有其自身的特点，因此，表达化工设备采用了一些特殊的表达方法。

1. 化工设备图的内容

以罐装配图（图 7-1）为例介绍化工设备图。化工设备图包括以下内容。

（1）一组视图

用于表达化工设备的工作原理、各零部件之间的装配关系和相对位置，以及主要零件的基本形状。

（2）必要的尺寸

化工设备图上的尺寸是制造、装配、安装和检验设备的重要依据，主要包括以下几类。

① 特性尺寸。反映化工设备的主要性能、规格的尺寸，如图 7-1 中的筒体内径 $\phi1400$、筒体长度 2000 等。

② 装配尺寸。表示零部件之间的装配关系和相对位置的尺寸，如图 7-1 中 500 等。

③ 安装尺寸。表示设备安装所需的尺寸，如图 7-1 中的 1200、840 等。

④ 外形（总体）尺寸。表示设备总长、总高、总宽（或外径）的尺寸。如容器的总长为 2805、总高为 1820。

⑤ 其他尺寸。包括标准零部件的规格尺寸（如人孔的尺寸 $\phi450\times6$），经设计计算确定的尺寸（如筒体壁厚 6），焊缝结构形式尺寸等。

（3）管口表

管口表用于说明设备上所有管口的用途、规格、连接面形式等，其格式如图 7-2 所示。

（4）设计数据表

设计数据表是化工设备图的重要组成部分。该表把设备设计、制造与检验各环节的主要技术数据、标准规范、检验要求等汇入其中，主要包括工作压力、设计压力、工作温度、设计温度、焊缝系数、腐蚀裕量、压力容器类型、介质、防腐、焊接、探伤、水压试验及设计规范等。根据化工设备的不同类别，可对填写内容进行相应的调整。图 7-3 所示为设计数据表的格式。

目前，国家对化工设备的设计、制造、检验等建立了一系列的标准，在设计数据表中"规范"一栏可填写设备设计、制造、检验等遵循的相关标准。

（5）技术要求

技术要求是用文字说明的设备在制造、试验和验收时应遵循的标准、规范或规定，以及对材料、表面处理及涂饰、润滑、包装、运输等方面的特殊要求。其基本内容包括以下几方面。

① 通用技术条件。通用技术条件是指同类化工设备在制造、装配和检验等方面的共同技术规范，已经标准化，可直接引用。

② 焊接要求。主要包括对焊接方法、焊条、焊剂等方面的要求。

③ 设备的检验。包括对设备主体的水压和气密性试验，对焊缝的探伤等。

④ 其他要求。设备在机械加工、装配、防腐、保温、运输、安装等方面的要求。

在设计数据表中未列出的技术要求，需以文字条款表示，以阿拉伯数字 1、2、3……顺序依次编号书写；当设计数据表中已表示清楚时，不需注写。

（6）零部件序号、明细栏和标题栏

零部件序号、明细栏和标题栏与装配图一致。

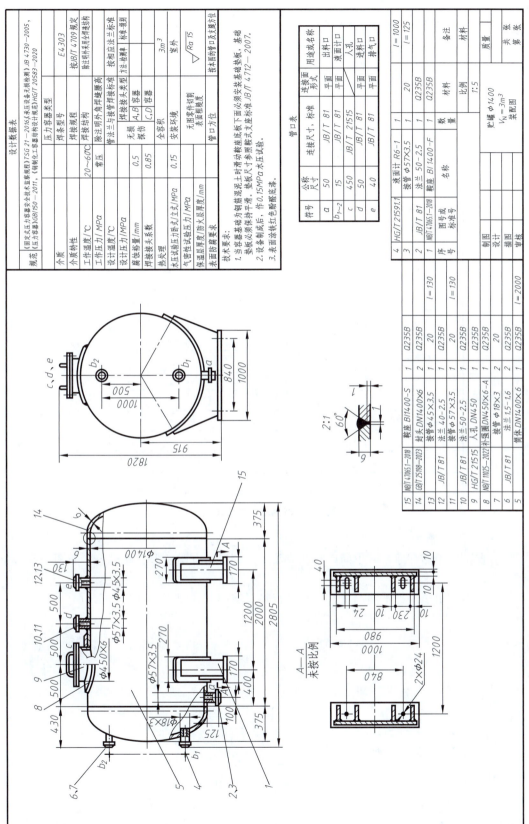

图 7-1 储罐装配图

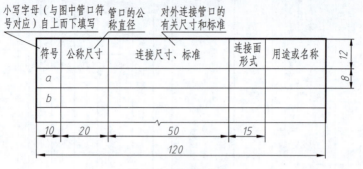

小写字母（与图中管口符号对应）自上而下填写　　管口的公称直径　　对外连接管口的有关尺寸和标准

符号	公称尺寸	连接尺寸、标准	连接面形式	用途或名称
a				
b				

图 7-2　管口表的格式

设计数据表			
规范	注写规范的标准号或代号		
介质		压力容器类型	
介质特性		焊条型号	按JB/T 4709规定
工作温度/℃		焊接规程	按JB/T 4709规定
工作压力/MPa		焊接结构	除注明外采用全焊透结构
设计温度/℃		管法兰与接管焊接标准	
设计压力/MPa		无损探伤　焊接接头类型	方法-检测率
腐蚀裕量/mm		容器	
焊接接头系数			
……			
技术要求：			

图 7-3　设计数据表的格式

2. 化工设备的种类

① 容器。用于储存原料、中间产品和成品等。其形状有圆柱形、球形等，如图 7-4（a）所示。

② 换热器。用于两种不同温度的物料进行热量交换，如图 7-4（b）所示。

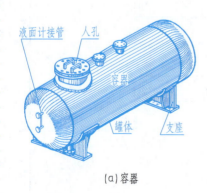

（a）容器

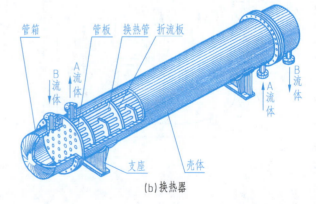

（b）换热器

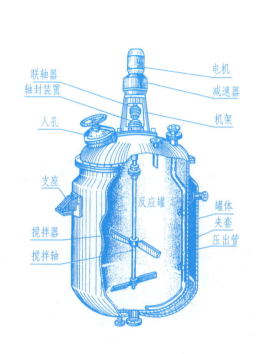

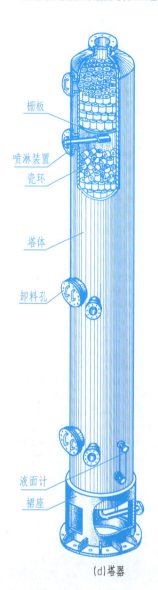

(c) 反应器

(d) 塔器

图 7-4　常见化工设备

③ 反应器。用于物料进行化学反应，或者对物料进行搅拌、沉降等单元操作，如图 7-4（c）所示。

④ 塔器。用于吸收、洗涤、精馏、萃取等单元操作。塔器多为立式设备，如图 7-4（d）所示。

3. 化工设备的结构特点

① 设备的主体（壳体）一般由钢板卷制而成，如图 7-1 中储罐的筒体。

② 设备的总体尺寸与某些局部结构（如壁厚、管口等）尺寸往往相差很悬殊。如图 7-1 中储罐的总长为"2805"，而筒体壁厚只有"6"。

③ 壳体上开孔和接管口较多。如图 7-1 所示的储罐，有一个人孔和五个接管口。

④ 零件间的连接常用焊接结构。如图 7-1 中鞍座（件 1、件 15）与筒体（件 5）之间就采用了焊接。

⑤ 广泛采用标准化、系列化零部件。如图 7-1 中的法兰（件 6）、人孔（件 9）、液面计

图 7-5 标准化零部件

1—液面计；2—人孔；3—补强圈；
4—管法兰；5—接管；6—筒体；
7—支座；8—封头

（件 4）、鞍座（件 1、件 15）等，都是标准化的零部件。

4. 化工设备常用的标准化零部件

化工设备的零部件大多已经标准化，如筒体、封头、支座、各种法兰等，如图 7-5 所示。

（1）筒体

筒体是化工设备的主体部分，一般由钢板卷焊成形。其主要尺寸是直径、高度（或长度）和壁厚。卷焊成形的筒体，其公称直径为内径。直径小于 500mm 的筒体，采用无缝钢管制作，其公称直径指钢管的外径。压力容器筒体的公称直径系列见表 7-1。

筒体的壁厚有经验数据可供选用，见附表 16。

在明细栏中，采用"$DN1400 \times 6$，$H(L) = 2000$"的形式来表示内径为 1400mm，壁厚为 6mm，高（长）为 2000mm 的筒体。

（2）封头

封头安装在筒体的两端，与筒体一起构成设备的壳体，如图 7-6 所示。封头与筒体可直接焊接，形成不可拆卸连接，如储罐的筒体与封头；也可焊上压力容器法兰进行连接，形成可拆卸连接，如换热器的筒体与封头。

表 7-1 压力容器筒体的公称直径（摘自 GB/T 9019—2015）　　　　单位：mm

以内径为基准的压力容器的公称直径										
300	350	400	450	500	550	600	650	700	750	800
900	1000	1100	1200	1300	1400	1500	1600	1700	1800	1900
2000	2100	2200	2300	2400	2500	2600	2800	3000	3200	3400
3500	3600	3800	4000	4200	4400	4500	4600	4800	5000	5200
5400	5500	5600	5800	6000						
以外径为基准的压力容器的公称直径										
150		200		250		300		350		400

常见的封头有球形、椭圆形、碟形、带折边锥形及平板等形式，如图 7-6 所示。一般应

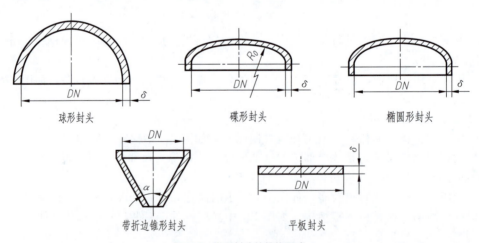

球形封头　　　　　碟形封头　　　　　椭圆形封头

带折边锥形封头　　　　　平板封头

图 7-6 常见封头的结构形式

用最为广泛的是标准椭圆形封头，其长轴为短轴的 2 倍。《压力容器封头》（GB/T 25198—2023）规定：以内径为基准的标准椭圆形封头代号为 EHA，以外径为基准的标准椭圆形封头代号为 EHB。

标记示例：

【例 7-1】　EHA 2600×30（28.4)-Q345R　GB/T 25198—2023

表示直径为 2600mm、名义厚度为 30mm、封头最小成形厚度为 28.4mm、材质为 Q345R 的以内径为基准的标准椭圆形封头。

标准椭圆形封头的规格和尺寸系列参见附表 17。

（3）法兰

化工用标准法兰有管法兰和压力容器法兰（又称设备法兰），如图 7-7 所示。

标准法兰选型的主要参数是公称直径（DN）、公称压力（PN）和密封面形式。管法兰的公称直径为所连接管子的公称直径，压力容器法兰的公称直径为所连接的筒体（或封头）的内径。

① 管法兰。管法兰主要用于管道的连接。常用的现行管法兰标准有由国家市场监督管理总局批准的管法兰国家标准 GB/T 9124.1—2019、GB/T 9128—2023，化工行业标准《钢制管法兰、垫片、紧固件》（HG/T 20592～20635—2009）以及机械行

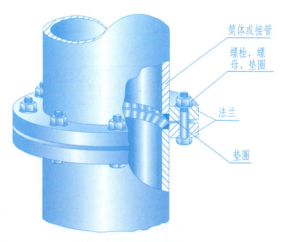

图 7-7　法兰连接

业标准《板式平焊钢制管法兰》（JB/T 81—2015）。国标包括了国际通用的两大管法兰、垫片和紧固件标准系列——PN 系列（欧洲体系）和 Class 系列（美洲体系）。其中，GB/T 17241.1—2024 属于 PN 系列标准，GB/T 17241.2—2024 属于 Class 系列标准。HG 标准 PN 系列管法兰共规定了 8 种不同类型的管法兰和两种法兰盖，如图 7-8 所示。

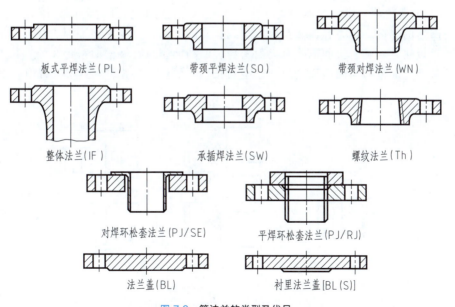

图 7-8　管法兰的类型及代号

HG 标准 PN 系列管法兰的密封面形式主要有突面（RF）、凹凸面（MFM）、榫槽面（TG）、环连接面（RJ）和全平面（FF）5 种，如图 7-9 所示。通常突面和全平面密封的密封面为平面，常用于压力较低的场合；凹凸面密封的密封效果比全平面密封好；榫槽面密封的密封效果比凹凸面密封好，但加工和更换较困难；环连接面常用于高压设备上。

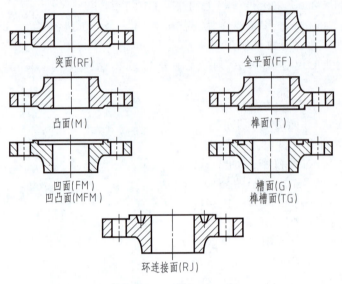

图 7-9　管法兰的密封面形式

标记示例：

【例 7-2】　HG/T 20592 法兰 PL 300 （B)-6 RF　Q235A

表示公称直径为 300mm、公称压力 0.6MPa，配用公制管的突面板式平焊钢制法兰，法兰的材料为 Q235A（注：B 系列表示公制管尺寸，A 系列表示英制管尺寸，英制可省略 A）。

凸面板式平焊钢质法兰规格参见附表 18。

② 压力容器法兰。压力容器法兰又称设备法兰，用于以内径为公称直径的筒体与封头或筒体与筒体的连接。压力容器法兰根据承载能力的不同，分为甲型平焊法兰、乙型平焊法兰和长颈对焊法兰，其密封面形式有突面密封、凹凸面密封、榫槽面密封 3 种。其中，甲型平焊法兰只有突面密封与凹凸面密封，乙型与长颈平焊法兰则 3 种密封形式都有，如图 7-10 所示。

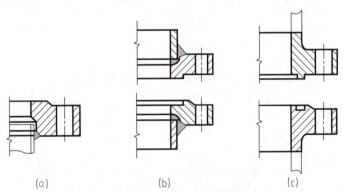

（a）　　　　　　（b）　　　　　　（c）

图 7-10　压力容器法兰的结构与密封面形式

压力容器法兰的主要性能参数有公称直径、公称压力、密封面形式、材料和法兰结构形式等。《压力容器法兰、垫片、紧固件（合订本）》（NB/T 47020～47027—2012）标准中规定了法兰的分类及代号，见表7-2。

表7-2　标准压力容器法兰的分类及代号

法兰标准号	法兰类别		标准号
	甲型平焊法兰		NB/T 47021—2012
	乙型平焊法兰		NB/T 47022—2012
	长颈对焊法兰		NB/T 47023—2012
密封面形式代号	密封面形式		代号
	突面密封		RF
	凹凸面密封	凹面密封	FM
		凸面密封	M
	榫槽面密封	榫面密封	T
		槽面密封	G
法兰名称及代号	法兰类型		名称及代号
	一般法兰		法兰
	衬环法兰		法兰 C

标记示例：

【例7-3】　法兰 C-FM 800-1.0 NB/T 47021—2012。

表示公称直径为800mm、公称压力1.0MPa的衬环凹面密封甲型平焊法兰。

设备法兰尺寸规格参见附表19。

（4）人孔和手孔

为了安装、检修或清洗设备内件，在设备上通常开设有人孔或手孔，如图7-11所示。

手孔大小应使工人戴上手套并握有工具的手能方便地通过。手孔标准直径有DN150和DN250两种。人孔的大小，应便于人的进出，同时要避免开孔过大影响器壁强度。人（手）孔的结构有多种形式，只是孔盖的开启方式和安装位置不同。常压人孔的有关尺寸见附表20。

（5）支座

支座用来支承和固定设备，它有多种形式。下面介绍两种较常用的支座。

① 耳式支座（NB/T 47065.3—2018）。耳式支座简称耳座（悬挂式支座），适用于公称直径不大于4000mm的立式圆筒形设备，其结构形状如图7-12所示。耳式支座由两块肋板、一块底板、一块垫板和一块盖板（有些类型无盖板）焊接而成，肋板与筒体之间加垫板是为了改善支承时的局部应力状况；底板上有螺栓孔，以便用螺栓固定设备。

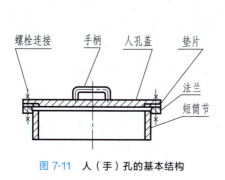

图7-11　人（手）孔的基本结构

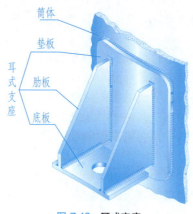

图7-12　耳式支座

耳式支座有 A 型（短臂）、B 型（长臂）、C 型（加长臂）3 种类型。A 型用于不带保温层的设备，B 型和 C 型用于带保温层的设备。耳式支座的结构尺寸见附表 21。

标记示例：

【例 7-4】 NB/T 47065.3—2018，耳式支座 A3-Ⅰ

材料：Q235B/Q245 R。

表示 A 型，3 号耳式支座，支座材料为 Q235B，垫板材料为 Q245R。

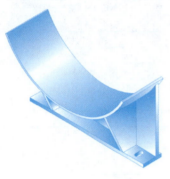

图 7-13 鞍式支座

② 鞍式支座（NB/T 47065.1—2018）。鞍式支座（鞍座）用于卧式设备，其结构如图 7-13 所示。

鞍式支座分为轻型（代号 A）、重型（代号 B）2 种类型。重型鞍座又有 5 种型号，代号为 BⅠ～BⅤ。每种类型的鞍座又分为 F 型（固定式）和 S 型（活动式）。F 型与 S 型常配对使用，其区别在于地脚螺孔的形式，F 型是圆形孔，S 型是长圆形孔，当容器因温差膨胀或收缩时，S 型鞍座可以在基础座上滑动以调节两支座间的距离，不致使容器受附加应力的作用。鞍式支座的结构尺寸见附表 22。

标记示例：

【例 7-5】 NB/T 47065.1—2018，鞍座 BV 325-F

材料：Q235B。

表示公称直径为 325mm，120°包角，重型不带垫板的标准尺寸的弯制固定式鞍座，鞍座材料为 Q235B。

（6）补强圈

设备壳体开孔过大时用补强圈来增加强度。《补强圈》（NB/T 11025—2022）规定了补强圈的规格、尺寸和内侧坡口的形式。补强圈的形状应与被补强壳体的形状相符合，如图 7-14 所示。补强圈的结构尺寸见附表 23。

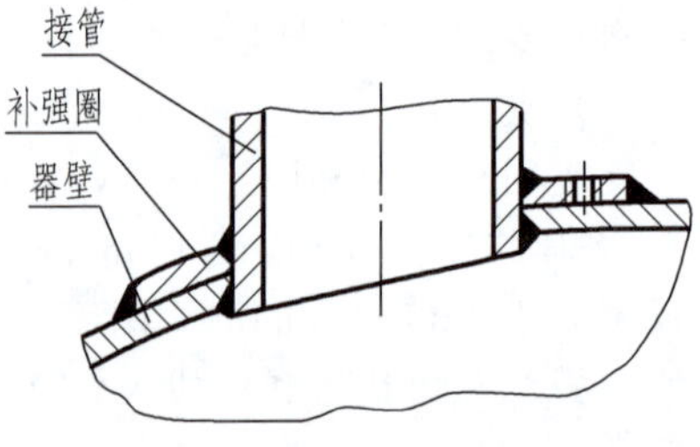

5. 化工设备图的表达特点

（1）视图的配置比较灵活

化工设备图的俯（左）视图可以配置在图面的任何位置，但必须注明"俯（左）视图"字样。

当视图较多时，允许将部分视图画在数张图纸上，但主视图及明细栏、管口表、设计数据表、技术要求应安排在第一张图纸上。

（2）多次旋转的表达方法

设备壳体四周分布的各种管口和零部件，在主视图中可绕轴旋转到平行于投影面后画出，以表达它们的轴向位置和装配关系，而它们的周向方位以管口方位图（或俯、左视图）为准。如图 7-15 中的人孔 b、液面计接管口 $a_{1,2}$ 和 c 孔，在主视图中就是旋转后画出的，它们的周向方位在俯视图中可以看出。

（3）夸大画法

尺寸过小的结构（如薄壁、垫片、折流板等）可不按比例、适当地夸大画出。如储罐中筒体壁厚就是夸大画出的。

（4）断开和分段（层）画法

图 7-14 补强圈被焊接后的结构形状

部分结构相同（或按规律变化）、总体尺寸很大的设备，为便于布图，可断开画出，如图 7-16 所示。

某些设备（如塔器）形体较长，又不适合用断开画法，则可把整个设备分成若干段（层）画出，如图 7-17 所示。

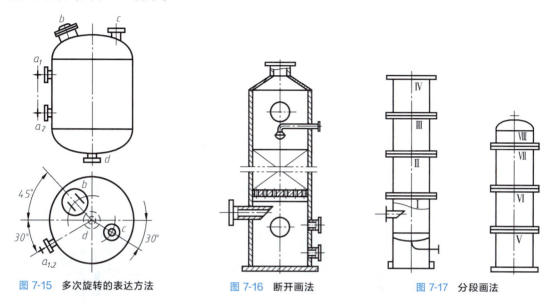

图 7-15　多次旋转的表达方法　　　　图 7-16　断开画法　　　　图 7-17　分段画法

（5）简化画法

① 示意画法。由已有图样表示清楚的零部件，允许用单线（粗实线）在设备图中表示。如图 7-18 所示的换热器，指引线所指的零部件均采用单线示意画出。

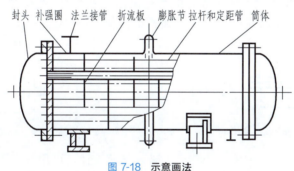

封头　补强圈　法兰接管　折流板　膨胀节　拉杆和定距管　筒体

图 7-18　示意画法

② 管法兰的简化画法。不论哪种管法兰连接面形式（突面、凹凸面、榫槽面），均可简化画成如图 7-19 所示的形式。

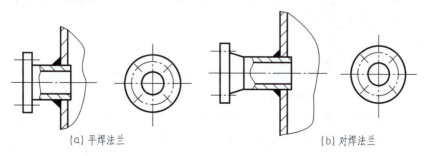

(a) 平焊法兰　　　　　　　　　　　　(b) 对焊法兰

图 7-19　管法兰的简化画法

③ 重复结构的简化画法。

a. 填充物的表示法。设备中材料规格、堆放方法相同的填充物，在剖视图中，可用交叉的细实线表示，并用引出线作相关说明；材料规格或堆放方法不同的填充物，应分层表示。如图 7-20 所示。

b. 螺栓孔和螺栓连接的简化画法。螺栓孔可用中心线和轴线表示。螺栓连接可用符号"×"（粗实线）表示，如图 7-21 所示。

c. 管束的表示法。设备中按一定规律排列或成束的密集管子，在化工设备图中可只画一根或几根，其余管子均用中心线表示，如图 7-21 所示。

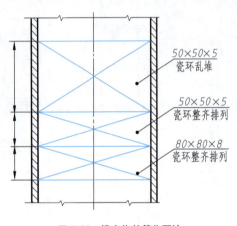

图 7-20　填充物的简化画法

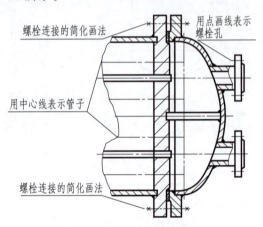

图 7-21　密集管子的画法

d. 标准零部件和外购零部件的简化画法。标准零部件，在化工设备图中可按比例仅画出其特征外形简图，如图 7-22 所示人孔的简化画法。外购零部件，在化工设备图中只需按比例用粗实线画出外形轮廓简图，并在明细栏中注写"外购"字样，如图 7-23 所示电机的简化画法。

图 7-22　人孔的简化画法

图 7-23　电机的简化画法

e. 液面计的简化画法。带有两个接管的玻璃管液面计，可用细点画线和符号"＋"（粗实线）简化表示，如图 7-24 所示。

（6）设备的整体示意画法

设备的完整形状和有关结构的相对位置，可按比例用单线（粗实线）示意画出，并标注设备的总体尺寸和相关结构的位置尺寸，如图 7-25 所示。

6. 化工设备图中焊缝的表示方法

（1）焊接方法与焊缝形式

焊接方法现已有几十种。国家标准《焊接及相关工艺方法代号》（GB/T 5185—2005）规定：焊接及相关工艺方法一般采用三位数代号表示。其中，第一位数表示工艺方法大类，第二位数表示工艺方法分类，第三位数表示某种工艺方法，如表 7-3 所示。

构件在焊接后形成的结合部分称为焊缝。常见的焊接接头形式有对接、角接、T 形和搭接，如图 7-26 所示。

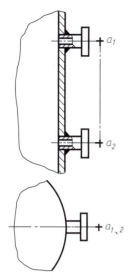

图 7-24　液面计的简化画法

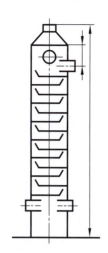

图 7-25　设备的整体示意画法

表 7-3　常见焊接工艺方法代号（摘自 GB/T 5185—2005）

大类代号		分类代号		具体焊接工艺方法代号	
代号	焊接方法	代号	焊接方法	代号	焊接方法
1	电弧焊	—	—	101	金属电弧焊
		11	无气体保护的电弧焊	111	焊条电弧焊
				112	重力焊
		12	埋弧焊	121	单丝埋弧焊
				122	带极埋弧焊
				123	多丝埋弧焊
		13	熔化极气体保护电弧焊	131	熔化极惰性气体保护电弧焊
				135	熔化极非惰性气体保护电弧焊
		15	等离子弧焊	151	等离子 MIG 焊
				152	等离子粉末堆焊
2	电阻焊	21	电焊	211	单面电焊
				212	双面电焊
		22	缝焊	221	搭接缝焊
				222	压平缝焊
3	气焊	31	氧燃气焊	311	氧乙炔焊
				312	氧丙烷焊
4	压力焊	41	超声波焊	—	—
		42	摩擦焊	—	—
		44	高机械能焊	441	爆炸焊

(a)对接接头　　　(b)角接接头　　　(c)T形接头　　　(d)搭接接头

图 7-26　焊接接头的形式

（2）焊缝的规定画法

国家标准《技术制图　焊缝符号的尺寸、比例及简化表示法》（GB/T 12212—2012）规定，在画焊接图时，焊缝可用一系列细实线表示，如图 7-27（a）所示，也可用加粗线（线宽 $2d\sim3d$，d 为粗实线线宽）表示，如图 7-27（b）所示，但在一张图纸中只能采用同一种画法。焊缝的断面需涂黑，如图 7-27（c）所示。

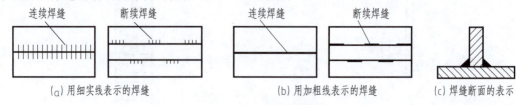

图 7-27　常见焊缝的画法

对于常压、低压设备，剖视图中的焊缝应画出焊缝的断面并涂黑；视图中的焊缝可省略不画。如图 7-28 所示。

对于中、高压设备或其他设备上重要的焊缝，需用局部放大的剖视图表达其结构形状并标注尺寸，焊缝的横剖面填充交叉线或直接涂黑，如图 7-29 所示。其接头形式及尺寸可按《气焊、焊条电弧焊、气体保护焊和高能束焊的推荐坡口》（GB/T 985.1—2008）、《埋弧焊的推荐坡口》（GB/T 985.2—2008）和《压力容器（合订本）》（GB/T 150.1～GB/T 150.4—2024）中的规定选用。

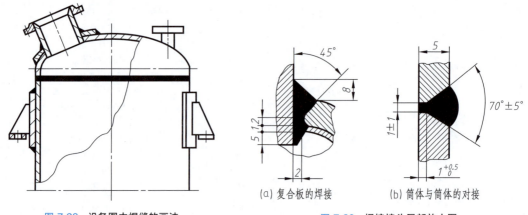

图 7-28　设备图中焊缝的画法 　　　　　　图 7-29　焊接接头局部放大图

（3）焊缝的标注

① 焊缝的指引线。指引线由箭头线和基准线（实线和虚线）组成，用细实线和细虚线绘制，如图 7-30（a）所示。标注焊缝时，箭头指向焊缝，如有必要，可在实基准线的另一

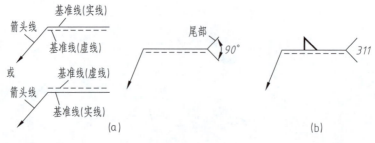

图 7-30　指引线

端画出尾部，如图 7-30（b）所示，以注明其他附加内容（如标注焊接方法代号）。

两条基准线，一条为实线，另一条为虚线，实线和虚线的位置可根据需要互换。当基本符号在实线侧时，表示焊缝在箭头侧；当基本符号在虚线侧时，表示焊缝在非箭头侧；对称焊缝允许省略虚线，在明确焊缝分布位置的情况下，有些双面焊缝也可省略虚线。

② 焊缝的标注。焊缝标注图如图 7-31 所示。

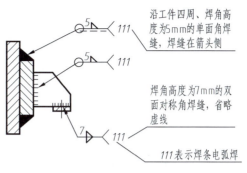

沿工件四周、焊角高度为5mm的单面角焊缝，焊缝在箭头侧

焊角高度为7mm的双面对称角焊缝，省略虚线

*111*表示焊条电弧焊

图 7-31　焊缝画法及标注

二、化工设备图的识读与绘制的方法和步骤

1. 绘制化工设备图

绘制化工设备图的步骤大致如下。

（1）复核资料

画图之前，为了减少画图时的错误，应将设备的结构对化工工艺资料进行详细核对，以便对设备的结构做到心中有数。

（2）作图

① 选定表达方案。通常对立式设备采用主、俯两个基本视图，对卧式设备采用主、左两个基本视图，来表达设备的主体结构和零部件间的装配关系。再配以适当的局部放大图，补充表达基本视图未表达清楚的部分。主视图一般采用全剖视图（或者局部剖视图），各接管用多次旋转的方法画出。

② 确定视图比例，进行视图布局。按设备的总体尺寸确定基本视图的比例并选择好图纸的幅面。

化工设备图的视图布局较为固定，可参照有关立式设备和卧式设备的装配图进行。

③ 画视图底稿和标注尺寸。布局完成后，开始画视图的底稿。画图时，一般按照"先画主视后画俯、左视；先画外件后画内件；先定位后定形；先主体后零部件"的顺序进行。

视图的底稿完成后，即可标注尺寸。

④ 编写各种表格和技术要求。完成明细栏、管口表、技术特性表、技术要求和标题栏等内容。

⑤ 检查、描深图线。底稿完成后，应对图样进行仔细全面检查，无误后再描深图线。

2. 识读化工设备图的方法和步骤

（1）识读化工设备装配图的基本要求

① 弄清设备的用途、工作原理、结构特点和技术特性。

② 搞清各零部之间的装配关系和有关尺寸。

③ 了解零部件的结构、形状、规格、材料及作用。

④ 搞清设备上的管口数量及方位。

⑤ 了解设备在制造、检验和安装等方面的标准和技术要求。

（2）识读化工设备图的方法和步骤

① 概括了解。从标题栏了解设备名称、规格、绘图比例等内容；从明细栏和管口表了解各零部件的接管口的名称、数量等；从设计数据表及技术要求中了解设备的有关技术信息。

② 详细分析。

a. 分析视图。分析化工设备图上有哪些视图，各视图采用了哪些表达方法，这些表达方法的目的是什么。

b. 分析各零部件之间的装配关系。从主视图入手，结合其他视图分析各零部件之间的相对位置及装配关系。

c. 分析零部件结构。对照图样和明细栏中的序号，逐一分析各零部件的结构、形状和尺寸。标准化零部件的结构，可查阅有关标准。有图样的零部件，则应查阅相关的零部件图，弄清楚其结构。

d. 分析技术要求。通过阅读技术要求，可了解设备在制造、检验、安装等方面的要求。

③ 归纳总结。通过详细分析后，将各部分内容综合归纳，从而得出设备完整的结构形状，进一步了解设备的结构特点、工作特性和操作原理等。

化工设备
装配图的
阅读

【例 7-6】 识读图 7-32 所示列管式固定管板换热器装配图。

1. 读图步骤

（1）概括了解

从标题栏、明细栏、设计数据表等可知，该设备是列管式固定管板换热器，用于使两种不同温度的物料进行热量交换，壳体内径为 DN800，换热管长度为 3000mm，换热面积 $F=107.5\text{m}^2$，绘图比例 1：10，由 28 种零部件所组成，其中有 11 种标准件。

管程内的介质是水，工作压力为 0.45MPa，操作温度为 40℃，壳程内的介质是甲醇，工作压力为 0.5MPa，操作温度为 67℃。换热器共有 6 个接管，其用途、尺寸见管口表。

该设备采用了主视图、A—A 剖视图、4 个局部放大图和 1 个示意图（件 20 的零件图）。

（2）详细分析

① 视图分析。主视图采用局部剖视图，表达了换热器的主要结构，各管口和零部件在轴线方向的位置和装配情况；为省略中间重复结构，主视图还采用了断开画法；管束仅画出了一根，其余均用中心线表示。

各管口的周向方位和换热管的排列方式用 A—A 剖视图表达。

局部放大图Ⅰ、Ⅱ表达管板与有关零件之间的装配关系。为了表示出件 12 拉杆的投影，将件 9 定距管采用断开画法。

② 装配关系分析。简体（件 24）和管板（件 4、件 18），封头和压力容器法兰（两件组合为管箱，件 1、件 21）采用焊接，具体结构见局部放大图Ⅰ；各接管与壳体及封头的连接均采用焊接；封头与管板采用法兰连接；法兰与管板之间放有垫片（件 27）形成密封，防止泄漏；换热管（件 15）与管板的连接采用胀接，见局部放大图Ⅳ。

拉杆（件 12）左端螺纹旋入管板，拉杆上套入定距管用以固定折流板之间的距离，见局部放大图Ⅲ；管口轴向位置与周向方位可由主视图和 A—A 剖视图读出。

③ 零部件结构形状分析。设备主体由简体（件 24）、封头（件 1、件 21）组成。简体内径为 800mm，壁厚为 10mm，材料为 Q345R，简体两端与管板焊接成一体。左右两端封头（件 1、件 21）与设备法兰焊接，通过螺栓与简体连接。

换热管（件 15）共有 472 根，固定在左、右管板上。简体内部有弓形折流板（件 13）6 块，折流板间距由定距管（件 9）控制。所有折流板用拉杆（件 11、件 12）连接，左端固定在管板上（见放大图Ⅲ），右端用螺栓锁紧。折流板的结构形状需阅读折流板零件图。

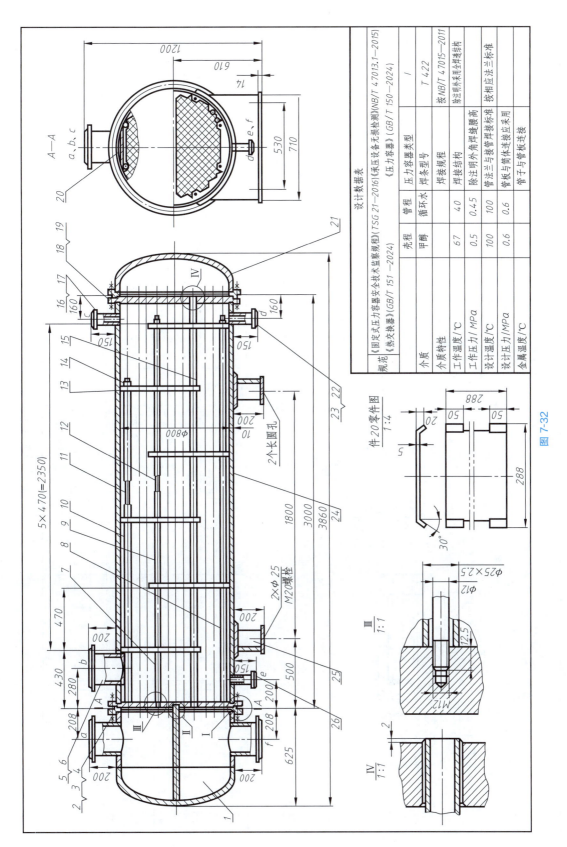

图7-32

设计数据表

规范	《固定式压力容器安全技术监察规程》(TSG 21—2016)《承压设备无损检测》(NB/T 4703.1—2015)		
	《热交换器》(GB/T 151—2024)	《压力容器》(GB/T 150—2024)	
介质特性		壳程	管程
		甲醇	循环水
工作温度/℃		67	40
工作压力/MPa		0.5	0.45
设计温度/℃		100	100
设计压力/MPa		0.6	0.6
金属温度/℃			
压力容器类型		Ⅰ	
焊条型号		T 422	
焊接规程		按NB/T 4.7015—2011	
焊接结构		除注明外采用全焊透结构	
管法兰与接管焊接采用标准		接相应法兰标准	
管板与筒体连接应采用			
管子与管板连接			

图 7-32　列管式固定管板换热器

技术要求
1. 焊接采用电焊。
2. 补强圈及接管焊接参考 NB/T 11025—2022。
3. 壳体焊缝应进行无损探伤检查。
4. 设备制造完毕后，壳程及管程分别以 0.75MPa 进行水压试验。

腐蚀裕量/mm	2	1.5		
焊接接头系数	0.85	0.85		
程数/MPa	I	II		
热处理				
水压试验压力 卧式/立式/MPa				
气密性试验压力/MPa				
保温层厚度 防火层厚度/mm				
换热面积(外径)/m²	107.5			
表面防腐要求				

		焊接接头类型	方法-检测率	标准-级别
A,B		壳程 / 管程		
C,D		壳程 / 管程		
无损探伤	I			√Ra 25
管板密封面与壳体描述/mm				
壳程零件切割面垂直度公差				
无损探伤方位				
管口方位				见管口方位图

管口表

符号	公称尺寸	连接尺寸,标准	连接面形式	数量	用途或名称
a	200	PN1DN200JB/T81	平面		冷却水出口
b	200	PN1DN200JB/T81	凹面		甲醇蒸汽入口
c	20	PN1DN20JB/T81	凹面		放气口
d	80	PN1DN80JB/T81	凸面		甲醇物料出口
e	20	PN1DN20JB/T81	凸面		排净口
f	200	PN1DN200JB/T81	平面		冷却水入口

序号	图号或标准号	名称	数量	材料	备注
4	S20-056-2	前管板	1	Q345R	l=160
3	GB/T 41	螺母 M20	4.8	35	l=3000
2	GB/T 5780	螺栓 M20×40	4.8	35	
1	S20-056-2	封头	1		

16		接管 Φ25×3	2	20	l=160
15		换热管 Φ25×2.5	472	Q235B	l=3000
14	GB/T 41	螺母 M20	16	35	
13	S20-056-3	折流板	6	Q235B	t=10
12	S20-056-3	拉杆 Φ12	6	20	l=2908
11	S20-056-3	拉杆 Φ12	2	20	l=2800
10		定距管 Φ25×2.5	8	20	l=2320
9		定距管 Φ25×2.5	20	20	l=930
8		定距管 Φ25×2.5	2	20	l=460
7		定距管 Φ25×2.5	6	20	l=816
6	JB/T 81	法兰 200-10	1	Q345R	l=386
5		接管 Φ219×6	1	20	l=217

28	S20-056-3	顶丝 M20	8	Q235B	
27	JB/T 4704	垫片 800-0.6	1	耐油橡胶石棉板	
26	JB/T 81	法兰 20-10	1	Q235B	
25	NB/T 47065.1-2018	鞍座 B1800-F-S	2	Q235B	
24		筒体 Φ800	1	Q345R	
23	JB/T 81	法兰 80-10	1	Q235B	
22		接管 Φ88×4	1	20	
21	GB/T 25198-2023	椭圆封头 DN800×10	1	Q235B	
20	S20-056-1	防冲板	1	Q235B	
19	JB/T 4704	垫片 800-0.6	1	耐油橡胶石棉板	
18	S20-056-2	后管板	1	Q345R	
17	JB/T 81	法兰 20-10	1	Q235B	

制图			固定管板换热器	S20-056-1
设计		(设计单位)	Φ800×3000	
描图			比例 1:10	质量
审核			共 张 第 张	

I 5:1　II 1:1

鞍式支座和管法兰均为标准件，其结构、尺寸需查阅有关标准确定。

管板另有零件图，其他零部件的结构形状请自行分析。

④ 了解技术要求。从设计数据表可知，该设备按《固定式压力容器安全技术监察规程》《承压设备无损检测》《热交换器》《压力容器》进行设计、制造、试验和验收，采用电焊，焊条型号为 T422。制造完成后，要进行焊缝无损探伤检查和水压试验。

（3）归纳总结

由上面的分析可知，换热器的主体结构由筒体和封头构成，其内部有 472 根换热管和 6 块折流板。

设备工作时，冷却水从接管口 f 进入换热管，由接管口 a 流出；甲醇蒸气从接管口 b 进入壳体，经折流板曲折流动，与管程内的冷却水进行热量交换后，由接管口 d 流出。

2. 注意事项

① 读图时应根据读图的基本要求，着重分析化工设备的零部件装配关系、非标准零件的结构形状、尺寸关系以及技术要求。

② 化工设备中结构简单的非标准零件往往没有单独的零件图，而是将零件图与装配图画在一张图纸上。

③ 应联系实际分析技术要求。技术要求要从化工工艺、设备制造及使用等方面进行分析。

学习任务二　化工工艺图的绘制与识读

化工工艺图一般包括化工工艺流程图、化工设备布置图、化工管路及管道布置图等。

一、化工工艺流程图

化工工艺流程图是工艺设计的关键文件，它以图形、符号、代号等形式表示出工艺过程选用的化工设备、管路、附件和仪表等的排列及连接，以表达化工生产中物量和能量的变化过程。化工工艺流程图一般包括工艺方案流程图和工艺管道及仪表流程图。

1. 工艺方案流程图

工艺方案流程图是在工艺路线选定后，表达物料从原料到成品或半成品的工艺过程，及所使用的设备和机器，是一种示意性图样。按工艺流程顺序，将设备和工艺流程线从左至右展开画在同一平面上，并附以必要的说明和标注。

图 7-33 所示为药厂纯化水制备系统工艺方案流程图。从图 7-33 中可知：来自自来水总

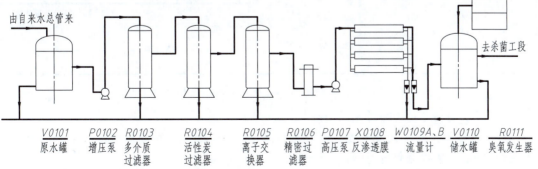

图 7-33　药厂纯化水制备系统工艺方案流程图

管的水进入原水罐（V0101），经增压泵（P0102）依次进入多介质过滤器（R0103）、活性炭过滤器（R0104）、离子交换器（R0105）和精密过滤器（R0106），再经高压泵（P0107），进入反渗透膜（X0108）进行一级渗透，最后进入储水罐（V0110），与臭氧反应，生成纯化水。

图 7-34　设备位号与名称

（1）工艺方案流程图的画法

① 设备用细实线画出轮廓，一般不用按比例画，反映出设备相对高低大小即可。

② 流程线一般水平或竖直画出，转弯处画成直角。主要物料流程线用粗实线画出，辅助物料流程线用中粗实线画出。

（2）工艺方案流程图的标注

设备应标注名称和位号，位号按顺序注成一排，与设备对齐，如图 7-33 所示。位号的画法如图 7-34 所示。设备名称及类别代号如表 7-4 所示。流程线起点和终点用文字说明介质名称、来源和去向。

表 7-4　设备类别代号

设备类别	塔	泵	工业炉	换热器	反应器	起重设备	压缩机	火炬烟囱	容器	其他机械	其他设备	计量设备
代号	T	P	F	E	R	L	C	S	V	M	X	W

2. 工艺管道及仪表流程图

工艺管道及仪表流程图又称施工流程图或带控制点的工艺流程图，是在工艺方案流程图的基础上绘制的内容较为详尽的一种工艺方案流程图，是设计、绘制设备布置图和化工管道路及管道布置图的基础，又是施工安装和生产操作时的主要参考依据。在施工流程图中，应把生产中涉及的所有设备、管道、阀门以及各种仪表控制点等都画出，如图 7-35 所示。

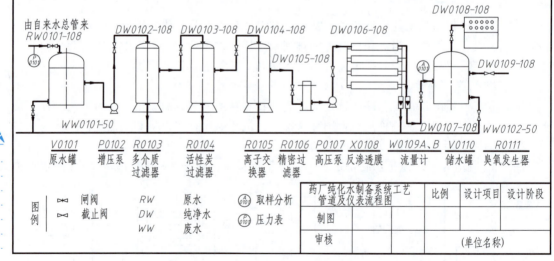

图 7-35　药厂纯化水制备系统工艺管道及仪表流程图

（1）工艺管道及仪表流程图的内容

① 图形。将全部工艺设备按简单形式展开在同一平面上，再配以连接的主、辅管线及管件，阀门、仪表控制点等符号。

② 标注。主要注写设备位号及名称、管段编号、控制点代号、必要的尺寸数据等。

③ 图例。说明图中出现的阀门、管件、控制点符号和代号的意义。

④ 标题栏。注写图名、图号、设计阶段等。

（2）工艺管道及仪表流程图的画法

① 工艺管道及仪表流程图上的设备画法、标注设备位号和名称的方法，与工艺方案流程图基本相同。不同的是设备主要管口要画出。

② 管道、阀门的表示方法。工艺管道及仪表流程图中应画出所有管路，即各种物料的流程线。流程线是工艺方案流程图的主要表达内容。各种不同形式管路、管件、阀门在工艺方案流程图中的画法如附表25所示。

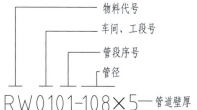

图 7-36　管道代号的标注

流程线在标注时应注写管道代号，管道代号如图7-36所示。物料代号如表7-5所示。

表 7-5　物料代号

代号	物料名称	代号	物料名称	代号	物料名称	代号	物料名称
A	空气	F	火炬排放气	LO	润滑油	R	冷冻剂
AM	氨	FG	燃料气	LS	低压蒸汽	RO	原料油
BD	排污	FO	燃料油	MS	中压蒸汽	RW	原水
BF	锅炉给水	FS	熔盐	NG	天然气	SC	蒸汽冷凝水
BR	盐水	GO	填料油	N	氮	SL	泥浆
CS	化学污水	H	氢	O	氧	SO	密封油
CW	循环冷却水上水	HM	载热体	PA	工艺空气	SW	软水
DM	脱盐水	HS	高压蒸汽	PG	工艺气体	TS	伴热蒸汽
DR	排液、排水	HW	循环冷却水回水	PL	工艺液体	VE	真空排放气
DW	饮用水	IA	仪表空气	PW	工艺水	VT	放空气

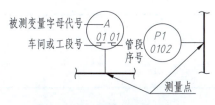

图 7-37　仪表的图形符号及标注

③ 仪表控制点的表示方法和标注。仪表控制点在图中用一直径约为10mm的细实线圆画出，并用细实线连到设备或管道测量点上，如图7-37所示。

注意事项：

① 设备的大小不必按比例画出，但必须近似反映其相对大小和高低位置。

② 流程线的长短不反映管路的真实长短，但要近似反映出其高低位置，反映地下的管道应画在地平线之下。

③ 流程线一般不应相交，相交时应尽量断开。

④ 画图时应按流程顺序绘制。

⑤ 注意用粗实线和中粗线区分主要物料的流程线与辅助物料的流程线。

在读工艺方案流程图时，首先了解标题栏和图例说明，从中掌握所读图样的名称、各种图形符号、代号的意义及管路标注等；然后在了解设备的名称和代号、数量的基础上，了解主要物料流程线，按箭头方向逐一找其所通过的设备、控制点和经每个设备后的生成物和最后物料的排放处；最后了解其他流程线，如蒸汽线、冷凝水线及上、下水管线等。

二、化工设备布置图

化工设备布置图是用来表示设备与建筑物、设备与设备之间的相对位置，并能直接指导设备安装的重要技术文件。

1. 化工设备布置图的内容

化工设备布置图包括设备平面图和设备剖面图，如图 7-38 所示，包括以下内容。

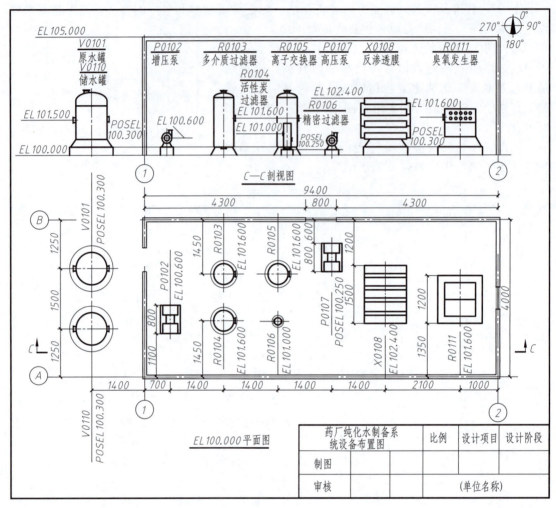

图 7-38 设备布置图

① 一组视图。表达厂房建筑基本结构和设备在厂房内的布置情况，包括平面图和剖面图。平面图用来表达厂房某层设备在水平方向的布置安装情况，是进行水平剖切后画出的俯视图。多层厂房应按楼层绘制平面图。剖面图是在厂房建筑的适当位置上垂直剖切后绘制的图样，用来表达设备沿高度方向的布置安装情况。

② 尺寸和文字标注。主要标注与设备有关的建筑物的尺寸，建筑物与设备、设备与设备之间的定位尺寸（不标注设备的定形尺寸），厂房建筑定位轴线的编号，设备的名称和位号，以及注写必要的说明等。化工设备布置图中标注的标高、坐标以 m 为单位，小数点后应取三位数至毫米为止。其余的尺寸一律以毫米为单位，只注数字，不注单位。采用其他单位标注尺寸时，应注明单位。

③ 方向标。是确定设备安装方位的基准，一般画在图样的右上方。

④ 标题栏。填写图名、图号、比例及签字等。

⑤ 附注说明。对设备安装有关的特殊要求的说明。

⑥ 设备一览表。详细列出化工设备布置图上的各设备的名称、位号、型号规格、数量及所属图号等相关信息，以便为进一步了解设备的布置提供参考。

2. 化工设备布置图的表达

（1）建筑物及构件的表达

一般情况下，只画出厂房建筑的空间大小、内部分隔及与设备安装定位有关的基本结构。与设备定位关系不大的门、窗等构件，一般只在平面图上画出它们的位置、门的开启方向等，在剖视图上一般不予表示。化工设备布置图中的承重墙、柱等结构用细点画线画出其建筑定位轴线，建筑物及其构件的轮廓用细实线绘出。

化工设备布置图中建筑物的简化画法及图例如表 7-6 所示。

表 7-6　建筑常见的结构及配件图例

建筑材料		建筑构件及配件	
名称	图例	名称	图例
自然土壤		楼梯	
夯实土壤		孔洞	
普通砖	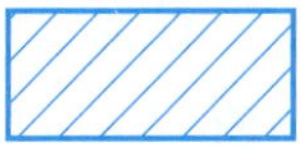	坑槽	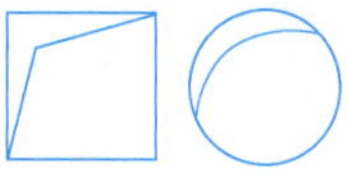
混凝土		单扇门	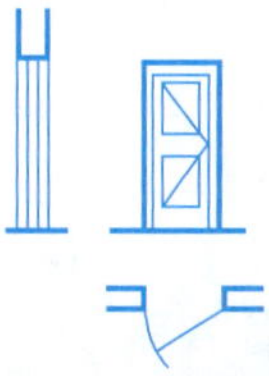
钢筋混凝土	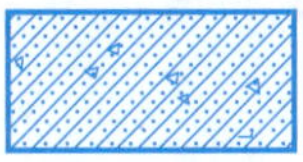	双扇门	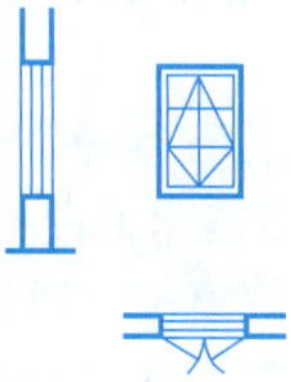
金属			

（2）设备的表示方法

一般用粗实线按比例画出其外形轮廓，被遮盖的设备轮廓一般不予画出。设备的中心线用细点画线画出。在平面布置图中，动设备（如泵、压缩机、风机、过滤机等）可适当简化，只画出其基础所在位置，标注特征管口和驱动机的位置，并在设备中心线的上方标注设备位号，下方标注支承点的标高"POSEL××××"或主轴中心线的标高"EL××××"，如图 7-38 所示。

（3）化工设备布置图的标注

① 标注内容。厂房建筑的长度、宽度总尺寸，如9400、4000等，并标注室内外地坪标高，柱、墙定位轴线的编号及间距尺寸，如①、②等；地面、楼板、平台、屋面的主要高度尺寸，以及与设备安装有关的建（构）筑物的高度尺寸，如EL105.000等。

② 标注方法。

a. 建筑图的定位轴线标注。横向定位轴线，水平方向自左向右采用阿拉伯数字1、2、3等进行编号。纵向定位轴线，垂直方向自下而上采用大写字母A、B、C等进行编号。定位轴线编号中采用的小圆的直径为8mm，用细实线画出。

一般采用建筑物的定位轴线和设备中心的延长线作为尺寸界线。厂房建筑物的尺寸标注与建筑制图的要求相同，应以相应的定位轴线为基准，平面尺寸以mm为单位，高度尺寸以m为单位，用标高表示。

b. 标高注法。标高一般以厂房内地面为基准，作为零点进行标注，零点标高标成"EL100.000"。单位用m（不注），取小数点后三位数字，而且一个装置宜采用同一基准标高。

c. 设备的标注。在平面图上标注设备的定位尺寸时，尽量以建筑物的轴线或管架中心线为基准线进行标注。要尽量避免以区的分界线为基准线标注尺寸。也可以采用坐标系进行定位尺寸标注。

d. 设备标高的标注。标高标注在剖面图上，表示设备高度方向的尺寸。标高基准一般选择厂房首层室内地面，以确定设备基础面或设备中心线的高度尺寸。

标高以m为单位，数值取至小数点后三位，地面设计标高为EL100.000。

卧式换热器、卧式罐槽：以中心线标高表示（ϕEL××××）。

立式换热器、板式换热器：以支承点标高表示（POSEL××××）。

反应器、塔和立式罐槽：以支承点标高（POSEL××××）或下封头切线焊缝标高表示。

泵和压缩机：以底盘底面标高，即基础顶面标高表示（POSEL××××），或以主轴中心线标高（ϕEL××××）表示。

管廊、管架：应注出架顶的标高（TOSEL××××）。

e. 设备名称及位号的标注。化工设备布置图中的所有设备均应标注名称及位号，且该名称及位号与化工工艺流程图中的均应一致。设备名称及位号的注写格式与化工工艺流程图中的相同。注在设备图形的上方或下方；注在设备图形附近时，用指引线指引；或注在设备图形内。

3. 化工设备布置图的阅读与绘制

（1）阅读化工设备布置图的步骤

① 了解概况。通过工艺管道及仪表流程图可了解基本工艺过程，设备的种类、名称、位号和数量；通过标题栏，可知是药厂纯化水制备系统设备布置图；通过两个视图EL100.000平面图和C—C剖视图，可知设备11个（其中流量计可看作仪表，在设备布置图中可不表达），如图7-38所示。

② 看懂建筑结构。阅读化工设备布置图的建筑结构，主要以平面图和剖面图分析建筑物的层次，了解各层厂房建筑的标高，每层中楼板、操作平台等结构情况以及它们的相对位置。由厂房的定位轴线间距了解厂房的大小。如图7-38所示，一个单层建筑物，西面有一扇门，北面和东面有两个窗供采光；厂房建筑定位轴线编号分别为①、②和A、B，横向定位轴线间距9400mm，纵向定位轴线间距4000mm；标高：室内外地面标高为

EL100.000m，房顶标高为 EL105.000m。

③ 掌握设备布置情况。

从设备一览表了解设备的种类、名称、位号和数量等内容。从平面图、剖面图中分析设备与建筑结构、设备与设备的相对位置及设备的标高。

a. 方位标。指明了有关厂房和设备的安装方位基准，一般是直径为 20mm 的细实线圆，注明角度，画出箭头。

b. 原水罐（V0101）、储水罐（V0110）。支承点标高为 100.300m；横向定位尺寸（与 1 轴线）为 1400mm；两设备中心线间距为 1500mm；进出口管口标高为 101.500m。

c. 增压泵（P0102）。支承点标高为 100.300m；横向定位尺寸（与 1 轴线）为 700mm；与 A 轴线距离为 1100mm；泵中心的标高为 100.600m。

d. 多介质过滤器（R0103）。支承点标高为 100.300m；横向定位尺寸（与 1 轴线）为 2100mm；纵向定位尺寸（与 B 轴线）为 1450mm；管线进口标高为 101.600m；活性炭过滤器在多介质过滤器的正北方，其与 A 轴线间距为 1450mm。

其他设备布置情况请自行阅读。

（2）化工设备布置图的绘制

绘制化工设备布置图时，应以化工工艺流程图、厂房建筑图等原始资料为依据。以药厂纯化水制备系统设备布置图为例介绍绘图方法与步骤。

① 选定比例与图幅。

② 绘制设备平面布置图。

a. 用细点画线画出建筑定位轴线，再用细实线画出厂房平面图，注写厂房定位轴线编号。

b. 用细点画线画出设备的中心线，用粗实线画出设备、支架、基础及设备所带操作平台等的基本轮廓。

c. 标注各类文字符号，包括：厂房定位轴线间的尺寸和厂房总尺寸，设备的定位尺寸，设备位号（应与化工工艺流程图一致）和标高，视图名称等。

③ 绘制设备立面布置图（剖视图）。

剖视图应完全、清楚地反映设备与厂房高度方向的关系，在充分表达的前提下，剖视图的数量应尽可能少。

a. 用细实线画出厂房剖面图，注写厂房定位轴线编号。

b. 用粗实线按比例画出带管口的设备立面示意图，被遮挡的设备轮廓一般不予画出。

c. 标注各类文字符号，包括：设备位号（应与化工工艺流程图中一致），厂房定位轴线间的尺寸，厂房室内外地面标高，操作检修平台的标高，设备基础标高等。

④ 绘制方位标。

⑤ 标注图上的附注。

⑥ 完成图样。填写标题栏，检查、校核，最后完成图样，如图 7-38 所示。

注意事项：

① 设备要用粗实线绘制，并按实际方向画出接管口。

② 设备的定位尺寸应标注在设备的中心线、轴线或支座安装平面上。

③ 设备的位号和名称应与化工工艺流程图一致。

三、管道的表达方法

在化工厂建设施工阶段，管道安装是依据管道布置图等技术文件进行的。化工装置管道布置设计的图样包括管道布置图、管道轴测图、管口方位图、管架图与管件图等。

管道上不仅包括管子而且还有管道附件（阀门、管件及仪表控制点）和管道支架。

1. 管道画法

（1）直管道的画法

管道公称直径（DN）大于或等于 400mm 或 16in（1in＝25.4mm）的管道用双线表示，小于或等于 350mm 或 14in 的管道用单线表示。如果管道布置图中，大口径的管道不多，则公称直径（DN）大于或等于 250mm 或 10in 的管道用双线表示。单线用粗实线，双线用中粗实线，如图 7-39 所示。

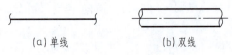

(a) 单线　　(b) 双线

图 7-39　管道单线、双线的表示方法

（2）管道转折的画法

向下弯折 90°角的管道画法如图 7-40（a）所示；向上弯折 90°角的管道画法如图 7-40（b）所示；大于 90°角的弯折的管道画法如图 7-40（c）所示。

管道公称直径小于或等于 40mm 或 1.5in 的弯头一律用直角表示。

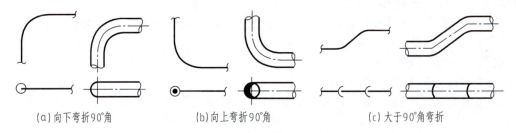

(a) 向下弯折90°角　　(b) 向上弯折90°角　　(c) 大于90°角弯折

图 7-40　管道转折的表示方法

（3）管道交叉的画法

当两管道交叉时，可把被遮挡的管道的投影断开，画法如图 7-41（a）所示；也可将上面管道的投影断开表示，以便看见下面的管道，画法如图 7-41（b）所示。

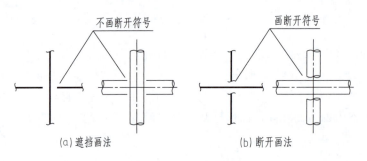

不画断开符号　　画断开符号

(a) 遮挡画法　　(b) 断开画法

图 7-41　管道交叉的画法

（4）管道重叠的画法

当管道投影重叠时，将上面（或前面）管道的投影断开表示，下面或后面管道的投影画至重影处，稍留间隙断开，如图 7-42（a）、（c）所示；当多条管道投影重叠时，可将最上（或最前）边的一条用"双重断开"符号表示，如图 7-42（b）所示；也可在投影断开处注上相应的小写字母，如图 7-42（d）所示。

（5）管道连接的画法

两段直管道相连有 4 种形式，如图 7-43（a）所示。当管道用三通连接时，可能形成三

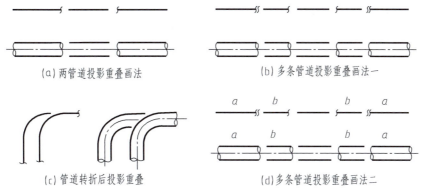

图 7-42　管道重叠的表示方法

个不同方向的视图，其画法如图 7-43（b）所示。

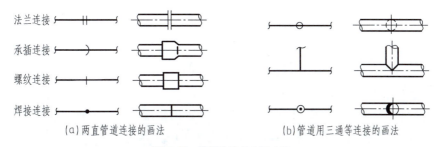

图 7-43　管道连接的表示方法

2. 管道附件（阀门、管件及仪表控制点）画法

管道上的阀门、管件通常在管道布置图中按比例以细实线并根据附表 26 所示图例的简化画法画出。

图 7-44 所示为阀门与控制元件（传动结构）组合成的自动控制系统执行器的画法。

图 7-44　阀门与控制元件组合的表示

3. 管道支架画法

管道支架是用来支承和固定管道的，其位置一般在平面图上用符号表示，如图 7-45 所示。

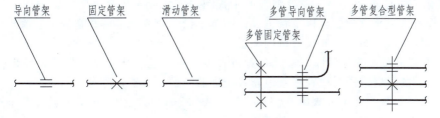

图 7-45　管道支架的表示方法

【例 7-7】　根据如图 7-46 所示管路立体图绘制出管路的平面图和立面图。

绘图步骤：

步骤 1：按照管道的走向，从主管道画起，最后画出分支管道，用粗实线画出，注意长对正关系，如图 7-47（a）所示。

步骤 2：画出阀门及阀门的连接方法，注意阀门控制元件的方位按实际位置画出，如图 7-47（b）所示。

图 7-46　一段管路立体图

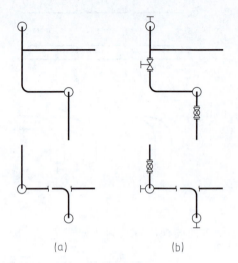

图 7-47　管路平面图和立面图

四、管道布置图的绘制与识读

1. 管道布置图的内容

管道布置图（配管图）主要用于表达车间或装置内管道的空间位置、尺寸规格，以及与机器、设备的连接关系。管道布置图是管道安装施工的重要依据。图 7-48 所示为某工段管道布置图。从图 7-48 中可以看出，管道布置图一般包括以下内容。

① 一组视图。视图按正投影法绘制，包括平面图和剖面图，用以表达该工段建筑物和设备的基本结构以及管道、阀、管件、仪表控制点等的布置安装情况。

② 尺寸和标注。包括管道、管件、阀门、仪表控制点的定位尺寸和其他必要的相关标注和说明等。

③ 方位标。

④ 标题栏。

2. 绘制管道布置图

（1）绘图前的准备工作

① 了解有关图纸和资料。在绘制管道布置图之前，应先从有关图纸资料中了解设计说明、本工程对管道布置的要求以及管道设计的基本任务，充分了解和掌握工艺流程、厂房建筑的基本结构、设备布置情况及管口的配置。

② 考虑管道布置的合理性。管道布置将直接影响工艺操作、安全生产、输出介质的能量损耗及管道的投资，同时也存在管道布置美观的问题。对于管道布置的合理性，需要掌握《化工装置管道布置设计工程规定》（HG/T 20549.2—1998）和《化工装置管道布置设计技术规定》（HG/T 20549.5—1998）的要求。

（2）绘图方法与步骤

① 确定视图方案。

② 选定比例与图幅。

③ 绘制管道布置平面图。

a. 参照设备平面布置图，用细点画线、细实线画出具有厂房建筑物、带有管口方位的设备的平面图。

b. 按流程顺序，管道布置原则，以及管道、管件、管架、阀门、仪表控制点线型要求，

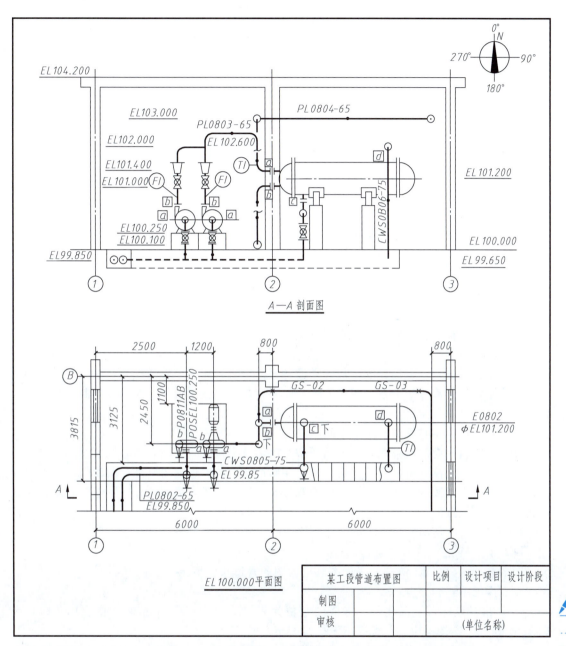

图 7-48　管道布置图

按比例用粗实线（粗虚线）、中粗实线（中粗虚线）、细实线画出管道平面图。

c. 对厂房建筑物、设备和管道进行标注。

管道布置图中标注的标高、坐标以 m 为单位，小数点后应取三位数至 mm 为止。其余的尺寸一律以 mm 为单位，只注数字，不注单位。管道公称直径一律用 mm 表示。

基准地平面的设计标高宜表示为 EL100.000，低于基准地平面者可表示为 9×.××××m。

设备的尺寸和标注：按设备布置图标注所有设备的定位尺寸和基准面（或中心线、支承面）标高。

在管道布置图中设备的中心线上方标注与工艺流程图一致的设备位号，下方标注支承点

（如 POSEL×××.××××）、主轴中心线（如 φEL×××.××××）或支架架顶（如 TOSEL×××.×××）的标高。剖视图的设备位号注在设备近侧或设备内。

管道的尺寸和标注：一般包括介质代号、管道编号、公称直径、管道等级及隔热形式及流向等，写不下时可引出标注。

有特殊要求的管道，要标注其要求的定位尺寸或标高，如液封高度、有袋形弯的管道等应标注相应尺寸、文字或符号。标出异径管前后端管子的公称直径，如 DN80/50 或 80×50。有坡度的管道，应标注坡度（代号用 i 表示）和坡向。非 90°的弯管和非 90°的支管连接，要注出角度。每个管架都要标注一个独立的管架号。

d. 在检查无误的情况下，画出方位标。

e. 绘制管道剖视图，与管道布置平面图基本相同，如图 7-48 所示。

3. 管道布置图的识读

识读管道布置图的目的是了解管道、管件、阀门、仪表控制点等在车间（装置）中的具体布置情况。识读管道布置图的步骤如下。

（1）了解概况

由于管道布置设计是在工艺管道及仪表流程图和设备布置图的基础上进行的，因此首先应找出相关的工艺管道及仪表流程图、设备布置图等图样，了解生产工艺流程、设备配置情况，再通过对图样的初步阅读，明确表达重点。

（2）看懂管道的走向

参考工艺管道及仪表流程图，从起点设备开始按流程顺序、管道编号，对照平面图和剖视图，逐条管道弄清投影关系，明确管道走向，并在图中找出管件、阀门、控制点、管架等位置。

（3）建立起设备与管道连接的空间形状

在看懂管道走向的基础上，在平面图中，以建筑定位轴线、设备中心线、设备管口法兰等为尺寸基准，阅读管道的水平定位尺寸；在剖视图中，以地面为基准，阅读管道的安装标高；从管口表中阅读管道在设备中的位置及标高；最后参考安装方位标、管道轴测图，建立起设备与管道连接的空间形状。

【例 7-8】 阅读如图 7-48 所示管道布置图。

（1）了解概况

图 7-48 表达了 EL100.000 平面图和剖面图的管道布置情况。

（2）详细了解和分析

① 厂房及设备布置情况。厂房横向定位为 1、2、3，间距为 6m，离心泵基准标高为 EL100.250m，冷却器中心线标高 EL101.200m。

② 分析管道走向。图 7-48 中离心泵有进出两段管道：一段是从地沟中出来的原料管道，编号为 PL0802-65，分别进入两台离心泵；另一段从泵出口出来后汇集在一起，经过编号为 PL0803-65 的管道，从冷凝器左端下部进入管程，由左上部出来后，向上在标高为 EL103.000 处向右拐，再向右至冷凝器右上方，最后向前离去。编号为 CWS0805-75 的循环上水管道从地沟向上出来，再向后、向上进入冷凝器底部入口。编号为 CWR0806-75 的循环回水管道从冷凝器上部出来向前，再向下进入地沟。

③ 了解管道上的阀门、管件、管架的安装情况。两台离心泵的入口和出口分别安装有四个阀门，在泵出口阀门后的管道上，还有同心异径管接头。在冷凝器上水入口处，装有一个阀门。在冷凝器物料出口编号为 PL0804-65 的管道两端，有编号为 GS-02、GS-03 的通用型托架。

④ 了解仪表、取样口、分析点的安装情况。在离心泵出口处，装有流量指示仪表。在冷凝器物料出口及循环回水出口处，分别装有温度指示仪表。

（3）归纳总结。

对上述分析进行综合归纳，建立了一个完整的空间概念。

 【项目任务实施单】

序号	方法步骤	说明
步骤1	概括了解	从标题栏了解设备名称、规格、绘图比例等内容；从明细栏和管口表了解各零部件和管口的名称、数量等；从设计数据表及技术要求中了解设备的有关技术信息	从标题栏了解到设备名称是储罐、规格直径为1400mm、容积为3m³、绘图比例1∶5；从明细栏和管口表了解到共有15种零部件组成，有5个管口，其名称分别是出料口、液面计口、人孔、进料口、排气口等；从设计数据表及技术要求中了解到设备在室外安装，工作温度20～60℃，工作压力为常压等有关技术信息
步骤2	详细分析	①分析视图。分析设备图中有哪些视图，各视图采用了哪些表达方法，这些表达方法的目的是什么 ②分析各零部件之间的装配关系。从主视图入手，结合其他视图分析各零部件之间的相对位置及装配关系 ③分析零部件。对照图样和明细栏中的序号，逐一分析各零部件的结构、形状和尺寸。标准化零部件的结构，可查阅有关标准。有图样的零部件，则应查阅相关的零部件图，弄清楚其结构 ④分析技术要求。通过阅读技术要求，可了解设备在制造、检验、安装等方面的要求	分析视图，装配图采用了主、左两个基本视图和一个A—A剖视图，并采用了局部放大等表达方法。各视图及表达方法的分析如下：①主视图采用了局部剖视图，主要反映零部件的装配关系。②左视图主要表达外形、管口的位置。③剖视图用表达支座的装配位置关系
步骤3	归纳总结	通过详细分析后，将各部分内容综合归纳，从而得出设备完整的结构形状，进一步了解设备的结构特点、工作特性和操作原理等	该储罐由筒体等15类零部件组成，其中有10个标准件。有5个管口，设计制成后，做0.15MPa水压试验

模块二

计算机绘图

项目八
AutoCAD基本操作

【项目任务单】

任务名称	设置 AutoCAD 绘图环境
任务描述	①运行 AutoCAD 软件，建立新模板文件，模板的图形范围是 A2(594×420) ②设置绘图背景颜色为白色 ③设置图形的长度单位为 mm，类型为"分数"，精度为"0 1/8"；角度类型为"十进制度数"，精度为小数点后两位 ④将完成的图形以 CAD8-1. dwg 为文件名保存在 D 盘根目录下
任务分析	按要求完成图形界限大小设置；完成图形单位、精度设置；更换绘图区背景；按给定的文件名及路径保存文件
学习目标	熟悉 AutoCAD 2025 的工作界面，掌握创建、打开、保存图形文件的基本方法，了解栅格、绘图单位的设置方法

【知识链接】

学习任务一　AutoCAD 工作界面的认识与操作

一、 AutoCAD 的启动方式

常用的 AutoCAD 启动方式主要有以下两种。

① 左键双击桌面上的 AutoCAD 快捷图标 A 。

② 执行"开始"→"所有程序"→"Autodesk"→"AutoCAD-简体中文（Simplified Chinese）"命令。

认识软件

二、 AutoCAD 工作界面

正常启动 AutoCAD 应用程序后，可看到如图 8-1 所示的工作界面。界面从上到下包含"应用程序"按钮、快速访问工具栏、标题栏、功能区、绘图区、ViewCube 工具、导航栏、命令行、状态栏等。

"应用程序"按钮：单击该按钮，利用弹出的下拉菜单中的相关选项，可对文件进行新建、打开、保存、输出及打印等操作。

功能区：功能区包含选项卡和面板。AutoCAD 中的大部分命令以按钮的形式分类显示在功能区的不同选项卡中，如"默认"选项卡、"插入"选项卡等。单击某个选项卡标签，可切换到该选项卡。在每个选项卡中，命令按钮又被分类放置在不同面板中，图 8-2 所示为"默认"选项卡下显示的"绘图""修改""注释""图层""块""特性""组""实用工具""剪贴板""视图"等面板，每个面板均包含若干工具。"绘图"面板包含用于创建对象的工具，如"直线""圆"和"椭圆"，如图 8-3 所示。"修改"面板包含用于修改对象的工具，

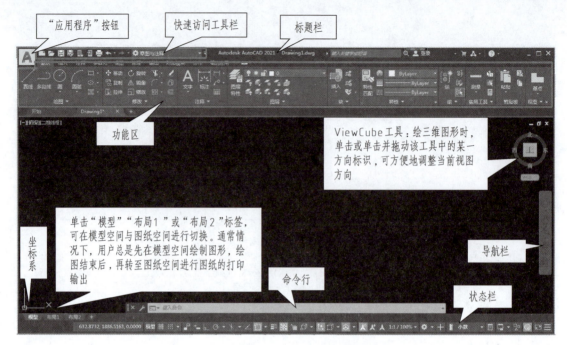

图 8-1   AutoCAD 默认工作界面

如"移动""复制"和"旋转",如图 8-4 所示。当把鼠标指针悬停到某个工具上时会显示相应的功能提示,单击该工具,即可执行相应的命令。

图 8-2   功能区界面

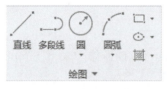

图 8-3   "绘图"面板

图 8-4   "修改"面板

绘图区:绘图区是绘图时的工作区域,类似于手工绘图时的图纸,默认的图形范围(图限)为 A3(420×297),用户可自定义图限大小。绘图区除显示图形外,通常还会显示坐标系和十字光标。

命令行:命令行用于输入命令的名称及参数,并显示当前所执行命令的提示信息。按住命令行的最左端并拖动,可以调整其位置。单击 ✕ 按钮可删除命令行,按"Ctrl+9"组合键可控制是否显示命令行。

状态栏:状态栏位于 AutoCAD 操作界面的最下方,主要用于显示绘图的相关设置,如打开或关闭极轴追踪、对象捕捉、对象捕捉追踪等用于精确绘制的相关功能,如图 8-5 所示。默认情况下,状态栏中不会显示所有按钮,用户可单击状态栏最右侧的"自定义"按钮 ☰,在弹出的下拉列表中根据需要进行设置,已在状态栏中显示的按钮,列表中该按钮名称前有√标识,如图 8-6 所示。

图 8-5　状态栏

三、工作空间设置

在 AutoCAD 中，系统默认定义了 3 个工作空间，分别是草图与注释（用于绘制二维平面图形）、三维基础（用于三维实体建模）和三维建模（用于三维实体、曲面及网格建模）。

要切换工作空间，可单击状态栏中的"切换工作空间"按钮 ⚙ ▾，在弹出的下拉列表中选择所需选项，如图 8-7 所示。

图 8-6　状态栏自定义

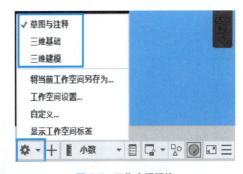

图 8-7　工作空间切换

应用举例：将 AutoCAD 默认操作界面调整为如图 8-8 所示。

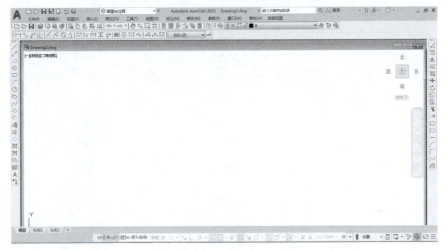

图 8-8　调整后的 AutoCAD 操作界面

作图方法步骤：设置工作空间的操作步骤见表 8-1。

表 8-1　设置工作空间

序号	方法步骤	图示
步骤 1	调出经典菜单栏	单击"快速访问工具栏"右侧的按钮，在弹出的下拉菜单中单击"显示菜单栏"选项 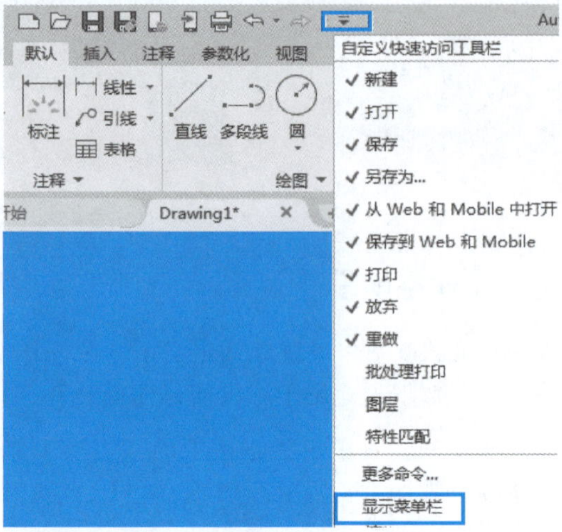
步骤 2	隐藏功能区	单击"菜单栏"中的"工具"→"选项板"→"功能区"选项 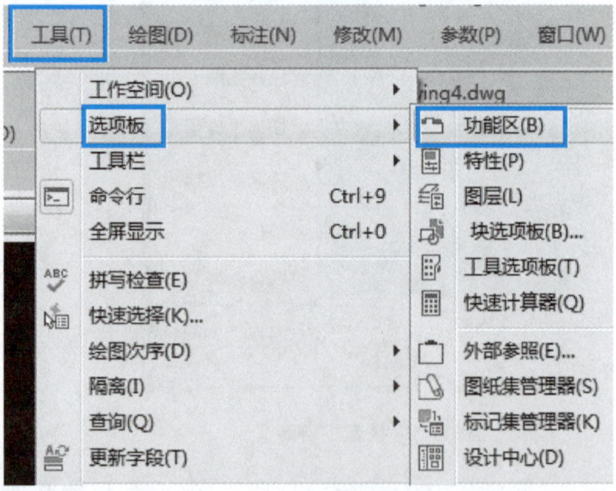
步骤 3	调出"绘图""修改""标准""标注""图层"工具栏	单击"菜单栏"中的"工具"→"工具栏"→"AutoCAD"选项，在弹出的下拉菜单中，单击"修改""绘图""标准""标注""图层"等选项，最后将调出的工具栏移至合适的位置 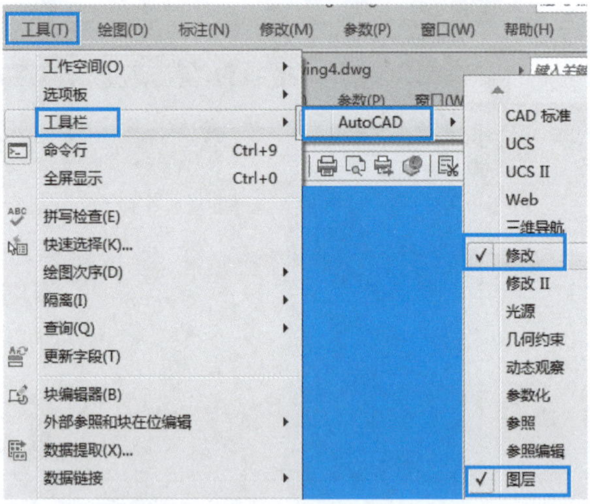

学习任务二 设置绘图环境

一、图形文件的基本操作

图形文件的基本操作包括图形文件的新建、打开、保存等。

1. 创建图形文件

要绘制图形，首先必须新建一个图形文件。启动 AutoCAD 后，即可打开"开始"界面，如图 8-9 所示。单击"开始绘制"按钮，系统会自动创建一个名称为"Drawing1.dwg"的图形文件。

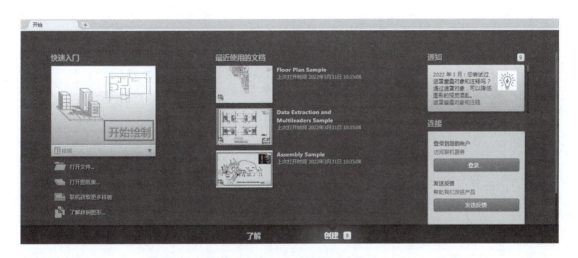

图 8-9 "开始"界面

除此之外，用户还可以通过以下几种方法来创建图形文件。

① 调出菜单栏后，执行"文件"→"新建"命令。

② 单击快速访问工具栏中的"新建"按钮 。

③ 单击"应用程序"按钮 ，在弹出的下拉菜单中执行"新建"命令。

④ 在命令行输入 NEW 命令，然后按 Enter 键。

执行上述任意操作后，系统即打开"选择样板"对话框，如图 8-10 所示。如不需要使用样板文件，可在"文件类型"下拉列表中选择"图形（＊.dwg）"，在"打开"下拉列表中选择"无样板打开-公制"新建图形文件。

图形样板（＊.dwt）主要定义了图形的输出布局、图纸边框、标题栏，以及单位、图层和尺寸标注样式等。当用初始界面中的"开始绘制"按钮创建的文件时，采用的是"acadiso.dwt"样板文件，该样板图形单位为公制（acad.dwt 与 acadiso.dwt 的区别是前者的图形单位为英寸）。用户可根据绘制的图形的特点，选择合适的样板文件。在绘制机械图形时，一般选用"acadiso.dwt"样板文件。如果用户要使用自己设置的样板文件，只需将这些样板文件放在如图 8-10 所示的"Template"文件夹中，然后在"选择样板"对话框中选择所需样板文件即可。

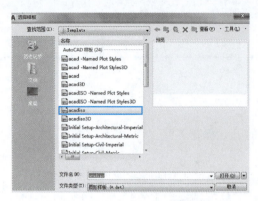

图 8-10 "选择样板"对话框

图 8-11 "选择文件"对话框

2. 打开图形文件

启动 AutoCAD 2025 后，在"开始"界面中单击"打开文件"按钮，在"选择文件"对话框中选择所需要的图形文件，单击"打开"按钮即可打开。

用户还可以通过以下方式打开已有的图形文件。

① 调出菜单栏后，执行"文件"→"打开"命令。

② 单击快速访问工具栏中的"打开"按钮 。

③ 单击"应用程序"按钮 A，在弹出的下拉菜单中执行"打开"命令。

④ 在命令行输入 OPEN 命令，然后按 Enter 键。

执行上述任意操作后，系统打开"选择文件"对话框。在"选择文件"对话框中，单击"查找范围"下拉按钮，在弹出的下拉列表中根据路径找到需要的图形文件，如图 8-11 所示的"带轮"，单击"带轮"按钮，再单击"打开"按钮，或双击"带轮"按钮，即可打开图形文件。

AutoCAD 支持同时打开多个文件，利用 AutoCAD 的这种多文档特性，用户可在打开的所有图形之间来回切换、修改、绘图，还可在图形之间复制和粘贴图形对象。

3. 保存图形文件

① 保存新建的图形文件。通过下列方式可以保存新建的图形文件。

a. 执行"文件"→"保存"命令。

b. 单击快速访问工具栏中的"保存"按钮 。

c. 单击"应用程序"按钮 A，在弹出的下拉菜单中执行"保存"命令。

d. 在命令行输入 SAVE 命令，然后按 Enter 键。

② 图形换名保存。对于已保存的图形，可以更换名称保存为另一个图形文件。先打开图形文件，然后通过下列任意方式打"图形另存为"。

a. 执行"文件"→"另存为"命令。

b. 单击快速访问工具栏中的"另存为"按钮 。

c. 单击"应用程序"按钮 A，在弹出的下拉菜单中执行"另存为"命令。

d. 在命令行输入 SAVES 命令，然后按 Enter 键。

执行上述任意操作后，系统即打开"图形另存为"对话框，如图 8-12 所示。在"图形另存为"对话框中，单击"保存于"下拉按钮，在弹出的下拉列表中指定文件保存路径，在"文件名"文本框中输入图形文件的名称，单击"保存"按钮。

图 8-12 "图形另存为"对话框

二、绘图区的背景色设置

在命令行或绘图区单击鼠标右键，在弹出的快捷菜单中选择"选项"选项，在打开的"选项"对话框中选择"显示"选项卡，如图 8-13 所示。

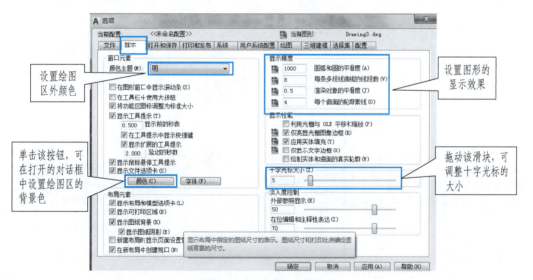

图 8-13 "选项"对话框

在图 8-13 所示的"选项"对话框的"显示"选项卡中，单击"颜色主题"下拉列表，选择"明"或"暗"选项，可改变除绘图区以外的其他区域的颜色；单击 **颜色(C)...** 按钮，弹出如图 8-14 所示的"图形窗口颜色"对话框，选择"二维模型空间"→"统一背景"选项，在"颜色"下拉列表中选择需要的背景色，如选择"黑"选项，最后单击"应用并关闭"按钮，即可更改二维模型空间绘图区的背景色为所选颜色。

三、图形测量值的类型、精度及单位设置

单击菜单栏"格式"→"单位"选项，或在命令行输入 UN 命令并按 Enter 键，弹出如图

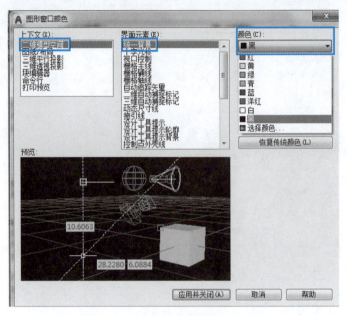

图 8-14　设置绘图区的背景色

8-15 所示的"图形单位"对话框，在"图形单位"对话框中可进行图形测量值的类型、精度及单位设置。设置完毕后，单击"确定"按钮。

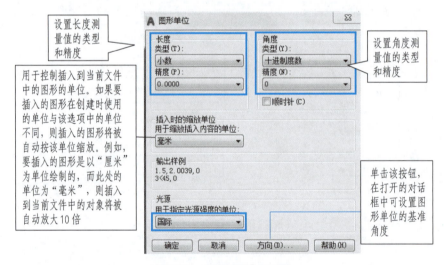

图 8-15　"图形单位"对话框

四、设置图形界限

选择菜单栏"格式"→"图形界限"命令（或直接在命令行输入 LIMITS）。执行上述操作后，在命令行会提示：

指定左下角点或［开(ON)/关(OFF)］＜0.0000,0.0000＞

按命令行的提示，用键盘输入左下角点的坐标（x，y），按 Enter 键确认，也可直接按 Enter 键默认左下角点的坐标为（0，0）。接着显示指定右上角点坐标提示（默认＜420.0000，297.0000＞）：

> 指定右上角点 ＜420.0000,297.0000＞:297,210

以设置 A4（297mm×210mm）图幅为例，输入右上角点的坐标（297，210）后，再按 Enter 键确认。

💡 **提示**

图形界限设置完后，窗口中看不到任何设置结果，此时单击状态栏的"栅格显示"按钮 ▦，即可查看图形界限的范围。在命令行输入 ZOOM 命令（或 Z），按 Enter 键，再输入 A，按 Enter 键，则所设置的图形界限可满屏显示。

📋 【项目任务实施单】

序号		方法步骤	图示
步骤1	设置图形界限并用全屏显示	①在命令行输入 LIMITS，按 Enter 键 ②设置左下角为默认值(0,0) ③根据命令行提示，输入右上角坐标(594,420)	LIMITS 指定左下角点或 [开(ON) 关(OFF)] <0.0000,0.0000>: LIMITS 指定右上角点 <420.0000,297.0000>: 594,420
步骤2	设置绘图区背景颜色为白色	①在命令行或绘图区使用鼠标右键单击，在弹出的快捷菜单中选择"选项"选项 ②打开"选项"对话框，单击"显示"选项卡中的"颜色"按钮，打开"图形窗口颜色"对话框，在此对话框右边"颜色"下拉菜单中选择"黑"选项，再单击"应用并关闭"按钮	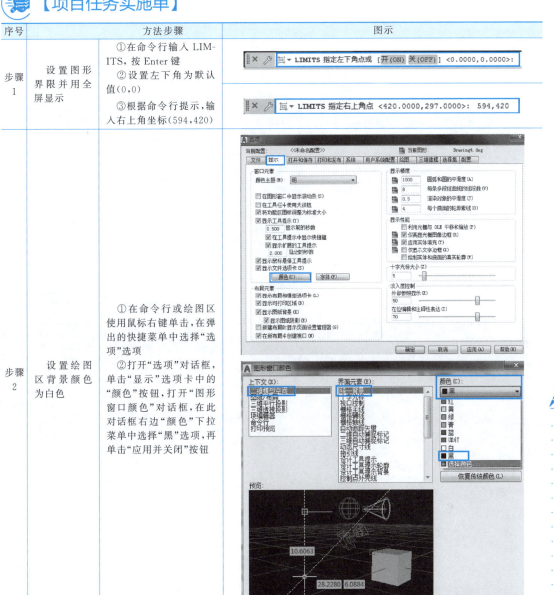

续表

序号	方法步骤	图示
步骤 3	设置图形测量值的类型、精度及单位	①执行菜单栏的"格式"→"单位"命令或在命令行输入 UN 命令并按 Enter 键，弹出"图形单位"对话框 ②设置长度的类型为"分数"、精度为"0 1/8" ③设置角度类型为"十进制度数"，精度为"0.00" ④单击"确定"按钮
步骤 4	按要求保存文件	①单击快速访问工具栏的 ⊞ 按钮，弹出"图形另存为"对话框 ②在"图形另存为"对话框中，单击"保存于"下拉按钮，在弹出的下拉列表中指定文件保存路径为"D" ③在"文件名"文本框中输入图形文件的名称"CAD8-1.dwg"，单击"保存"按钮

项目九
简单平面图形的绘制

【项目任务单】

任务名称	直线绘制
任务描述	使用直线命令快速绘制简单平面图形。要求设置图形界限（150×120），左下角为（0,0），并用全屏显示图形范围。完成后以 CAD9-1. dwg 为文件名保存在 E 盘根目录下。
任务分析	图中的 AB、BC、CD 等水平、铅垂直线可利用正交模式快速绘制。根据图中尺寸标注，斜直线 DE、KL 可用相对极坐标方法绘制，而斜直线 HI 则需用相对直角坐标绘制。绘图时要合理选择起始点，由于 AM 是未知线段，所以必须最后画，因此起始点最好选择 A 点
学习目标	①掌握直线、构造线、圆、圆弧等基本绘图命令的使用方法 ②掌握创建点、定数等分、定距等分及修改点样式的方法 ③掌握创建图案填充的方法 ④掌握选择、删除与恢复对象的方法 ⑤掌握使用"修改"命令编辑图形的方法，包括复制、偏移、镜像、移动、缩放、修剪、延伸等命令的使用

【知识链接】

学习任务一　利用直线命令绘制图形

一、点的输入方式

在用 AutoCAD 绘图的过程中，常常需要确定点的位置，以便快速、精确地绘制图形。点的输入可通过输入坐标、用鼠标拾取点（配合对象捕捉功能）、直接输入距离（配合极轴追踪功能）、动态输入等方式来实现。根据坐标形式的不同，点的坐标分为直角坐标和极坐标；根据参照点的不同，点的坐标分为绝对坐标和相对坐标。

① 绝对直角坐标。当前绘图点的坐标是相对于坐标原点（0，0）的坐标位移，其输入格式为"x，y"，如图 9-1（a）所示。

② 绝对极坐标。用直线的长度及其与 X 轴正向的夹角确定当前点相对坐标原点的位移。输入时以"长度＜角度"的格式，如图 9-1（b）所示。默认的角度以 X 轴的正方向为 0°，按逆时针方向旋转的角度为正，按顺时针方向旋转的角度为负。

③ 相对直角坐标。当前绘图点的坐标是相对上一绘图点的坐标位移，其输入格式为在坐标前面加上符号@，即"@x，y"。如图 9-1（c）所示，B 点相对于 A 点的直角坐标为（@0，20），C 点相对于 A 点的直角坐标为（@20，0）。

④ 相对极坐标。用长度和角度确定当前点相对前一点的位移。输入时需要在极坐标前面加上符号@，即"@长度＜角度"，如图 9-1（d）所示，B 点相对于 A 点的极坐标为（@30＜0），C 点相对于 B 点的极坐标为（@40＜150）。

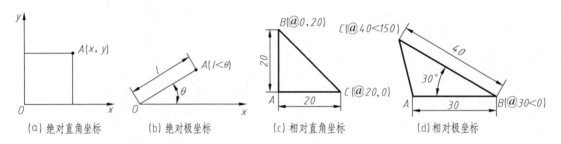

（a）绝对直角坐标　　（b）绝对极坐标　　（c）相对直角坐标　　（d）相对极坐标

图 9-1　点的坐标形式

除通过键盘精确输入点坐标以外，还可以通过在适当位置单击鼠标左键来获得光标位置的坐标，这也是绘图过程中常用来确定第一点坐标位置的方法。

💡 提示

如果状态栏中的"动态输入"按钮  处于打开状态，则无论输入的坐标前是否有"@"符号，系统都会认为所输入的坐标为相对坐标。

二、调用命令的方法

在用 AutoCAD 绘图的过程中，当用户需要绘图或进行其他操作时，首先要向系统调用相关命令。绘图时既可以直接在功能区的相关面板中单击所需命令按钮，也可以在"格式""绘图""修改"等经典菜单栏中选择所需命令。此外，为了提高绘图效率，还可以使用快捷命令。所谓快捷命令，一般是命令的英文名称的前一个、两个或多个字母。表 9-1 是绘制平面图时常用的一些快捷命令。

💡 提示

当执行完某一命令后，如果需要重复执行该命令，可以直接按键盘上的 Enter 键或空格键。

如果要调用前面操作中执行过的命令，可在命令行右击鼠标弹出快捷菜单，在"最近使用的命令"选项中选择。

表 9-1 常用快捷命令及其功能

命令	快捷命令	功能	命令	快捷命令	功能
line	L	绘制直线	offset	O	偏移对象
circle	C	绘制圆	mirror	MI	镜像对象
circular arc	ARC	绘制圆弧	array	AR	阵列对象
rectangle	REC	绘制矩形	stretch	S	拉伸对象
polyline	PL	绘制多段线	trim	TR	修剪对象
linetype	LT	设置线型比例	scaling	SC	缩放对象
style	ST	创建文字样式	fillet	F	绘制圆角
mtext	T 或 MT	注写多行文字	chamfer	CHA	绘制倒圆
edit	ED	编辑文字注释	block	B	创建块
hatching	H	图案填充	write block	WB	存储块
layer	LA	设置图层	insert block	I	插入块
explode	EXPL	分解对象	dimension style	D	创建标注样式
move	M	移动对象	dimension linear	DLI	标注线性尺寸
copy	CO	复制对象	dimension continue	DCO	标注连续尺寸
rotate	RO	旋转对象	mleader	MLD	标注多重引线

三、使用绘图辅助工具精确绘图

在使用 AutoCAD 绘图时，用户可以利用"显示图形栅格""正交""极轴追踪""对象捕捉""对象捕捉追踪""极轴追踪"等绘图辅助工具快速、准确地绘图。如图 9-2 所示，单击状态栏上相应的按钮，即可实现启用或关闭相应功能的操作。使用鼠标右键单击状态栏上相应的工具按钮，可进行具体功能设置。

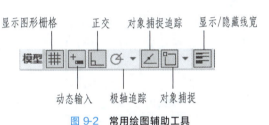

图 9-2 常用绘图辅助工具

1. 栅格

启用显示图形栅格功能时，绘图区显示矩形栅格。栅格类似于在图形下放置一张坐标纸。利用栅格可以对齐对象并直观显示对象之间的距离。如图 9-3 所示设置了图形界限，可利用栅格合理布置图形位置。栅格不是图形的组成部分，不能被打印输出。

若要重新设置栅格间距，可在状态栏中的"显示图形栅格"按钮 上使用鼠标右键单击，在弹出的快捷菜单中选择"网格设置"选项，然后在打开的"草图设置"对话框进行设置，如图 9-4 所示。

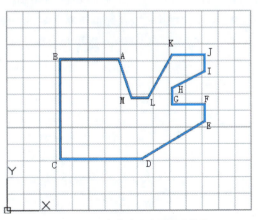

图 9-3 利用栅格合理布置图形位置

图 9-4 栅格间距设置

2. 正交与极轴追踪

正交与极轴追踪是 AutoCAD 的两项重要功能，主要用于控制绘图时光标移动的方向，它们对应的快捷键分别为 F8 和 F10。其中，利用"正交"功能可以控制绘图时光标只沿水平或垂直方向移动，绘制水平线或垂直线时最好在状态栏打开此功能。

利用"极轴追踪"功能可沿所定义的角度绘制图形，常用来绘制指定角度的斜线。例如，要绘制一条长度为 100、角度为 30°的斜线，可按如下步骤操作。

步骤 1：打开状态栏中的"极轴追踪"按钮 ⚙，然后在该按钮上使用鼠标右键单击（或者单击该按钮右侧的三角符号），在弹出的快捷菜单中选择"30，60，90，120..."等包含 30°的选项，如图 9-5 所示。

步骤 2：在命令行输入"L"并按 Enter（回车）键，然后在绘图区任意位置拾起一点作为直线的起点，接着移动光标，当光标位于 30°方位时，光标附近将出现一条极轴追踪线及提示信息，如图 9-6 所示。此时，输入长度值"100"并按回车，再次按回车结束命令。

> 💡 **提示**
>
> 如果图 9-5 所示的快捷菜单中没有所需角度，可选择"正在追踪设置..."选项，可在打开的"草图设置"对话框的"增量角"编辑框中输入所需角度。

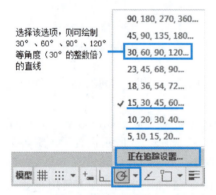

图 9-5 选择极轴增量角

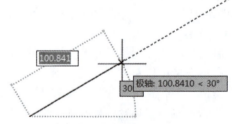

图 9-6 极轴追踪线及提示信息

3. 对象捕捉

在绘图时，如果希望将十字光标定位在现有图形的一些特殊点上，如圆和椭圆的圆心、直线的中心、端点等处，可利用"对象捕捉"功能来实现。使用鼠标右键单击状态栏的"对象捕捉"按钮 ⬚，显示如图 9-7 所示列表，可通过"√"选择所需要的捕捉模式。此外，也可在弹出的快捷菜单中选择"对象捕捉设置..."选项，然后在打开的"草图设置"对话框的"对象捕捉模式"设置区中进行设置，如图 9-8 所示。

> 💡 **提示**
>
> ① 只有当状态栏的"对象捕捉"按钮处于打开状态，同时需要捕捉的对象被打"√"选择才能捕捉到该对象。
>
> ② 当需要临时捕捉某对象或者因捕捉对象的模式较多出现干涉现象而选不到所需要的模式时，可在执行绘图命令后，按住 Ctrl 或 Shift 键在绘图区使用鼠标右键单击，在弹出的图 9-7 所示快捷菜单中选择所需选项进行操作。

图 9-7　对象捕捉列表

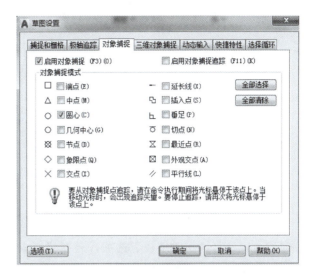

图 9-8　"草图设置（对象捕捉）"对话框

4. 对象捕捉追踪

若不知道具体的追踪方向，但知道与其他对象之间的某种关系（如相交、相切等），则采用对象捕捉追踪功能；若知道要追踪的方向（角度），则使用极轴追踪功能。极轴追踪和对象捕捉追踪可以同时使用。要打开或关闭对象捕捉追踪功能，可单击状态栏中的"对象捕捉追踪"按钮，或按快捷键 F11。

5. 动态输入

当开启动态输入功能并输入命令时，十字光标附近将显示线段的长度及角度，按 Tab 键可在长度及角度值之间切换，并可输入新的长度及角度值。

6. 显示/隐藏线宽

用于在绘图区显示绘图对象的线宽。

四、图形显示控制

使用 AutoCAD 绘图的过程中，为了绘图和看图的需要，经常要调整图形的大小和位置。用户可通过菜单栏、导航栏、鼠标或滚动条等方法来进行操作。

1. 缩放对象

通过改变显示范围，以放大或缩小显示绘图窗口中的对象。常用的方法如下。

① 在命令行输入 Z（ZOOM 的缩写），按回车键，出现图 9-9 所示提示，输入字母"A"可实现图形的满屏显示。

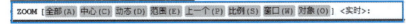

图 9-9　ZOOM 命令控制图形缩放

② 在绘图区右侧的导航栏中单击"范围缩放"按钮 下方的三角符号，然后在弹出的下拉列表中选择各种缩放选项，如图 9-10 所示。

范围缩放：在绘图区中最大化显示全部图形。

窗口缩放：选择"窗口缩放"选项，然后在绘图区拖出一个选择窗口，该窗口内的图形将被放大到充满整个绘图区。

图 9-10   导航栏中的"范围缩放"

实时缩放：选择"实时缩放"选项，光标将变成 形状，然后按住鼠标左键向上拖动可放大视图，向下拖动可缩小视图。

缩放比例：按输入的具体数值缩放视图。

中心缩放：以指定的中心点为中心，按输入的数值将当前视图进行缩放。

缩放对象：所有被选中的对象将最大化显示在绘图区。

💡 提示

实现缩放操作最快捷的方法是滚动鼠标（滚轮）中键，滚轮向前可放大显示图形，向后则缩小显示图形，双击鼠标中键，则可以满屏显示绘图窗口中的对象。

2. 平移视图

① 在命令行输入平移命令 PAN，按回车键，然后按住鼠标左键并拖动图形至合适位置后松开，即可平移视图。

② 在绘图区右侧的导航栏中单击"平移"按钮，然后按住鼠标左键并拖动图形至合适位置后松开，即可平移视图。

③ 按住鼠标滚轮并拖动鼠标。

五、绘制直线

"直线"命令的执行方式有以下几种。

功能区：在"默认"选项卡的绘图面板中单击"直线"按钮 ／ 。

命令行：输入 LINE 命令后，按 Enter 键（快捷命令：L）。

菜单栏：选择"绘图→直线"选项。

六、绘制构造线

构造线只有方向，没有起点和终点，一般作为辅助线使用。"构造线"命令的执行方式有以下几种。

功能区：在"默认"选项卡的绘图面板中单击"构造线"按钮 。

命令行：输入 XLINE 命令后按 Enter 键（快捷命令：XL）。

菜单栏：选择"绘图→构造线"选项。

执行上述任一种命令后，命令行提示：

指定点或［水平(H)/垂直(V)/角度(A)/二等分(B)/偏移(O)］：

上述各选项的含义如下。

水平（H）：绘制水平的构造线。

垂直（V）：绘制垂直的构造线。

角度（A）：按指定的角度创建一条构造线。

二等分（B）：创建已知角的角平分线。

偏移（O）：创建平行于另一个对象的平行线，这条平行线可以偏移一段距离与对象平行，也可以通过指定的点与对象平行。

七、修剪图形

使用"修剪"命令可以修剪图形对象。修剪的对象可以是直线、多段线、矩形、圆弧、圆等。

"修剪"命令的执行方式如下。

功能区：在"默认"选项卡的"修改"面板中单击"修剪"按钮 。

命令行：输入 TRIM 命令后，按 Enter 键（快捷命令：TR）。

菜单栏：选择"修改"→"修剪"选项。

八、延伸图形

使用"延伸"命令可将直线、圆弧、椭圆弧和非闭合多段线等对象延长到指定对象的边界。"延伸"命令的执行方式如下。

功能区：在"默认"选项卡的"修改"面板中单击"延伸"按钮 。

命令行：输入 EXTEND 命令后，按 Enter 键（快捷命令：EX）。

菜单栏：选择"修改"→"延伸"选项。

执行"延伸"命令后，第一次提示用户选择对象是指选择延伸边界线，选择延伸边界线后，第二次提示选择对象是指选择要延伸的对象，在指定延伸对象时，鼠标单击的位置必须靠近希望延伸的一侧，否则将得不到预期的延伸效果。

> 💡 **提示**
>
> "修剪"和"延伸"命令在使用过程中操作很相似，在第一次选择对象时，都可直接按空格键或回车键。

学习任务二　利用圆和圆弧命令绘制图形

一、图形对象的选择

在 AutoCAD 中，既可以单击选择图形对象，也可以使用窗口选择或交叉窗口选择方式选择对象，具体操作如下。

1. 单击选择

要选择单个图形对象，可将光标移到要选择的对象上，然后单击鼠标左键，如图 9-11

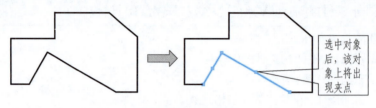

图 9-11　单击选择对象

所示；要选择多个图形对象，可连续单击要选择的多个对象。

2. 窗口选择或交叉窗口选择

如果希望一次选择邻近的多个对象，可使用窗口选择方式或交叉窗口选择方式。窗口选择方式是指自左向右拖出选择窗口，只有完全包含在选择区域中的对象才能被选中；交叉窗口选择方式是指自右向左拖出选择窗口，所有与选择窗口相交的对象均会被选中。

3. 全选

在 AutoCAD 中执行修改命令时，通常是先执行命令后选择对象，当命令行提示"选择对象"时，在命令行输入 ALL 命令后，按 Enter 键即可选择所有对象（被冻结图层上的对象除外）。系统也允许先选择对象后执行命令，此时在未执行任何命令的情况下，按下键盘上的 Ctrl＋A 组合键，也可选中绘图窗口中的所有对象。

4. 快速选择

当需要选择大量具有某些共同特性的对象时，可通过在"快速选择"对话框中进行相应的设置，根据图形对象的图层、颜色、线型等特性和类型来创建选择集。

用户可以通过以下方式执行"快速选择"命令。

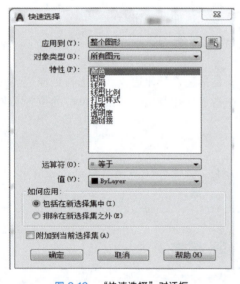

图 9-12　"快速选择"对话框

① 执行"工具"→"快速选择"命令。

② 在"默认"选项卡的"实用工具"面板中单击"快速选择"按钮 。

③ 在命令行中输入 QSELECT 命令，然后按 Enter 键。

执行以上任意一个操作后，将打开"快速选择"对话框，如图 9-12 所示。用户可根据需要设置对象类型和对象特性来选择图元对象。

二、图形对象的删除

删除图形对象的方法如下。

① 选中图形对象后，按 Delete 键。

② 在"默认"选项卡的"修改"面板中单击"删除"按钮 。

③ 在命令行输入 E 命令并回车。

④ 选择要删除对象后，单击鼠标右键，弹出快捷菜单，选择"Delete"选项，此方法最方便。

三、圆的绘制

AutoCAD 提供了 6 种绘制圆的方法，如表 9-2 所示。

表 9-2　6 种绘制圆的方法

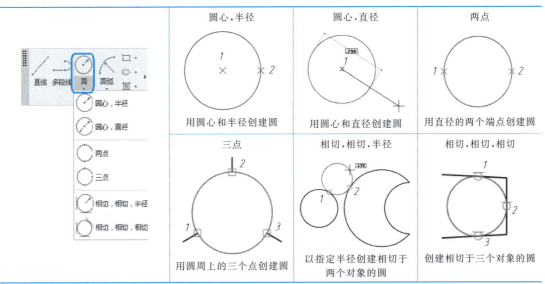

圆心，半径	圆心，直径	两点
用圆心和半径创建圆	用圆心和直径创建圆	用直径的两个端点创建圆
三点	相切，相切，半径	相切，相切，相切
用圆周上的三个点创建圆	以指定半径创建相切于两个对象的圆	创建相切于三个对象的圆

💡 提示

①使用"圆心，直径"命令画圆时，第一点为圆心，第二点与第一点之间的距离为直径，因此第二点不在圆上。

②绘制与现有对象相切的圆时，可通过选择不同的切点位置绘制内切圆或外切圆。

四、圆弧的绘制

AutoCAD 提供了 11 种绘制圆弧的方法，如表 9-3 所示。

表 9-3　11 种绘制圆弧的方法

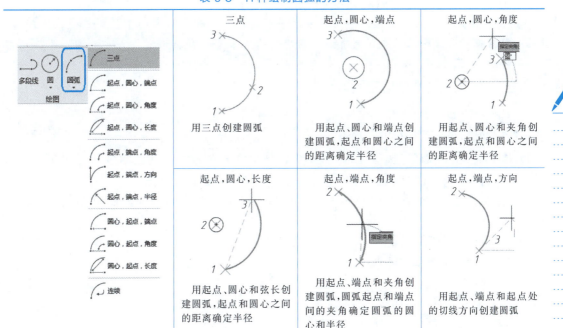

三点	起点，圆心，端点	起点，圆心，角度
用三点创建圆弧	用起点、圆心和端点创建圆弧，起点和圆心之间的距离确定半径	用起点、圆心和夹角创建圆弧，起点和圆心之间的距离确定半径
起点，圆心，长度	起点，端点，角度	起点，端点，方向
用起点、圆心和弦长创建圆弧，起点和圆心之间的距离确定半径	用起点、端点和夹角创建圆弧，圆弧起点和端点间的夹角确定圆弧的圆心和半径	用起点、端点和起点处的切线方向创建圆弧

续表

起点，端点，半径	圆心，起点，端点	圆心，起点，角度
	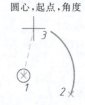	
用起点、端点和半径创建圆弧，圆弧凸出的方向由指定其端点的顺序确定，可以通过输入半径或在所需半径距离上指定一个点来指定半径	用圆心、起点和用于确定端点的第三个点创建圆弧，起点和圆心之间的距离确定半径，端点由从圆心引出的通过第三点的直线决定	用圆心、起点和夹角创建圆弧，起点和圆心之间的距离确定半径。圆弧的另一端通过指定将圆弧的圆心用作顶点的夹角来确定
圆心，起点，长度	连续	
	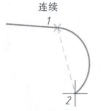	
用圆心、起点和弦长创建圆弧，起点和圆心之间的距离确定半径，圆弧的另一端通过指定圆弧的起点与端点之间的弦长来确定	创建圆弧使其相切于上一次绘制的直线或圆弧。创建直线或圆弧后，在"指定下一点"提示下，单击"圆弧"→"连续"选项，可以立即绘制一个在端点处相切的圆弧	

💡 提示

　　① 圆弧始终是从起点开始，按逆时针绘制。
　　② 在使用"起点，端点，半径"方法绘制圆弧时，如果输入的半径为正值，绘制的是一段劣弧；如果输入的半径为负值，则绘制的是一段优弧。

五、点、定数等分与定距等分

1. 点的绘制

"点绘制"命令的执行方式如下。

功能区：在"默认"选项卡的"绘图"面板中单击按钮 ⋱ ，可绘制多点。

命令行：输入 POINT 命令后，按 Enter 键（快捷命令：PO）。

菜单栏：选择"绘图"→"点"选项，在弹出的子菜单中可选择绘制单点或多点，如图 9-13 所示。

单点就是只能绘制一个点，要想重复绘制，必须再单击该命令；多点就是单击该命令后，可以不限制数量地绘制点。

2. 定数等分

"定数等分"命令的执行方式如下。

功能区：在"默认"选项卡的"绘图"面板中单击按钮 ⋰ 。

命令行：输入 DIVIDE 命令后，按 Enter 键（快捷命令：DIV）。

菜单栏：选择"绘图"→"点"选项，在弹出的子菜单中选择"定数等分"选项。

3. 定距等分

"定距等分"命令的执行方式如下。

功能区：在"默认"选项卡的"绘图"面板中单击按钮 。

命令行：输入 MEASURE 命令后，按 Enter 键（快捷命令：ME）。

菜单栏：选择"绘图"→"点"选项，在弹出的子菜单中选择"定距等分"选项。

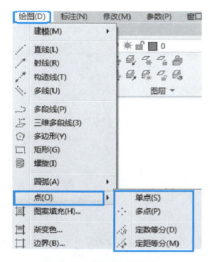

图 9-13 菜单栏绘制点

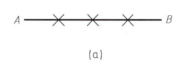

(a)

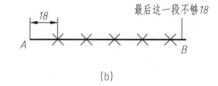

(b)

图 9-14 线段定距等分与定数等分

4. 定数等分与定距等分的区别

执行定数等分时，要求输入线段数目 N，即将执行对象均等分为 N 段；执行定距等分时，要求指定线段长度 s，即将执行对象分成距离为 s 单位长的线段，不足 s 单位长的不分。例如，线段 AB 长 100，若要对其进行四等分，则需执行定数等分命令，如图 9-14（a）所示。

步骤 1：

在命令行输入 DIV，按回车键。

选择要定数等分的对象：单击线段 AB。

指定线段数目或［块（B）］：输入 4，按回车键。

若要将点之间的距离设置为 18，则可采用定距等分图形的方式，如图 9-14（b）所示。

步骤 2：

在命令行输入 MEAS，按回车键。

选择要定距等分的对象：单击线段 AB。

输入线段长度或［块（B）］：输入 18，按回车键。

默认的点是一个很小的图形，一般不易辨认，所以定数等分或定距等分后，必须将点设置成方便确认的样式。常用的设置方法为：单击菜单栏"格式"→"点击点样式"选项，弹出图 9-15 所示点样式设置窗口。其中第一个为默认形式，一般可设置为第三个或其后面的任一种形式。通过此窗口还可以调整点的大小。

六、图案填充

利用 AutoCAD 提供的"图案填充"命令，不仅可以为图形填充背景色，还可以为剖视图添加表示其材料的剖面符号。图案填充命令调用方法如下：

功能区：在"默认"选项卡的"绘图"面板中单击按钮 ▨。

命令行：输入 HATCH 命令后，按 Enter 键（快捷命令：H）。

菜单栏：选择"绘图"→"图案填充"选项。

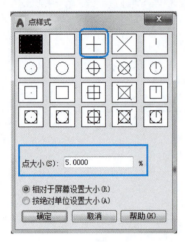

图 9-15　点样式设置

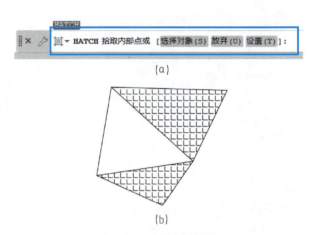

图 9-16　图案填充命令调用

用以上任一方法执行"图案填充"命令后，在绘图界面的下方命令行会显示如图 9-16（a）所示的提示，上方功能区位置会显示如图 9-17 所示的"图案填充创建"功能面板。此时单击图形任一封闭区，便可对此区域进行填充，如图 9-16（b）所示。要选择合适的填完图案，可拖动"图案"右侧的滚动条进行选择，填充剖面线常用的为"ANSI31"，单击"特性"设置中的"角度"和"填充图案比例"选项，可分别修改填充图案的方向和线条间距。

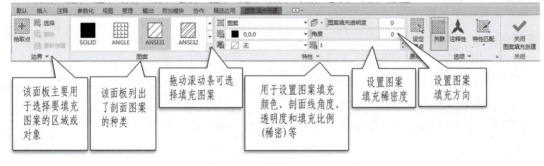

图 9-17　"图案填充创建"功能面板

> 💡 提示
>
> "特性"面板的"填充图案比例"编辑框中的值越小，图案就越密，反之就越稀。

七、镜像图形

利用"镜像"命令可以在由两点定义的直线的一侧创建所选图形的对称图形。使用该命令绘制图形时，可根据绘图需要选择是否删除镜像源对象。

"镜像"命令的执行方式如下。

功能区：在"默认"选项卡的"修改"面板中的单击"镜像"按钮 ⚠。

命令行：输入 MIRROR 命令后，按 Enter 键（快捷命令：MI）。

菜单栏：选择"修改"→"镜像"选项。

执行镜像命令，选择要镜像的对象，按 Enter 键后，命令行提示：

指定镜像线的第一点：

指定镜像线的第二点：

要删除源对象吗？［是(Y)/否(N)］＜否＞：

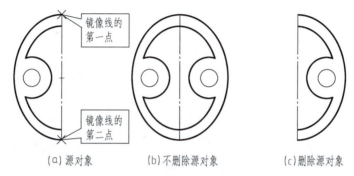

(a)源对象　　　(b)不删除源对象　　　(c)删除源对象

图 9-18　删除与不删除源对象的镜像效果

指定镜像线的第一点和第二点即指定对称轴上的任意两点，如图 9-18（a）所示。

"是否要删除源对象？"系统默认为"N"，即不删除源对象，结果如图 9-18（b）所示，如果选择是"Y"，则删除源对象，结果如图 9-18（c）所示。

八、复制图形

复制工具可以将对象进行一次或多次复制，源对象仍保留，复制生成的每个对象都是独立的。复制命令的调用方法有如下 3 种。

功能区：在"默认"选项卡的"修改"面板中单击"复制"按钮 🗗。

命令行：输入 COPY 命令后，按 Enter 键（快捷命令：CO）。

菜单栏：选择"修改"→"复制"选项。

九、偏移图形

偏移工具可以对指定的直线、圆、圆弧等对象做同心偏移复制。偏移命令的调用方法有如下 3 种。

功能区：在"默认"选项卡的"修改"面板中单击"偏移"按钮 ⊂。

命令行：输入 OFFSET 命令后，按 Enter 键（快捷命令：O）。

菜单栏：选择"修改"→"偏移"选项。

十、移动图形

移动工具可在指定方向上按指定距离移动对象，使对象进行重新定位。移动命令的调用方法有如下 3 种。

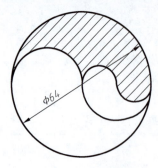

图 9-19　圆和圆弧绘制

功能区：在"默认"选项卡的"修改"面板中单击"移动"按钮 ✛ 。

命令行：输入 MOVE 命令后，按 Enter 键（快捷命令：M）。

菜单栏：选择"修改"→"移动"选项。

应用举例：使用圆、圆弧等命令快速绘制如图 9-19 所示简单平面图形。要求合理设置图形界限，按 1：1 比例绘制并满屏显示，完成后以 CAD9-2.dwg 为文件名保存在 E 盘根目录下。

圆和圆弧绘制步骤见表 9-4。

表 9-4　圆和圆弧绘制步骤

序号	方法步骤	图示
步骤 1	设置 120×120 图形界限，左下角为(0,0)，并用全屏显示图形范围	
步骤 2	采用"圆心，半径"方式绘制直径为 64 的圆	
步骤 3	捕捉圆的左右两点画直径 AB	
步骤 4	设置点的样式，并对直径 AB 进行定数等分，等分数量为 4	
步骤 5	利用圆弧命令的"起点，圆心，端点"方法依次绘制圆弧 AD 和 DB，再用圆弧命令的"起点，端点，角度"方法依次绘制圆弧 DE 和 EB	
步骤 6	对图形进行图案填充	
步骤 7	将点的样式重设为默认形式	
步骤 8	按要求将文件保存	

学习任务三　利用矩形、正多边形、阵列等绘图与修改命令绘制平面图形

一、绘制矩形

"矩形"命令的执行方式如下：

功能区：在"默认"选项卡下单击选项卡"绘图"面板中的"多边形" □ 按钮；

命令行：输入 rectang 后按<Enter>键（快捷命令：REC）；

菜单栏：选择"绘图→矩形"命令。

按以上方式执行命令后，提示信息如下：

指定第一个角点或 [倒角(C)/标高(E)/圆角(F)/厚度(T)/宽度(W)]：

根据上述提示：

在绘图区指定矩形的第一个角点，然后再按要求输入另一对角点坐标来确定矩形大小；

输入 C 回车，用来绘制有倒角的矩形，如图 9-20（a）所示；

输入 F 回车，用来绘制有圆角的矩形，如图 9-20（b）所示；

输入 W 回车，输入宽度值后，可绘制有一定宽度的矩形，如图 9-20（c）所示；

输入 E 回车，用来输入标高值，标高是指高出 xy 平面的值，一般用在三维上；

输入 T 回车，输入厚度值后，画出的矩形是立体的，这个也是用在三维中，但要在三维视图下才能看到。

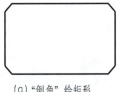
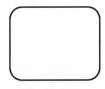

(a)"倒角"绘矩形　　　　　(b)"倒圆"绘矩形　　　　　(c)"宽度"绘矩形

图 9-20　矩形绘制

二、绘制正多边形

"正多边形"命令的执行方式如下：

功能区：在"默认"选项卡下单击选项卡"绘图"面板中的"多边形" ⬠ 按钮；

命令行：输入 polygon 后按<Enter>键（快捷命令：POL）；

菜单栏：选择"绘图→多边形"命令。

按以上方式执行命令后，提示信息如下：

---
polygon 输入侧面数 <4>：

指定正多边形的中心点或 [边(E)]：

输入选项 [内接于圆(I)/外切于圆(C)] <I>：

首先输入绘制的多边形的边数，按<Enter>键，然后可选择以正多边形的"中心点"

或"边长"两种方式绘制正多边形（默认方式为确定中心点），输入参数"E"可选择按边长来绘制。

选择正多边形的"中心点"方式后会提示"输入选项 [(I)内接于圆/外切于圆(C)] <I>:"
<I>表示默认为以指定正多边形内接圆半径方式绘制，图 9-21（a）所示；
输入参数"C"表示以指定其外切圆半径绘制，图 9-21（b）所示。

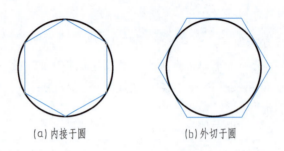

(a) 内接于圆   (b) 外切于圆

图 9-21 正多边形绘制

三、绘制多段线

"多段线"命令的执行方式如下：

功能区：在"默认"选项卡下单击选项卡"绘图"面板中的"多边形" 按钮；

命令行：输入 pline 后按<Enter>键（快捷命令：PL）；

菜单栏：选择"绘图→多段线"命令。

按以上方式执行命令，并指定第一点后，提示信息如下：

指定下一点或 [圆弧(A)/闭合(C)/半宽(H)/长度(L)/放弃(U)/宽度(W)]:

根据上述提示：

直按指定下一点，以当前线宽按直线方式绘制多段线；

输入参数 A，表示以圆弧的方式来绘制多段线；

输入参数 C，表示封闭多段线；

输入参数 H，以实际输入宽度的一半来确定多段线的宽度；

输入参数 L，绘制一条指定长度的直线，当指定长度后，直线将沿上一段线的方向绘制；

输入参数 U，取消上一次对多段线的操作。

四、绘制椭圆

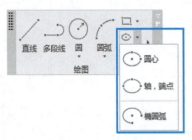

图 9-22 "椭圆"下拉菜单

"椭圆"命令的执行方式如下：

功能区：在"默认"选项卡的"绘图"面板中单击"椭圆" 按钮，如图 9-22 所示；

命令行：输入 ellipse 后按<Enter>键（快捷命令：el）；

菜单栏：选择"绘图→椭圆"命令。

绘制椭圆有两种方式：

用指定的中心点创建椭圆。使用中心点、第一个轴的端点和第二个轴的长度来创建椭圆。可以通过单击所需距离的某个位置或输入长度值来指定距离，如图 9-23（a）所示。

指定椭圆轴端点创建椭圆。椭圆上的第 1 点和第 2 点确定第一条轴的位置和长度，第 3 点确定椭圆的圆心与第二条轴的端点之间的距离，如图 9-23（b）所示。

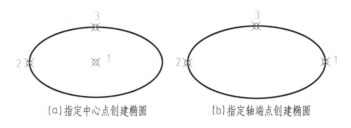

(a)指定中心点创建椭圆　　　　(b)指定轴端点创建椭圆

图 9-23　椭圆绘制方法

五、绘制圆环

"圆环"命令的执行方式如下：

功能区：在"默认"选项卡下单击选项卡"绘图"面板中的"圆环"　◎　按钮；

命令行：输入 donut 后按＜Enter＞键（快捷命令：DO）；

菜单栏：选择"绘图→圆环"命令。

按以上方式执行命令后，只需指定圆环内径、外径和中心点就可以绘制圆环。

六、阵列图形

阵列命令实际上是一种特殊的复制方法，包括矩形阵列、环形阵列和路径阵列三种方

图 9-24　"阵列"命令下拉列表

式。矩形阵列可以控制行和列的数目以及对象副本之间的距离；环形阵列可以控制对象副本围绕中心点呈圆周均匀分布；路径阵列可以沿路径或部分路径均匀分布阵列。

"阵列"命令的执行方式如下：

功能区：在"默认"选项卡的"修改"面板中单击"阵列"命令，弹出如图 9-24 所示的"阵列"命令下拉列表；

命令行：输入 array 后按＜Enter＞键；

菜单栏：选择"修改→阵列"。

1. 矩形阵列

执行矩形阵列命令并选中被阵列对象之后，在 CAD 界面的下方命令行显示如图 9-25 所示提示；在上方功能区会显示如图 9-26 所示的"阵列创建"选项卡。

> ▦ ▾ ARRAYRECT 选择夹点以编辑阵列或 [关联 (AS) 基点 (B) 计数 (COU) 间距 (S) 列数 (COL) 行数 (R) 层数 (L) 退出 (X)]
> ＜退出＞：

图 9-25　矩形阵列命令行提示

图9-25 矩形阵列命令行提示行各选项含义：

基点（B）：阵列的基点；

计数（COU）：分别指定行和列的值；

表达式（E）：使用数学公式或方程式获取值；

行数（R）：设置阵列的行数；

列数（COL）：设置阵列的列数；

层数（L）：设置阵列的层数；

间距（S）：设置对象行偏移或列偏移的距离；

关联（AS）：指定是否在阵列后的所有对象将成为一个整体；是，则阵列后的所有对象将成为一个整体，否，则阵列后的对象为独立的个体。

在上方功能区显示的如图 9-26 所示"阵列创建"选项卡中可以方便设置列数、列间距、行数、行间距等参数，一般来说，用户在此进行相关参数和选项的设置会更加直观、方便。

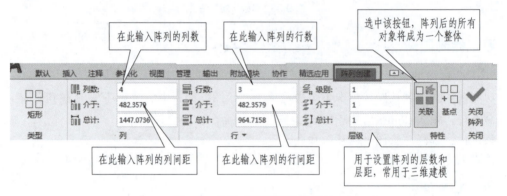

图 9-26　矩形"阵列创建"选项卡

2. 路径阵列

路径阵列所沿路径可以是直线、多段线、三维多段线、样条曲线、螺旋、圆弧、圆或椭圆等。执行路径阵列命令选中阵列对象及路径之后，在 CAD 界面的上方功能区会显示如图 9-27 所示的"阵列创建"选项卡。在选项卡中可设置项目数、项目之间的距离、行数、行间距等。

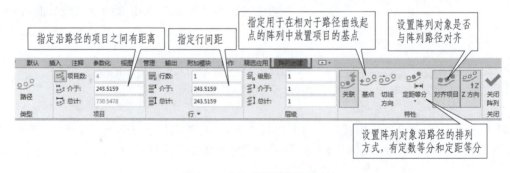

图 9-27　路径"阵列创建"选项卡

3. 环形阵列

执行环形命令，选择阵列对象并确定阵列的中心点后，在 CAD 界面的上方功能区会显示如图 9-28 所示的"阵列创建"选项卡。在选项卡中可设置项目数、项目之间的角度、行数等。

图 9-28　环形"阵列创建"选项卡

七、打断图形

打断工具可部分删除对象或把对象分解成两部分。打断对象主要有两种方式。

1. 将对象打断于一点

将对象打断于一点是指将整条线段分离成两条独立的线段，但线段之间没有空隙。调用该命令的方法如下：

功能区：在"默认"选项卡的"修改"面板中单击"打断于点" 按钮；

命令行：输入 breakatpoint 后按<Enter>键（快捷命令：BK）。

2. 以两点方式打断对象

以两点方式打断对象是指在对象上创建两个打断点，使对象以一定的距离断开。调用该命令的方法如下：

功能区：在"默认"选项卡的"修改"面板中单击"打断" 按钮；

命令行：输入 break 后按<Enter>键（快捷命令：BR）；

菜单栏：选择"修改→打断"。

八、缩放图形

缩放是将选择的图形对象按指定比例进行缩放变换。缩放对象实际改变了图形的尺寸。使用缩放命令时需要指定基点，该基点在缩放图形时不移动。缩放对象后默认为删除原图，也可以设定保留原图。

"缩放"命令的执行方式如下：

功能区：在"默认"选项卡的"修改"面板中单击"缩放" 按钮；

命令行：输入 scale 后按<Enter>键（快捷命令：sc）；

菜单栏：选择"修改→缩放"。

执行缩放命令，选择要缩放的对角并指点缩放基点后，命令行提示以下缩放对象的方式和选项：

指定比例因子或［复制(C)/参照(R)］：

指定比例因子：选择该项，可以直接给定缩放比例，大于 1 是将图形放大，小于 1 是将图形缩小；

复制（C）：选择该项，可以在缩放对象的同时创建对象的复制；

参照（R）：选择该项，可以通过已知图形对象获取所需比例。该选项可拾取任意两个点以指定新的角度或比例，而不再局限于将基点作为参照点。

九、旋转图形

旋转工具可将所选择的对象按指定基点旋转一个角度，确定新的位置。旋转命令的调用方法有如下 3 种：

功能区：在"默认"选项卡的"修改"面板中单击"旋转" ↻ 按钮；

命令行：输入 rotate 后按<Enter>键（快捷命令：RO）；

菜单栏：选择"修改→旋转"命令。

十、圆角

"圆角"命令的执行方式如下：

功能区：在"默认"选项卡的"修改"面板中单击"倒角"按钮⌐；

命令行：输入 fillet 后按<Enter>键（快捷命令：f）；

菜单栏：选择"修改→倒角圆角"命令。

用以上任一方法执行"圆角"命令后，命令行提示信息如下：

选择第一个对象或［放弃(U)/多段线(P)/半径(R)/修剪(T)/多个(M)］：

主要选项的功能如下：

选择第一个对象：此项为默认选项，指定用于倒圆角的两条线中的第一条；

放弃（U）：恢复在命令中执行的上一个操作；

多段线（P）：对整条多段线进行倒圆角，执行该项操作，选择了二维多段线以后，系统就会一次性对整条多段线的各顶点进行倒圆角；

半径（R）：定义所倒圆弧的半径；

修剪（T）：用于决定倒圆角后是否对相应的边进行修剪；

多个（M）：给多个对象添加圆角。

> 💡 提示
>
> 当对两条平行线倒圆时，不需要指定半径，圆角半径为两条平行线距离的一半。

十一、倒角

"倒角"命令的执行方式如下：

功能区：在"默认"选项卡的"修改"面板中单击"倒角"按钮⌐；

命令行：输入 chamfer 后按<Enter>键（快捷命令：cha）；

菜单栏：选择"修改→倒角"命令。

用以上任一方法执行"倒角"命令后，命令行提示信息如下：

选择第一条直线或［放弃(U)/多段线(P)/距离(D)/角度(A)/修剪(T)/方式(E)/多个(M)］：

上述各选项中，"选择第一条直线、［放弃（U）、多段线（P）、修剪（T）、多个（M）"均与圆角命令相似，其他选项功能如下：

距离（D）：用于确定两条线的倒角距离；

角度（A）：用于设置第一条线的倒角距离和第一条线的倒角角度；

方式（E）：用于确定按什么方式倒角。

🗂 【项目任务实施单】

序号	方法步骤	图示
步骤1	在命令行输入 LIMITS 命令,设置左下角为(0,0),右上角为(150,120),用栅格显示所设图限范围。在命令行输入 Z,按回车后输入 A,将图限满屏显示	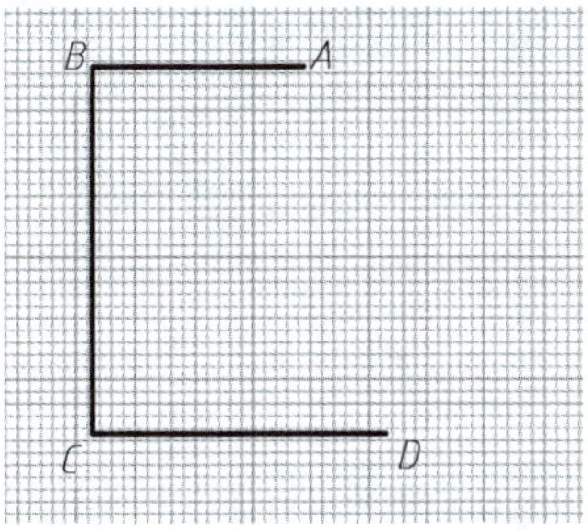
步骤2	在命令行输入 L(直线)命令,在绘图区合理位置拾起一点作为起始点 A,打开状态行的正交状态,依次绘制线段 AB、BC、CD	
步骤3	在命令行输入@45＜30,按回车键,绘制斜直线 DE,然后在正交状态下绘制直线 EF、FG、GH	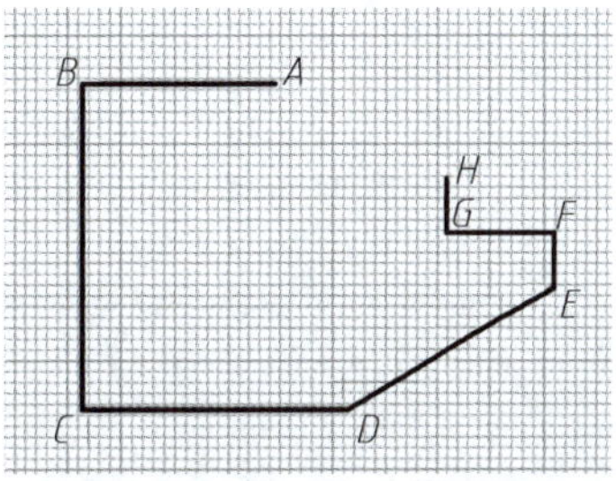
步骤4	在命令行输入@20,10,按回车键,绘制斜直线 HI,然后在正交状态下绘制直线 IJ、JK	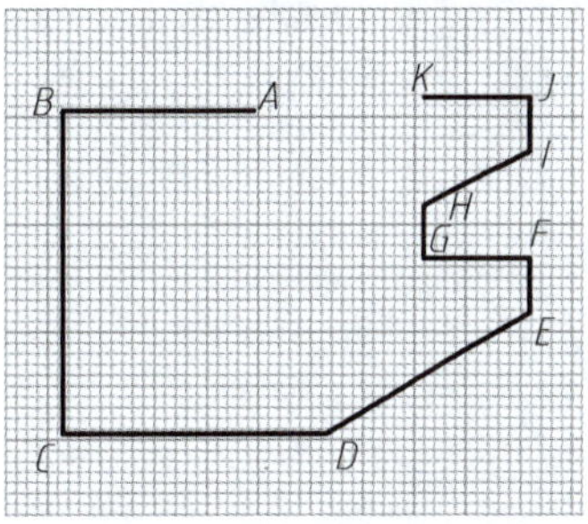
步骤5	在命令行输入@30＜-120,按回车键,绘制斜直线 KL,然后在正交状态下绘制直线 LM,最后捕捉端点 A,连接线段 MA	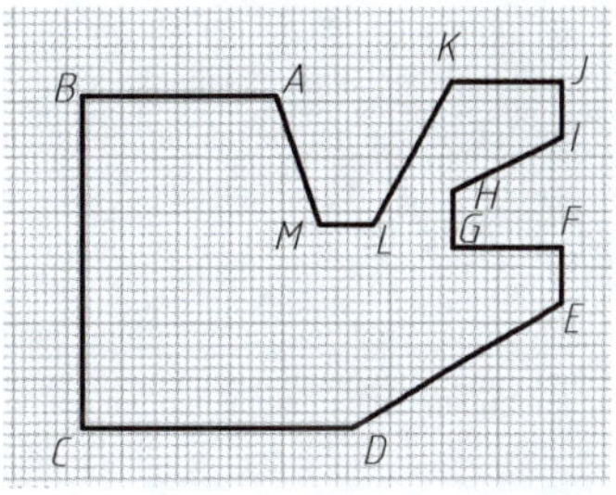
步骤6	完成后按指定的文件名及路径保存	

项目十
复杂平面图形的绘制

 【项目任务单】

任务名称	平面图形的绘制
任务描述	①新建图形文件,建立合适的图形界限 ②按要求创建以下图层 a."中心线"图层:颜色设置为红色,线宽为默认,线型设置为 Center,轴线绘制在该层上 b."轮廓线"图层:颜色默认,线宽为 0.30mm,轮廓线绘制在该层上 c."标注"图层:颜色设置为蓝色,线宽为默认,尺寸标注绘制在该层上 ③设置线型比例因子为 0.3 ④按图中标注的尺寸 1∶1 绘制图形 ⑤合理标注尺寸 （吊钩图）
任务分析	根据吊钩尺寸,图形界限可设置为(210×297)。先画已知线段,如 $\phi14$、23、$\phi24$、5、$R29$ 等,再画中间线段,如 $R14$、$R24$,最后画连接线段 $R2$。完成该图的绘制需要用到直线、圆、偏移、修剪、圆角、倒角等命令。要合理标注尺寸,需要掌握标注方法及标注样式的合理设置
学习目标	①掌握使用圆角、倒角、旋转等"修改"命令编辑图形的方法 ②掌握使用夹点命令编辑二维图形的方法 ③掌握图层的新建及图层特性的设置与管理 ④掌握标注样式的设置及基本尺寸的标注

【知识链接】

学习任务一　槽轮的绘制

一、图层创建与管理

1. 图层的概念

图层可看作是一张透明的纸，分别在不同的透明纸上画出一幅图形的各个不同部分，然后将它们重叠起来就是一幅完整的图形。绘图时，一般将属性相同或用途相同的图线置于同一图层。例如，将轮廓线置于一个图层中，将中心线置于另一个图层中。只要调整某一图层的属性，位于该图层上的所有图形对象的属性都会自动修改。

2. 新建图层

① 新建一个空白图形文件后，自带一个"0"图层。

② 在功能区"默认"选项卡的"图层"面板中单击"图层特性"按钮 。

③ 在命令行输入 LAYER 命令并按回车键（快捷命令：LA）。

执行上述②或③操作均可打开如图 10-1 所示的"图层特性管理器"窗口。单击"图层特性管理器"窗口中的"新建图层"按钮 ，或在如图 10-1 所示的图层列表框中使用鼠标右键单击，从弹出的快捷菜单中选择"新建图层"选项，可新建一个名为"图层 1"的新图层。在"名称"编辑框中可更改新图层的名称，如"中心层"，如图 10-2 所示。

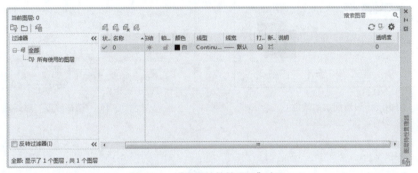

图 10-1　"图层特性管理器"窗口

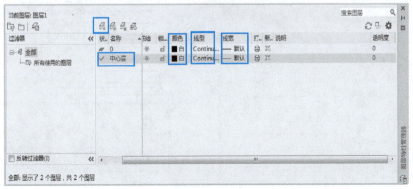

图 10-2　新建图层并输入图层的名称

3. 设置图层的颜色、线型与线宽

（1）设置图层的颜色

单击图 10-2 中图层所在行的颜色块"■白"，可打开如图 10-3 所示的"选择颜色"对话框，在"索引颜色"选项卡中选择所需颜色，如"洋红"，最后单击"确定"按钮。

（2）设置图层的线型

单击图 10-2 中图层所在行的"Continuous"选项，可打开如图 10-4 所示的"选择线型"对话框。如果线型列表区中没有用户所需要的线型（默认情况下只有连续线型"Continuous"），可单击 加载(L)... 按钮，在打开的"加载或重载线型"对话框中拖动右侧滚动条选择所需线型，如选择"CENTER"，如图 10-5 所示。单击"确定"按钮，返回"选择线型"对话框，然后再选择新加载的线型"CENTER"，并单击"确定"按钮，完成线型设置工作。

（3）设置图层的线宽

新创建的图层的线宽为"默认"，在标注尺寸或绘制细线时一般无须改变。如果要绘制粗线，可单击该图层所在行的"默认"选项，打开"线宽"对话框，然后选择所需线宽，如图 10-6 所示。

图 10-3　设置图层的颜色

图 10-4　"选择线型"对话框

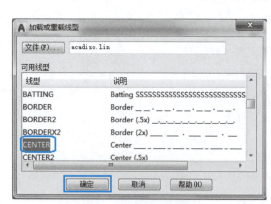

图 10-5　加载所需线型

图 10-6　选择所需线宽

> **提 示**
>
> 图层线宽的默认值为 0.25mm。图形的线宽只有大于 0.25mm 时，打开状态栏中的"显示/隐藏线宽"开关才能在绘图区中看到图形的线宽效果。

4. 设置当前图层

AutoCAD 中的所有绘图操作都是在当前图层中进行的，要将所需图层设置为当前图层，可在"图层特性管理器"窗口的图层列表中选择要设置的图层，然后单击"置为当前"按钮 ，或者双击该图层的名称；也可以在功能区"默认"选项卡的"图层"面板中单击已显示图层右侧的三角形按钮 ，再单击需置为当前层的图层，如图 10-7 所示。

图 10-7　当前层设置

5. 删除图层

在"图层特性管理器"选项板中选中要删除的图层，然后单击"删除图层"按钮 ；也可对准该图层单击鼠标右键，在弹出的快捷菜单中选择"删除该图层"选项；或选中要删除的图层直接按 Delete 键。

> **提 示**
>
> 系统默认的 0 图层、包含图形对象的图层、当前图层、Defpoints（进行尺寸标注时系统自动生成的）图层和依赖外部参照的图层不能被删除。

6. 关闭、隔离、冻结、锁定图层

绘图过程中，可根据绘图需要随时单击"图层"下拉列表中各选项前的相关开关，以关闭、冻结或锁定图层，如图 10-8 所示。当文件中的图层较多时，使用上述控制图层状态的方法将很不方便。这种情况下，最方便的方法是直接单击功能区"默认"选项卡的"图层"面板中"根据指定对象控制该对象所在图层状态"的相关按钮。例如，想要隐藏、隔离、冻结、锁定某个图层，或将某个图层设为当前图层，只需在绘图区中选中该图层上的任意一个图形对象，然后单击"图层"面板中的"关""隔离""冻结""锁定"按钮，如图 10-9 所示。

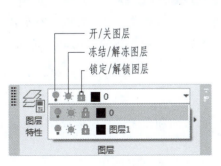

图 10-8　"图层"下拉列表

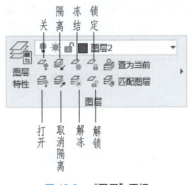

图 10-9　"图层"面板

（1）关闭图层

关闭选定对象的图层。关闭选定对象的图层可使该对象不可见。如果在处理图形时需要不被遮挡的视图，或者不想打印细节（例如参考线），则可用此命令。

（2）隔离图层

隐藏或锁定除选定对象的图层之外的所有图层。根据当前设置，除选定对象所在图层之外的所有图层均将关闭，在当前布局视口中冻结或锁定。

（3）冻结图层

冻结选定对象的图层。冻结图层上的对象不可见。在大型图形中，冻结不需要的图层将加快显示和重生成的速度。在布局中，可以冻结各个布局视口中的图层。

（4）锁定图层

锁定选定对象的图层。使用此命令，图形虽可见，但不能修改，可以防止意外修改图层上的对象。

单击功能区"默认"选项卡的"图层"面板中相应的按钮，可以打开、取消隔离、解冻及解锁图层，如图 10-9 所示。

二、"非连续型"线型比例因子修改

线型比例因子数值的大小是代表非连续型线型单位长度内组成线型的基本单元（线段或点）的重复次数，数值越小，表明单位长度内线型单元重复次数越多，反之越少。当图限较大时，如果重复过多，点画线或虚线中的线段过密，看起来就像一条实线；但当图限较小时，如果重复过少，所画的线中可能只有线型的一个基本单元线段，因此看起来也是实线。所以画图时，为了正常显示不连续线型（虚线、中心线等），常需要根据图形界限大小合理设置线型比例因子。系统默认的线型比例因子为1，当绘图界限比系统默认图限（420×297）小时，一般要调小比例因子，反之则应调大。

一般可用以下两种方法来修改线型比例因子。

命令行：输入 LINETYPE 命令后，按 Enter 键（快捷命令：LT）。

图 10-10　线型管理器窗口

菜单栏：单击"格式"→"线型…"命令。

执行上面任一种操作，打开"线型管理器"对话框。单击"线型管理器"对话框中的 显示细节(D) 按钮，该对话框底部将出现"详细信息"设置区，与此同时，显示细节(D) 按钮变为 隐藏细节(D) 按钮，如图 10-10 所示。在该对话框"详细信息"设置区"全局比例因子"编辑框中输入新的比例值，如 0.2，然后单击"确认"按钮。

三、拉伸

使用拉伸命令可以将所选择的图形对象按照规定的方向和角度进行拉伸或缩短，并且被选对象的形状会发生变化。该命令的调用方法如下。

功能区：在"默认"选项卡的"修改"面板中单击"拉伸"按钮 ⬚。

命令行：输入 STRETCH 命令后，按 Enter 键（快捷命令：S）。

菜单栏：选择"修改"→"拉伸"命令。

四、拉长

拉长工具在编辑直线、圆弧、多段线、椭圆弧和样条曲线时经常使用，它可以拉长或缩短线段，以及改变弧的角度。可以将更改指定为百分比、增量、最终长度或角度。

① 调用该命令的方法如下。

功能区：在"默认"选项卡的"修改"面板中单击"拉长"按钮 ✎ 。

命令行：输入 LENGTHEN 命令后，按 Enter 键（快捷命令：LEN）。

菜单栏：选择"修改"→"拉长"命令。

② 在执行命令过程中，各选项的含义如下。

增量（DE）：以指定的增量修改对象的长度，该增量从距离选择点最近的端点处开始测量。正值扩展对象，负值修剪对象。

百分数（P）：以相对于原长度的百分比来修改直线或圆弧的长度。

全部（T）：给定直线新的总长度或圆弧的新夹角来改变长度。

动态（DY）：允许动态地改变圆弧或直线的长度。打开动态拖动模式，通过拖动选定对象的端点之一来更改其长度，其他端点保持不变。

③ 应用举例：新建图形文件，按以下要求完成图 10-11 所示槽轮的绘制。

a. 建立合适的图限。

b. 创建以下图层。

"中心线"图层：颜色设置为红色，线宽为默认，线型设置为 Center，轴线绘制在该层上。

"轮廓线"图层：颜色默认，线宽为 0.30mm，轮廓线绘制在该层上。

c. 设置线型比例因子为 0.2。

d. 按图中标注的尺寸 1：1 绘制图形，完成后将图形存入 E 盘根目录下，命名为槽轮.dwg。

槽轮绘制步骤见表 10-1。

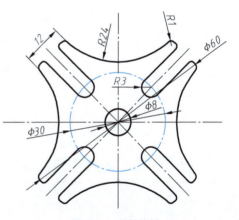

图 10-11　槽轮绘制

表 10-1　槽轮绘制步骤

序号	方法步骤	图示
步骤 1	新建文件,建立图限(100×100)	
步骤 2	创建如下图层	①"中心线"层:颜色设置为红色,线宽为默认,线型设置为 Center ②"轮廓线"层:线宽为 0.30mm	
步骤 3	绘制中心线	①将中心线层置为当前层,并将线型比例因子进行合理调整(如 0.2) ②在图中合理位置绘制两正交的中心线,并绘制一条与水平夹角为 45°的中心线 ③绘制直径为 30mm 的中心线圆	

续表

序号	方法步骤		图示
步骤 4	绘制圆和轮槽	①将"轮廓线"层设置为当前层 ②调用圆命令，分别绘制半径为4mm、3mm、30mm 的圆 ③通过偏移、修剪、圆角等命令绘制一个轮槽	
步骤 5	绘制半径为 24mm 的圆弧	①将轮槽中心线向上侧偏移 6mm ②镜像轮槽、上述偏移的中心线及圆角等 ③利用"起点、端点、半径"方法画半径为 24mm 的圆弧	
步骤 6	完成槽轮的绘制	①镜像轮槽 ②环形阵列半径为 24mm 圆弧 ③删除、修剪多余线条 ④倒圆角	

学习任务二　吊钩的绘制

一、夹点

　　在使用 AutoCAD 软件绘图的时候，选中一个图形，图形亮显的同时会显示一些蓝色的小块，这些小块就是夹点，如图 10-12 所示。

　　在 AutoCAD 中，夹点是一种集成的编辑模式，实用性强，可以对夹点进行拉伸、移动、旋转、缩放及镜像 5 种操作模式的设置，为绘制图形提供了一种方便快捷的编辑方法。

　　单击激活夹点使其变为热态后，可以使用默认夹点模式拉伸、移动或缩放（对于矩形、多边形等图形，可进行拉伸；对于直线等图形，可移动；对于圆等图形，可缩放）图形，在选定的夹点上使用鼠标右键单击，可以弹出快捷菜单，显示所有可用选项，如图 10-13 所示。

二、标注

　　标注尺寸是一项极为重要的工作，必须一丝不苟、认真细致。如果尺寸有遗漏或错误，会给生产带来困难和损失。使用 AutoCAD 绘图，对图形标注尺寸时，必须遵循国家标准中

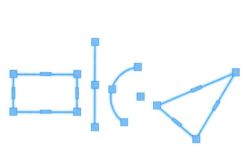

图 10-12 夹点

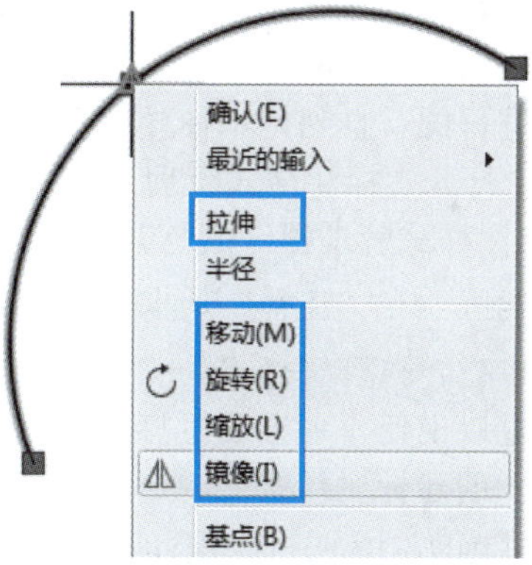

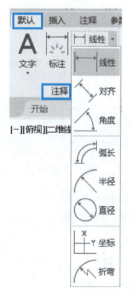

图 10-13 在激活的夹点上使用鼠标右键单击

的有关规则。AutoCAD 提供了线性、半径、直径和角度等基本标注类型，可以用于水平、垂直、对齐、旋转、坐标、基线或连续等标注。

1. 尺寸标注命令

在 AutoCAD 中，用户可以利用以下方式调用尺寸标注命令。

功能区：在"注释"选项卡中单击"标注"面板，如图 10-14 所示。

功能区：在"默认"选项卡中单击"注释"面板，如图 10-15 所示。

菜单栏：单击"标注"面板，在弹出的下拉菜单中选择。

菜单栏：单击"工具"→"工具栏"→"AutoCAD"→"标注"命令，调出标注工具栏，如图 10-16 所示。

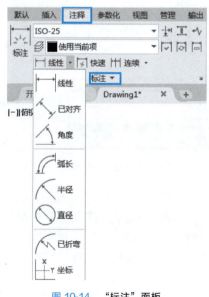

图 10-14 "标注"面板

图 10-15 "注释"面板

图 10-16 标注工具栏

2. 编辑标注样式

标注前一般要修改或新建标注样式。AutoCAD 提供了"标注样式管理器"，用户可以在此创建新的尺寸标注样式，管理和修改已有的尺寸标注样式。如果绘制新图形时选择了公制单位，则默认标准样式为ISO-25（国际标准化组织）。所有的尺寸标注都是在当前的标注样式下进行的，直到另一种样式设置为当前样式为止。

（1）打开"标注样式管理器"

"标注样式管理器"的打开方法通常有以下两种。

功能区：在"注释"项卡中单击"标注"面板右侧的 按钮。

菜单栏：执行"格式"→"标注样式"命令。

通过以上任一种方法可打开如图10-17所示"标注样式管理器"对话框。

（2）创建标注样式

打开图10-17所示"标注样式管理器"对话框，单击 新建(N)... 按钮，可创建新的标注样式，图10-18所示为"创建新标注样式"对话框。

新样式名：用于输入新样式的名称。

基础样式：选择一种基础样式，新样式将在该基础样式的基础上进行修改。利用基础样式的好处是，在主要尺寸参数一样的情况下，可以分别为线性尺寸、半径尺寸等标注设置不同的标注格式。

用于：指定新建标注样式的适用范围，指出要使用新样式的标注类型，包括所有标注、线性标注、角度标注、半径标注、直径标注、坐标标注、引线和公差等选项。默认设置为所有标注。

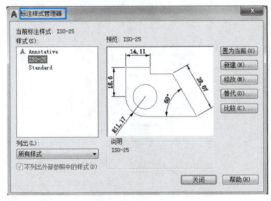

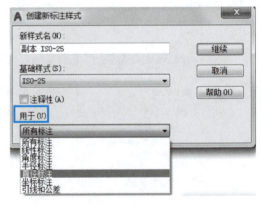

图 10-17   "标注样式管理器"对话框   图 10-18   "创建新标注样式"对话框

（3）修改标注样式

打开图10-17所式"标注样式管理器"对话框后，单击 修改(M)... 按钮，可修改标注样式。图10-19所示为"修改标注样式"对话框，该对话框包括"线""符号和箭头""文字""调整""主单位""换算单位""公差"7个选项卡，其中应用较多的是"线""符号和箭头""文字""调整""主单位"等选项卡。

"线"选项卡：可设置、修改尺寸线的颜色、线宽、超出标记以及基线间距等；可设置、修改尺寸界线的颜色、线宽、超出尺寸线的长度和起点偏移量、隐藏等属性，如图10-20所示。

"符号和箭头"选项卡：可以设置、修改尺寸线和引线的箭头的形式及尺寸等，如图10-21所示。

"文字"选项卡：可以设置、修改标注文字的外观、位置和对齐方式，如图10-22所示。

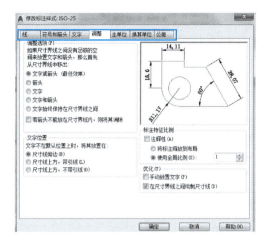

图 10-19　"修改标注样式"对话框

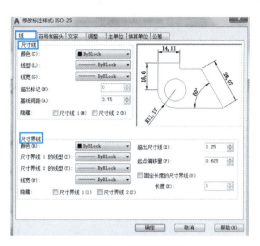

图 10-20　"线"选项卡

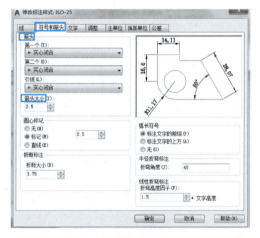

图 10-21　"符号和箭头"选项卡

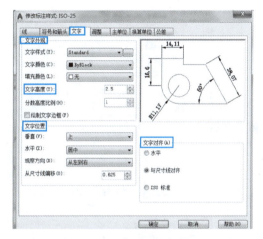

图 10-22　"文字"选项卡

"调整"选项卡：可以设置"调整选项""文字位置""标注特征比例"和"优化"选项组等，如图 10-23 所示。

"主单位"选项卡：可以设置主单位的格式与精度等属性，如图 10-24 所示。

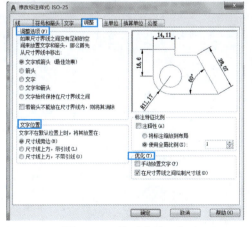

图 10-23　"调整"选项卡

图 10-24　"主单位"选项卡

（4）标注样式替代

在对象标注中，如果要使某个标注元素与图形中的其他同种标注元素不一样，如图 10-25 中的尺寸 $\phi 20$，但又不想创建新标注样式，这种情况下，用户只需为当前样式创建"标注样式替代"，当用户将其他标注样式设置为当前样式后，标注样式替代被自动删除。创建标注样式替代的操作方法如下。

打开图 10-17 所示"标注样式管理器"对话框，在该对话框中单击"替代"按钮，弹出如图 10-26 所示"替代当前样式"对话框，选择"文字"选项卡，在"文字对齐"选项组中将文字对齐方式设置为"ISO 标准"，设置完成后，单击"确定"按钮。

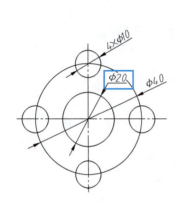

图 10-25　不同直径标注样式

图 10-26　"替代当前样式"对话框

3. 尺寸标注方法

AutoCAD 提供了多种尺寸标注方法，其功能特点见表 10-2。常用的有线性标注、对齐标注、半径标注、直径标注、角度标注、快速标注、基线标注、连续标注等。

表 10-2　AutoCAD 主要尺寸标注方式

序号	按钮	功能	命令	用处
1		线性标注	DIMLINEAR	标注水平线、垂直线型尺寸
2		对齐标注	DIMALIGNED	标注倾斜线型尺寸
3		弧长标注	DIMARC	标注圆弧型尺寸
4		坐标标注	DIMORDINATE	标注坐标型尺寸
5		半径标注	DIMRADIUS	标注半径型尺寸
6		折弯标注	DIMJOGGED	折弯标注圆或圆弧的半径
7		直径标注	DIMDIAMETER	标注直径型尺寸
8		角度标注	DIMANGULAR	标注角度型尺寸

续表

序号	按钮	功能	命令	用处
9		快速标注	QDIM	快速标注同一标注类型的尺寸
10		基线标注	DIMBASELINE	标注基线型尺寸
11		连续标注	DIMCONTINUE	标注连续型尺寸
12		等距标注	DIMSPACE	调整线性标注或角度标注之间的距离
13		标注打断	DIMBREAK	在标注或尺寸线与其他线重叠处打断标注或尺寸界线
14		公差	TOLERANCE	设置公差
15		圆心标记	DIMCENTER	圆心标记和中心线
16		检验	DIMINSPECT	创建与标注关联的加框检验信息
17		折弯线性	DIMJOGLINE	将折弯符号添加到尺寸线
18		更新	DIMSTYLE	用当前标注样式更新标注对象
19		编辑标注	DIMEDIT	编辑标注文字和更改尺寸界线角度
20		编辑标注文字	DIMTEDIT	移动和旋转标注文字,重新定位尺寸线

4. 编辑尺寸标注

编辑尺寸标注是指对已经标注的尺寸标注位置、文字位置、文字内容、标注样式等做出改变的过程。AutoCAD 提供了很多编辑尺寸标注的方式,如编辑命令、夹点编辑、通过快捷菜单编辑、通过"标注"快捷特性面板或"标注样式管理器"修改标注的格式等。其中,夹点编辑是修改标注最快、最简单的方法。

(1) 拉伸标注

可以使用夹点或者 STRETCH 命令拉伸标注。

① 选中尺寸标注,把光标放在尺寸线与尺寸界线的交叉夹点位置,单击激活此夹点,便可将尺寸界线拉伸,如图 10-27 (a) 所示。

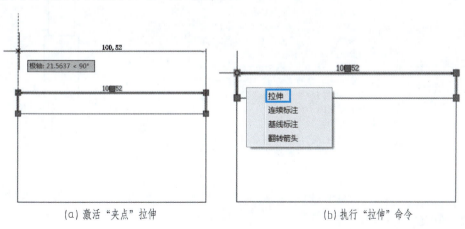

(a) 激活"夹点"拉伸   (b) 执行"拉伸"命令

图 10-27 拉伸标注

② 选中尺寸标注，把光标放在尺寸线与尺寸界线的交叉夹点位置，即出现快捷菜单，执行"拉伸"命令，如图 10-27（b）所示。

（2）调整标注文字的位置

创建标注后，如果希望对标注文字的位置进行调整，可首先选中该标注，然后把光标放在标注文字位置的夹点处，即出现快捷菜单，可在快捷菜单中选择"随尺寸线移动""仅移动文字""随引线移动"等放置文字位置的选项，如图 10-28 所示。

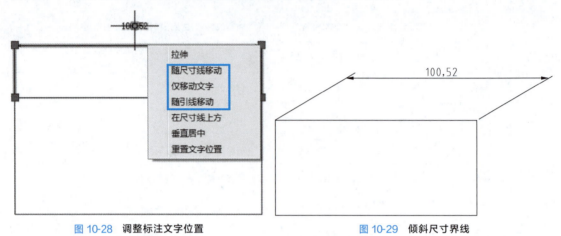

图 10-28　调整标注文字位置　　　　　　图 10-29　倾斜尺寸界线

（3）倾斜尺寸界线

默认情况下，尺寸界线都与尺寸线垂直。如果尺寸界线与图形中的其他对象发生冲突，可以创建倾斜尺寸界线，如图 10-29 所示。

在 AutoCAD 中，执行倾斜命令的方法有以下几种。

功能区：在"注释"选项卡中单击"标注"面板中的"倾斜"按钮 $\mapsto$ 。

菜单栏：执行"标注"→"倾斜"命令。

命令行：输入 DIMEDIT 命令后，按 Enter 键。

【项目任务实施单】

序号	方法步骤		图示
步骤 1	新建文件,建立图形界限(210×297)		
步骤 2	创建如下图层	①"中心线"层:颜色设置为红色,线宽为默认,线型设置为 Center ②"轮廓线"层:线宽为 0.30mm ③"标注"层:颜色设置为蓝色,线宽为默认	
步骤 3	设置线型比例因子	输入 LT 命令或单击"格式"→"线型"选项打开"线型管理器"窗口,设置全局比例因子为 0.3	
步骤 4	绘制定位中心线	将"中心线"层置为当前层,执行"直线"命令,在合适位置绘制水平和垂直中心线	
步骤 5	绘制吊钩上部直线	①将"轮廓线"层置为当前层 ②用矩形、偏移及直线命令绘制吊钩直线部分	

续表

序号	方法步骤		图示
步骤 6	绘制 $\phi 24$ 和 $R29$ 的圆	以 O_1 为圆心、12mm 为半径，画 $\phi 24$ 的圆；以 O_2 为圆心、29mm 为半径，画 $R29$ 的圆	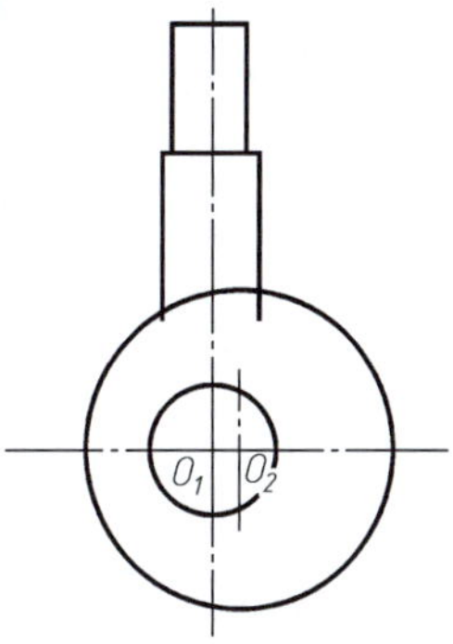
步骤 7	绘制 $R24$ 圆弧	因 $R24$ 圆弧的圆心纵坐标轨迹已知（水平中心线向下偏移 9mm），另一坐标未知，所以属于中间圆弧。又因该圆弧与 $\phi 24$ 的圆外切，可以用外切原理求出圆心坐标轨迹 ①确定圆心。执行"偏移"命令，将水平中心线向下偏移 9mm，得到直线 ab；以 O_1 为圆心、$(12+24)$mm 为半径，画辅助圆与直线 ab 交于 O_3 点，O_3 即为 $R24$ 连接圆弧的圆心 ②绘制连接圆弧。执行"圆"命令，以 O_3 为圆心、24mm 为半径绘制圆，并对圆做适当修剪	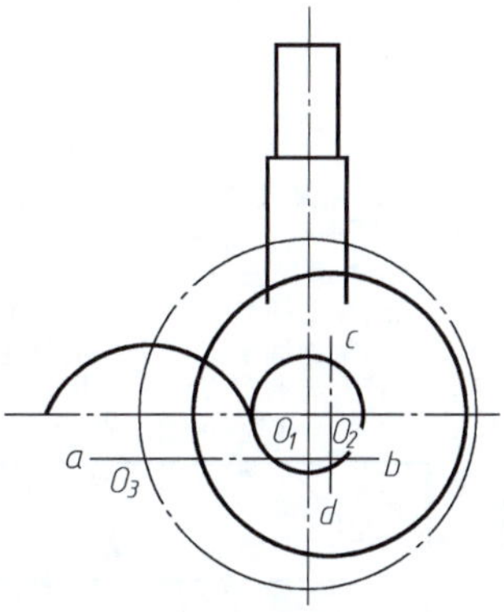
步骤 8	绘制 $R14$ 圆弧	因 $R14$ 圆弧的圆心轨迹在水平中心线上，且该圆弧与 $R29$ 的圆外切，同理，可以用外切原理求出圆心坐标轨迹 ①确定圆心。以 O_2 为圆心、$(29+14)$mm 为半径画辅助圆与水平中心线交于 O_4 点，O_4 即为 $R14$ 连接圆弧的圆心 ②绘制连接圆弧。执行"圆"命令，以 O_4 为圆心、14mm 为半径绘制圆，并对圆作适当修剪	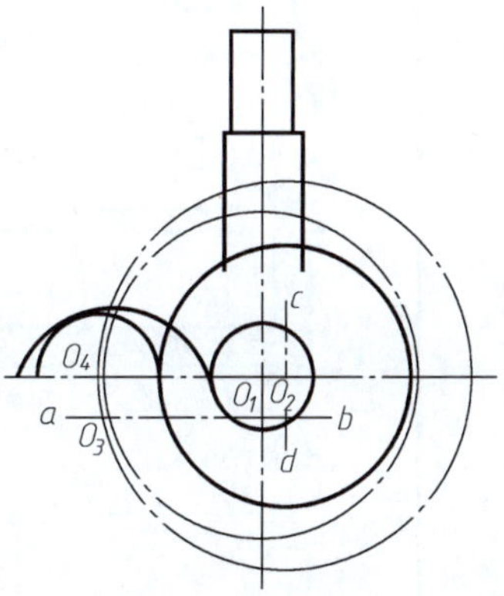
步骤 9	编辑修整最后图形	①删除辅助圆 ②利用"圆角"命令分别倒钩尖处半径为 $R12$ 的圆弧及直线与圆相接处的 $R36$、$R24$ 圆弧 ③执行"修剪"命令(TR)修剪图形 ④执行"拉长"命令(LEN)调整中心线长度 ⑤倒角 ⑥按要求标注尺寸	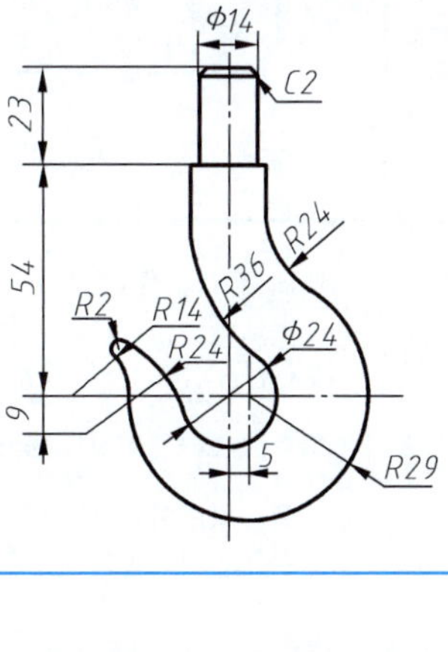

项目十一
工程零件图的绘制

 【项目任务单】

任务名称	铣刀头座体绘制

任务描述

新建图形文件,按以下要求完成铣刀头座体绘制
①建立合适的图形界限
②创建如下图层
a.“中心线”图层:颜色设置为红色,线宽为默认,线型设置为Center,轴线绘制在该层上
b.“轮廓线”图层:线宽为0.30mm,零件的轮廓线绘制在该层上,颜色默认
c.“细实线”图层:标注、剖面线等绘制在该层上,线宽设置为默认,颜色设置为蓝色
③精确绘图
a. 根据任务注释的尺寸精确绘图,绘图方法和图形编辑方法不限
b. 根据图形大小未注倒角选用C1~C2,未注铸造圆角选用R3~R5
c. 图示中有未标注尺寸的地方,按机械制图有关规范自行定义尺寸
④尺寸标注:创建合适的标注样式,标注图形

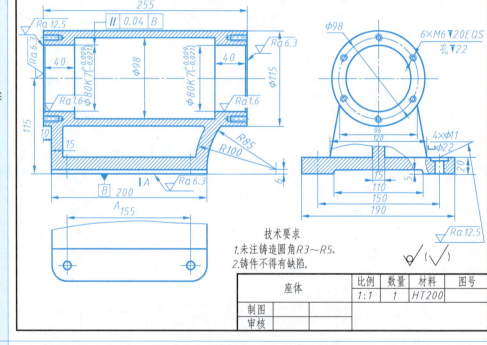

技术要求
1.未注铸造圆角R3~R5。
2.铸件不得有缺陷。

座体	比例	数量	材料	图号
	1:1	1	HT200	
制图				
审核				

任务分析	运用图层、块操作、公差标注、样条曲线的绘制、图案填充等作图技巧完成绘图任务
学习目标	①熟悉轴套类零件、轮盘类零件、叉架类零件及箱体类零件的常用画法的技巧 ②掌握尺寸公差、几何公差、引线的标注及编辑方法 ③掌握文字的输入与编辑 ④掌握图块的创建及应用方法 ⑤掌握表格的创建与编辑 ⑥了解对象的“特性”“快捷特性”及“特性匹配”操作 ⑦掌握样条曲线的绘制与编辑

【知识链接】

学习任务一　轴套类零件图的绘制

一、样条曲线

1. 绘制样条曲线

在 AutoCAD 中，执行"样条曲线"命令的方法有以下几种。

① 在菜单栏中执行"绘图"→"样条曲线"命令，再在弹出的子菜单中选择"拟合点"或"控制点"命令。

② 功能区：在"默认"选项卡的"绘图"面板中单击"绘图"下拉按钮 绘图▼ ，在弹出的下拉列表中单击"样条曲线拟合点"按钮 或单击"样条曲线控制点"按钮 。

③ 在命令行中输入 SPLINE 命令（快捷命令：SPL）。

样条曲线使用拟合点或控制点进行定义。在默认情况下，拟合点与样条曲线重合，而控制点定义控制框。控制框提供了一种便捷的用来设置样条曲线形状的方法。两种方法各有其优点。

2. 编辑样条曲线

样条曲线的编辑可以采用以下方法。

① 在菜单栏中执行"修改"→"样条对象曲线"命令。

② 功能区：在"默认"选项卡的"修改"组面板中单击"修改"下拉按钮 修改▼ ，在弹出的下拉列表中单击"编辑样条曲线"按钮 。

③ 命令行：输入 SPLINEDIT 命令。

二、图块

在绘制工程图时，经常需要多次使用相同或类似的图形，如螺栓螺母等标准件、表面粗糙度符号等图形。如果每次都重复绘制，不仅耗时费力，还容易发生错误。为了解决这个问题，AutoCAD 提供了块功能。用户可以把常用的图形创建成块，在需要时插入到当前图形文件中，从而提高绘图效率。

1. 块的分类

块可分为内部块和外部块两大类：

内部块：只能存在于定义该块的图形中，而其他图形文件不能使用该块。

外部块：作为一个图形文件单独存储在磁盘等媒介上，可以被其他图形引用，也可以单独打开。

2. 创建内部块

可以通过以下方法创建内部块。

功能区：在"默认"选项卡的"块"面板中单击"创建"按钮 。

菜单栏：执行"绘图"→"块"→"创建"命令。

命令行：输入 BLOCK 命令（快捷命令：B）。

通过以上任一种方法激活块创建命令后，弹出如图 11-1 所示"块定义"对话框，以完成块的创建。

3. 创建外部图块

通过 BLOCK 命令创建的块只能存在于定义该块的图形中，不能应用到其他图形文件中。如果要让所有的 AutoCAD 文档共用图块，可以用 WBLOCK（快捷命令：W）命令创建块，这种块称为外部块，可以将该图块作为一个图形文件单独存储在磁盘上。在命令行中输入 WBLOCK 命令，按 Enter 键后打开"写块"对话框，如图 11-2 所示。

图 11-1　"块定义"对话框

图 11-2　"写块"对话框

图 11-3　"插入"对话框

其中各选项的含义如下。

源：指定块和对象，将其另存为文件并指定插入点。

块：将定义好的内部块保存为外部块，可以从下拉列表中选择。

整个图形：将当前的全部图形保存为外部块。

对象：可以在随后的操作中设定基点并选择对象，该项为默认设置。

基点：指定块的基点，默认值是（0，0，0）。

拾取点：暂时关闭对话框，以使用户能在当前图形中拾取插入基点。

保留：将选定对象另存为文件后，在当前图形中仍保留它们。

转换为块：将选定对象另存为文件后，在当前图形中将它们转换为块。

从图形中删除：将选定对象另存为文件后，从当前图形中删除。

选择对象：临时关闭该对话框，以便可以选择一个或多个对象作为块以保存至文件。

目标：用于输入块的文件名和保存文件的路径。

4. 插入内部块

将块插入图形中的操作非常简单，就如同在文档中插入图片一样。在插入块的过程中，还可以缩放和旋转块。

可以通过以下方法插入块。

功能区：在"默认"选项卡的"块"面板中单击"插入"按钮 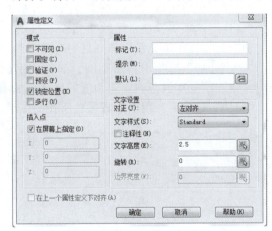。

菜单栏：执行"插入"→"块选项板"命令。

命令行：输入 INSERT 命令（快捷命令：I）。

通过以上任一种方法激活插入块命令，打开"插入"对话框，如图 11-3 所示。"插入"对话框中部分选项功能如下。

插入点：可以在绘图窗口直接指定插入点，也可通过输入 X、Y、Z 坐标值来设置插入点。

比例：可以设置插入块的缩放比例。如果指定负的 X、Y、Z 比例因子，则插入块的镜像图形，选中"统一比例"，则在 X、Y、Z 三个方向上的比例都相同。

旋转：设置插入块时的旋转角度。

分解：可以将插入的块分解成单独的基本图形对象。

5. 插入外部块

插入外部块的操作和插入内部块的操作基本相同，也是在"插入"对话框中完成的。外部块实际上是 *.dwg 图形文件。

6. 定义块属性

块包含图形信息和非图形信息。图形信息是和图形对象的几何特征直接相关的属性，如位置、图层、线型、颜色等。非图形信息不能通过图形表示，而是由文本标注的方法表现出来，如日期、表面粗糙度、设计者、材料等。把这种附加的文字信息称为块属性，利用块属性可以将图形的属性附加到块上，成为块的一部分。打开"属性定义"对话框的方法如下。

功能区：在"默认"选项卡的"块"面板中单击"定义属性"按钮 。

菜单栏：执行"绘图"→"块"→"定义属性"命令。

命令行：输入 ATTDEF 命令（快捷命令：ATT）。

通过以上任一种方式可打开如图 11-4 所示"属性定义"对话框，可以定义模式、标记、属性值、插入点及属性的文字选项。

模式：通过复选框设定属性的模式，部分复选框的含义如下。

图 11-4　"属性定义"对话框

◆"不可见"复选框：插入图块并输入图块的属性值后，该属性值不在图中显示。

◆"固定"复选框：定义的属性值是常量，在插入块时，属性将保持不变。

◆"验证"复选框：在插入块时，系统将对用户输入的属性值给出校验提示，以确认输入的属性值是否正确。

◆"预设"复选框：在插入块时，将直接以图块默认的属性值插入。

◆"锁定位置"复选框：锁定块参照中属性的位置。解锁后，属性可以相对于使用夹点编辑的块的其他部分移动，并且可以调整多行文字的大小。

◆"多行"复选框：指定属性值可以包含多行文字，并且允许指定属性的边界宽度。

属性：设置属性。其各选项含义如下。

◆ 标记：属性的标签，该文本框必须输入内容。

◆ 提示：作为输入时提示用户的信息。

◆ 默认：用户设置的属性值。

插入点：设置属性插入位置。可以通过输入坐标值来定位插入点，也可以在屏幕上指定。

文字设置：具体如下。

◆ 对正：其右侧的下拉列表中包含了所有的文本对正类型，可以从中选择一种。

◆ 文字样式：可以选择已经设定好的文字样式。

◆ 文字高度：定义文字的高度，可以直接由键盘输入。

◆ 旋转：设定属性文字行的旋转角度。

在上一个属性定义下对齐：如果前面定义过属性，则该复选框可以使用。当前属性定义的插入点和文字样式将继承于上一个属性，不需要再定义。

7. 编辑块属性

用"增强属性管理器"可以对属性文本的内容和格式进行修改。增强属性管理器的打开方式如下。

功能区：在"默认"选项卡的"块"面板中单击 🏷 编辑属性 ▾ 按钮下的"单个"按钮 🏷 。

菜单栏：执行"修改"→"对象"→"属性"→"单个"命令。

命令行：输入 EATTEDIT 命令。

通过以上任一方式执行命令，并选择要编辑的块后，可打开如图 11-5 所示"增强属性管理器"对话框（本对话框以选择粗糙度块为例）。

"增强属性编辑器"对话框中各选项功能如下。

"属性"选项卡：显示了块中每个属性的标记、提示和值。在列表中选择某一属性后，在"值"文本框中将显示出该属性对应的属性值，可以在此修改属性值。

"文字选项"选项卡：用于编辑属性文字的格式，包括文字样式、对正、高度、旋转、反向、倒置、宽度因子和倾斜角度等属性，如图 11-6 所示。

"特性"选项卡：用于设置属性所在的图层、线型、线宽、颜色及打印样式等。

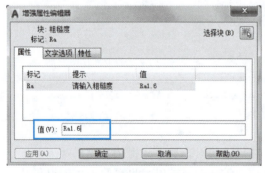

图 11-5　"增强属性管理器"对话框

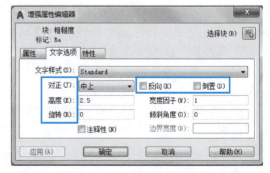

图 11-6　"文字选项"选项卡

8. 块属性管理器

使用"块属性管理器"可以管理块属性的定义。打开"块属性管理器"对话框的方法如下。

　　功能区：在"默认"选项卡的"块"面板中单击"块属性管理器"按钮 。

　　菜单栏：执行"修改"→"对象"→"属性"→"块属性管理器"命令。

　　命令行：输入 BATTMAN 命令。

　　通过以上任一方式执行命令，可打开如图 11-7 所示"块属性管理器"对话框（本对话框以选择粗糙度块为例）。

　　"块属性管理器"对话框中各选项功能如下。

　　◆ 选择块：单击"选择块"按钮，可以在绘图区域选择块。

　　◆ 块：在"块"下拉列表中显示具有属性的全部块，可选择要编辑的块（图 11-7 中选择了"粗糙度"块）。

　　◆ 同步：更新修改的属性。

　　◆ 上移：向上移动选中的属性。

　　◆ 下移：向下移动选中的属性。

　　◆ 编辑：单击"编辑"按钮，可以打开"编辑属性"对话框，使用该对话框可以修改属性特性，如图 11-8 所示。

图 11-7　"块属性管理器"对话框

图 11-8　"编辑属性"对话框

　　◆ 删除：删除块定义中选中的属性。

　　◆ 设置：单击"设置"按钮，打开"块属性设置"对话框，可以设置在"块属性管理器"中显示的属性信息，如图 11-9 所示。

　　◆ 应用：将所做的属性更改应用到图形中。

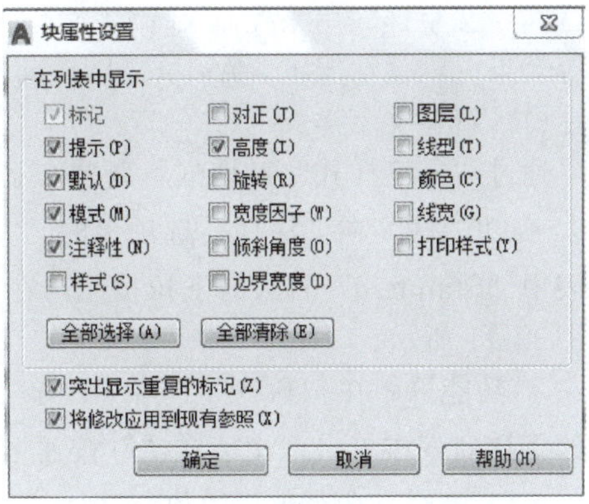

三、外部参照

　　AutoCAD 中可以将图纸 A 完整地插入到图纸 B 中，而且如果对图纸 A 进行了修改，图纸 B 中引用的图纸 A 也会自动发生改变，这种"图纸引用"在 AutoCAD 中被称为"外部参照"。外部参照与块有着实质的区别，一旦插入块，此块就

图 11-9　"块属性设置"对话框

永久地被插入到当前图形中，并不随原始图形的改变而更新，而外部参照插入到某一个图形文件中，虽然也会显示，但不能直接编辑，它只是起链接作用，将参照图形链接到当前图形。

　　外部参照使多专业协同设计成为可能。例如在一些设计院，建筑专业人员提供底图，其他专业人员将建筑底图作为外部参照插入到自己的图纸中，然后在此基础上绘制专业设备，当建筑专业人员修改底图后，其他专业人员的底图自动更新。当绘制工程图需要使用标准图框时，可以用外部参照的方式将标准图框插入到图中。

调用外部参照命令的方法如下。

功能区：在"插入"选项卡的"参照"面板中单击"附着"按钮。

命令行：输入 XATTACH 或 ATTACH 命令。

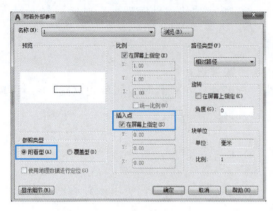

图 11-10　"附着外部参照"对话框

通过以上任一方式执行命令，选择要插入的外部参照后，可打开如图 11-10 所示"附着外部参照"对话框，该对话框中部分选项的含义如下。

"参照类型"选项组：在"参照类型"选项组中指定外部参照的类型。

◆ "附着型"单选按钮：选中"附着型"单选按钮，表示指定外部参照将为附着型。选择附着型外部参照后，每次打开外部参照时，对外部参照所做的修改都将反映在插入的外部参照中。

◆ "覆盖型"单选按钮：选中"覆盖型"单选按钮，表示指定外部参照为覆盖型，当图形作为外部参照被覆盖或附着到另一个图形时，任何附着到该外部参照的嵌套覆盖图将被忽略。

"路径类型"下拉列表：指定外部参照的保存路径。将路径类型设置为"相对路径"之前，必须保存当前图形。

四、文本

1. 文字样式

按照制图国家标准的规定，各种专业图样中文字的字体、字宽、字高都有一定的标准。为了达到国家标准的要求，在输入文字以前，首先要设置文字样式或者调用已经设置好的文字样式。文字样式用来控制文字的字体、高度，以及颠倒、反向、垂直、宽度比例、倾斜角度等效果。默认情况下，AutoCAD 自动创建一个名为 Standard 的文字样式。

（1）新建文字样式

通过"文字样式"对话框可新建文字样式。打开"文字样式"对话框的方法如下。

- 功能区：在"注释"选项卡的"文字"面板中单击右下的　按钮，或单击文字样式列表中"Standard"右边的下拉按钮，在弹出的下拉列表中选择"管理文字样式..."选项，如图 11-11 所示。

- 功能区：在"默认"选项卡中单击"注释"面板中"注释"右边的下拉按钮，在弹出的下拉列表中单击"文字样式"按钮，如图 11-12 所示。

- 菜单栏：在菜单栏中执行"格式"→"文字样式"命令。

- 命令行：在命令行中输入 STYLE 命令。

图 11-11　选择"管理文字样式"选项

图 11-12　单击"文字样式"按钮

（2）修改文字样式

执行以上任意一种命令都将打开"文字样式"对话框，如图 11-13 所示，利用"文字样式"对话框可修改或创建文字样式，并设置文字的当前样式。系统默认类型为 Standard，通过"文字样式"对话框可直接修改字体、高度，以及颠倒、反向、垂直、宽度比例、倾斜角度等。若要生成新文本样式，则单击"新建"按钮，打开"新建文字样式"对话框，如图 11-14 所示。在该对话框中输入文字样式名称，如"标注"，并且单击"确定"按钮。如果要应用某个文字样式，需在如图 11-14 所示左侧"样式"列表中选中该样式，再单击右上角的 置为当前(C) 按钮。

图 11-13　"文字样式"对话框

图 11-14　新建文字样式

💡 提示

在设置文字倾斜、指定文字倾斜角度时，如果角度值为正数，则其方向是向右倾斜；如果角度值为负数，则其方向是向左倾斜。

2. 单行文字

（1）输入单行文字

单行文字可以创建一行或多行文字，其中，每行文字都是独立的实体，用户可以对其进行重定位、调整格式或修改等操作。在默认情况下，工作界面不显示单行文字名。单行文字主要用于不需要多种字体和多行文字的简短输入。执行"单行文字"命令的方法有以下几种。

功能区：在"注释"选项卡的"文字"面板中单击"单行文字"按钮 A，如图 11-15 所示。

功能区：在"默认"选项卡的"注释"面板中单击"单行文字"按钮 A，如图 11-16 所示。

菜单栏：在菜单栏中执行"绘图"→"文字"→"单行文字"命令。

命令行：在命令行中输入 DTEXT 命令（快捷命令：DT）。

图 11-15　"文字"面板中单击"单行文字"

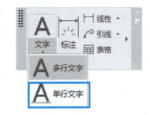

图 11-16　"注释"面板中单击"单行文字"

（2）编辑单行文字

常用编辑单行文字的方法有以下两种。

① 选择文字对象后，使用鼠标右键单击，在弹出的快捷菜单中执行"快捷特性"命令，如图 11-17 所示。

② 在命令行中执行 QUICKPROPERTIES 命令，选择文字对象后，使用鼠标右键单击。

执行以上任一操作后，打开"编辑文字"选项板，在激活的窗口中可对所选单行文字的"图层""内容""样式""对正""高度""旋转"等进行修改，如图 11-18 所示。

图 11-17　执行"快捷特性"命令

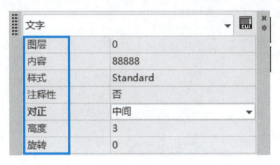

图 11-18　"编辑文字"选项板

> 💡 **提示**
>
> 如果只编辑修改单行文字的内容，可以用以下几种方式。
> ① 在菜单栏中执行"修改"→"对象"→"文字"→"编辑"命令。
> ② 在命令行中输入 DDEDIT 命令。
> ③ 直接用鼠标双击文字。

3. 多行文字

（1）输入多行文字

多行文字又称段落文字，它是由两行及两行以上的文字组成的实体。多行文字只能进行整体选择、编辑。执行多行文字命令的方法有以下几种。

功能区：在"注释"选项卡的"文字"面板中单击"多行文字"按钮 **A**。

功能区：在"默认"选项卡的"注释"面板中单击"多行文字"按钮 **A**。

菜单栏：在菜单栏中执行"绘图"→"文字"→"多行文字"命令。

命令行：在命令行中输入 MTEXT 命令（快捷命令 MT）。

执行以上任一命令后，在绘图窗口中指定两个角点确定一个用来放置多行文字的矩形区域，这时在功能区会打开"文字编辑器"选项卡和文字输入窗口，如图 11-19 所示。在文字输入窗口输入多行文字，在"文字编辑器"选项卡的"样式""格式""段落"等面板中可以

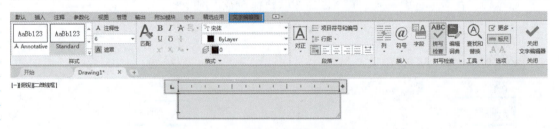

图 11-19　"文字编辑器"选项卡和文字输入窗口

设置多行文字的样式、字体及字号、对正、对齐、行距等属性。

（2）编辑多行文本

多行文本编辑的方法有以下几种。

① 在菜单栏中执行"修改"→"对象"→"文字"→"编辑"命令。

② 在命令行中输入 DDEDIT 命令。

执行以上任一命令后，选择需要编辑的多行文字，系统将再次打开"文字编辑器"选项卡，进入多行文本编辑状态。

③ 直接双击需要编辑的多行文本，打开"文字编辑器"选项卡，进入多行文本编辑状态。

4. 特殊符号输入

（1）用相应的控制码进行特殊符号输入

AutoCAD 在标注文字说明时，如需要输入"下画线""φ"和"°"等特殊符号，则可以使用相应的控制码进行输入。控制码的输入和说明见表 11-1。

表 11-1 AutoCAD 特殊符号代码

控制码	符号	控制码	符号
％％o	上画线	％％p	公差符号±
％％u	下画线	％％c	圆直径(φ)
％％d	度数(°)		

（2）在字体为 GDT 状态下进行特殊符号输入

AutoCAD 在标注文字说明时，如需要输入"深度 ▽""沉孔或锪平孔 ▭""埋头孔 ▽""斜度 ◺"和"斜度 ▷"等特殊符号，则可以在字体为 GDT 状态下输入相应的字母，字母的输入和说明见表 11-2。

表 11-2 AutoCAD"斜度""锥度"等符号在 GDT 字体下对应的代码

GDT 字符	符号	GDT 字符	符号
a	◺	y	▷
w	▽	v	▭
x	▽		

> 💡 提示
>
> 以上符号对应的 GDT 字符必须在小写状态下输入。

五、尺寸公差标注

尺寸公差就是尺寸误差的允许变动范围。常见的尺寸公差的标注形式有两种，即在尺寸的后面标注上、下偏差或标注公差带代号。其中，标注公差带代号是以文字形式直接输入。下面以图 11-20 为例介绍标注上、下偏差的方法。

标注上、下偏差最好先设置一下上、下偏差的垂直放置位置及高度比例。设置步骤：打开"标注样式"对

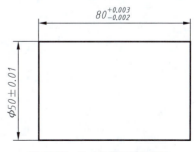

图 11-20 尺寸公差标注案例图

话框→单击"修改"命令→单击"公差"选项卡。在"公差"选项卡中，将"垂直位置"设置为"中"，先将"方式"设置为"极限偏差"，修改高度比例为 0.7 后，再将"方式"设置为"无"（如果不改为无，后续标注中会全部带有同样的公差），如图 11-21 所示。

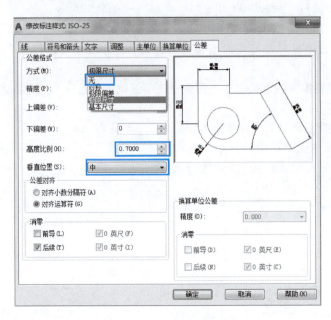

图 11-21　尺寸公差标注样式修改

（1）尺寸 $80^{+0.003}_{-0.002}$ 的标注

设置完后，执行"线性标注"命令，依次捕捉尺寸的起点和终点，根据命令行提示输入"MT"选择多行文字输入方式，启动文字输入窗口，同时功能区会打开"文字编辑器"选项卡。在文本窗口中可将默认的标注值删除，再输入"80＋0.003^－0.002"（注意上、下偏差用"^"隔开），选中"＋0.003^－0.002"，再单击"文字编辑器"选项卡"格式"面板中的"堆叠"按钮 $\frac{b}{a}$，如图 11-22 所示。完成堆叠后，在绘图区单击鼠标左键退出编辑并指定尺寸标注的位置，完成该尺寸公差标注。标注效果见图 11-20。

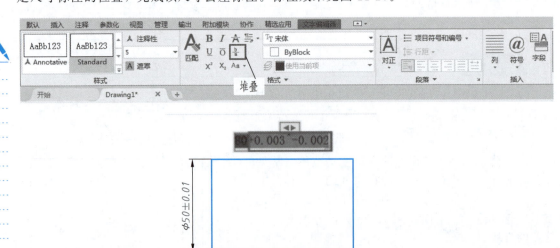

图 11-22　上下偏差堆叠设置

（2）尺寸公差 $\phi50\pm0.01$ 标注

执行"线性标注"命令，依次捕捉尺寸的起点和终点，根据命令行提示，输入"M"选择多行文字输入方式，启动文本输入窗口，在文本窗口中可将默认的标注值删除，再输入"％％C50％％P0.01"，完成后，在绘图区单击鼠标左键退出编辑，并指定尺寸标注的位置，完成该尺寸公差标注。标注效果见图 11-20。

（3）应用举例

新建图形文件，按以下要求完成如图 11-23 所示传动轴的绘制。

① 建立合适的图形界限。

② 创建如下图层。

a．"中心线"层：颜色设置为红色，线宽为默认，线型设置为 Center，轴线绘制在该层上。

b．"轮廓线"层：颜色默认，线宽为 0.30mm，零件的轮廓线绘制在该层上。

c．"标注"层：颜色设置为蓝色，线宽为默认，标注绘制在该层上。

d．"细实线"层：颜色设置为蓝色，剖面线绘制在该层上，线宽设置为默认。

③ 精确绘图

a．根据注释的尺寸精确绘图，绘图方法和图形编辑方法不限。

b．根据图形大小未注倒角选用 $C1\sim C2$，未注圆角选用 $R1\sim R3$。

c．图示中有未标注尺寸的地方，按机械制图有关规范自行定义尺寸。

④ 尺寸标注：创建或修改标注样式，合理标注尺寸。

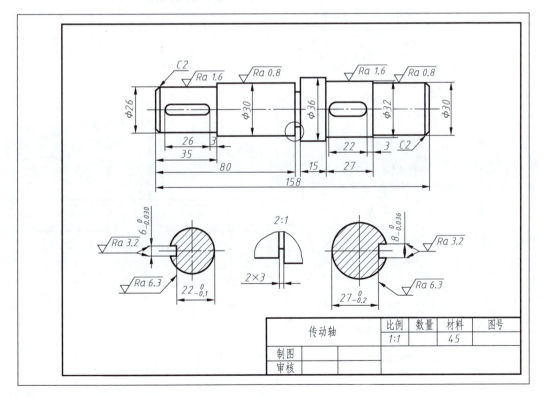

图 11-23　传动轴

传动轴绘制步骤见表 11-3。

表 11-3　传动轴绘制步骤

序号	方法步骤		图示
步骤 1	新建文件	建立图形界限(297×210)	
步骤 2	创建如下图层	①"中心线"层:颜色设置为红色,线宽为默认,线型设置为 Center ②"轮廓线"层:线宽为 0.30mm ③"标注"层:颜色设置为蓝色,线宽为默认 ④"细实线"层:颜色设置为蓝色、线宽设置为默认	
步骤 3	绘制边框与标题栏	①将"细实线"层设置为当前层,绘制矩形边框,边框左下角点为(0,0),右上角点为(297,210),通过偏移获得内边框 ②通过创建 4 行 7 列的表格,并通过修改行高、列宽及合并单元格操作绘制标题栏,注意图框设置到粗实线层	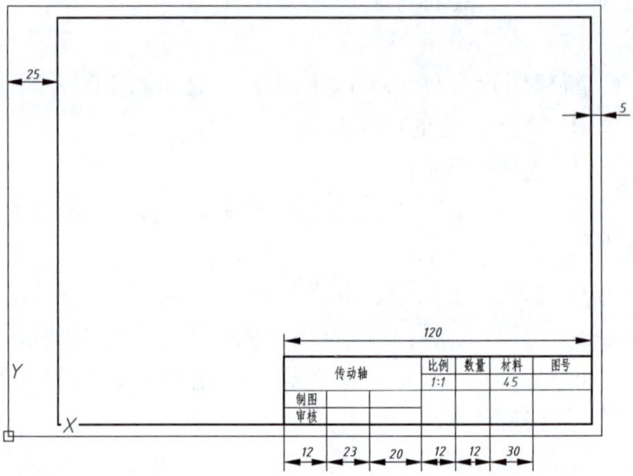
步骤 4	绘制轴	①将"中心线"层设置为当前层,在图框中合适位置绘制中心线,并将线型比例因子进行合理调整(如0.5) ②将"轮廓线"层设置为当前层 ③利用圆、矩形、移动、偏移等绘图与编辑命令绘制轴 ④绘制断面图、局部放大图 ⑤利用"倒角"命令对轴两端进行倒角	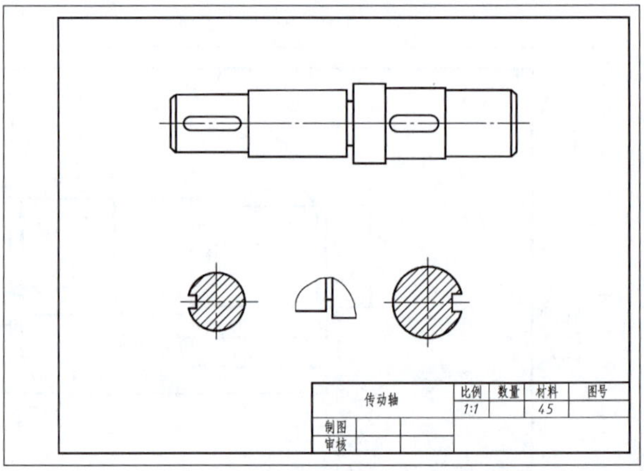
步骤 5	标注尺寸	①修改标注样式,主要修改箭头、文字大小等(箭头大小可设为 3,文字大小可设为 3.5) ②标注线性尺寸 ③创建带属性块以标注表面粗糙度。包括画块图(表面粗糙度符号)、定义属性、创建块、插入块四个步骤。表面粗糙度符号应符合制图标准的要求	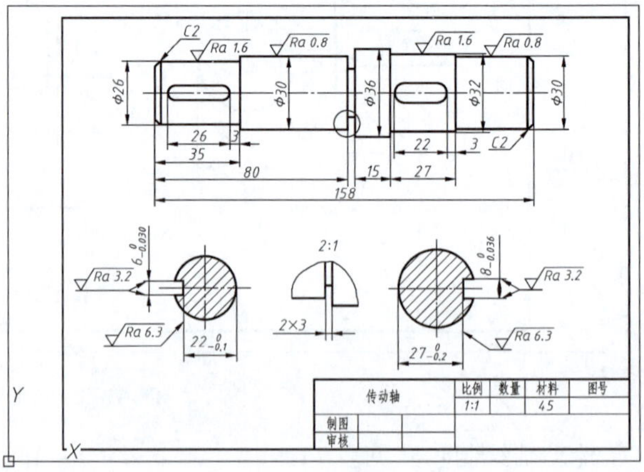

学习任务二　　轮盘类零件图的绘制

一、表格

在 AutoCAD 中，可以使用创建表格命令创建数据表格或标题块，还可以从 Microsoft Excel 中直接复制表格，并将其作为 AutoCAD 表格对象粘贴到图形中，也可以从外部直接导入表格对象。此外，还可以输出 AutoCAD 的表格数据，以便用户在 Microsoft Excel 或其他应用程序中使用。

要创建表格，首先应设置好表格样式，然后基于表格样式创建表格。创建表格后，用户不但可以向表中添加文字、块、字段和公式，还可以对表格进行其他编辑，如插入或者删除行或列、合并表单元等。

1. 表格样式创建与修改

表格样式命令用于创建、修改或指定表格样式，它可以设置表格的外观，包括背景颜色、页边距、边界、文字和其他表格特征。执行表格样式命令的方法有以下几种。

功能区：在"注释"选项卡中单击"表格"面板右下角的　↘　按钮。

菜单栏：在菜单栏中执行"格式"→"表格样式"命令。

命令行：在命令行中输入 TABLESTYLE 命令。

执行以上任一命令都将打开如图 11-24 所示"表格样式"对话框。单击"新建"按钮，打开如图 11-25 所示"创建新的表格样式"对话框。

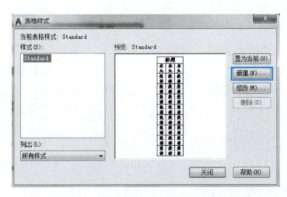
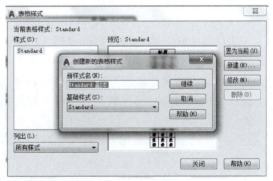

图 11-24　"表格样式"对话框　　　　　图 11-25　"创建新的表格样式"对话框

单击"继续"按钮打开"新建表格样式"对话框，如图 11-26 所示。

如果在图 11-24 所示"表格样式"对话框中直接单击"修改"按钮，则可以打开"修改表格样式"对话框，如图 11-27 所示。

2. 设置表格的数据、标题和表头样式

在图 11-26 所示"新建表格样式"对话框或图 11-27 所示"修改表格样式"对话框中，可以在"单元样式"选项组的下拉列表中选择"数据""标题"和"表头"选项来分别设置表格的数据、标题和表头的对应样式。"新建表格样式"对话框与"修改表格样式"对话框中"常规""文字""边框"3 个选项卡的内容基本相似，可以分别指定单元基本特性、文字特性和边界特性。

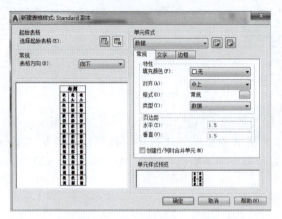 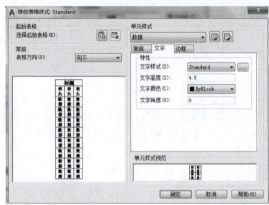

图 11-26　"新建表格样式"对话框　　　　　　　图 11-27　"修改表格样式"对话框

"常规"选项卡：设置表格的填充颜色、对齐方向、格式、类型及水平、垂直页边距等特性。

"文字"选项卡：设置表格单元中文字的样式、高度、颜色和角度等特性。

"边框"选项卡：可以设置表格的边框是否存在；当表格具有边框时，还可以设置边框的线宽、线型、颜色和间距等特性。

3. 创建表格

在 AutoCAD 中，创建表格的方法有以下几种。

功能区：在"注释"选项卡的"表格"面板中单击"表格"按钮 ⊞。

菜单栏：在菜单栏中执行"绘图"→"表格"命令。

命令行：在命令行中输入 TABLE 命令。

执行以上任一命令都将打开如图 11-28 所示"插入表格"对话框。在"插入表格"对话框中，输入所建表格"列数""列宽""数据行数""行高"，然后单击"确定"按钮，发现设置的表格会跟随鼠标位置移动，这时候选择要插入的表格位置，然后单击鼠标左键即可。双击表格中单元格进入编辑状态，可在表格中输入内容。

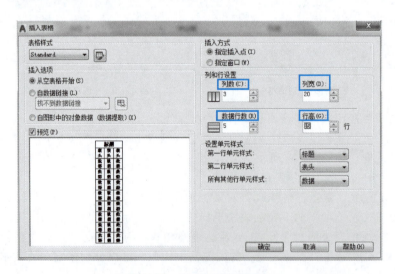

图 11-28　"插入表格"对话框

　　此处输入的行高并非实际行高的尺寸。实际单行行高＝单元垂直页边距×2＋字高×4÷3×行高。

4. 用 Excel 插入表格

　　用 Excel 编辑好后的表格可以直接插入到 AutoCAD 中。常用的插入方法有以下两种。

　　① 打开要复制表格的 Excel 文件和要插入表格的 AutoCAD 文件，在 Excel 文件中选择表格，按复制键（Ctrl＋C 键），然后转到 AutoCAD 文件中按粘贴键（Ctrl＋V 键）。

　　② 在 AutoCAD 菜单栏中，执行"插入"→"OLE 对象"命令，打开如图 11-29 所示"插入对象"对话框，在"插入对象"对话框中选择"由文件创建"单选项，单击"浏览"按钮，在浏览窗口找到并单击需要插入的 Excel 表格，如图 11-30 所示，最后单击"确定"按钮。

　　　图 11-29　"插入对象"对话框

　　　图 11-30　"由文件创建"选项

5. 编辑表格

　　（1）修改表格的列宽与行高

　　先用鼠标左键选中需要修改的单元格，再用鼠标右键单击，打开快捷菜单，选择"特性"选项，如图 11-31 所示。在打开的"特性"窗口中，可以重新设置单元的高度和宽度（此处的宽度为实际宽度），如图 11-32 所示。

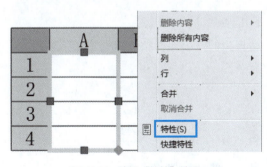
　　图 11-31　选择"特性"选项

　　图 11-32　"特性"窗口

　　（2）删除、插入表格行、列

　　用鼠标左键单击任一单元格，在功能区将显示"表格单元"选项卡，在此选项卡的"行""列"面板中可以进行"行""列"的删除与插入操作，如图 11-33 所示。

　　也可以用鼠标左键单击任一单元格后再使用鼠标右键单击，在弹出的菜单中对"行""列"进行删除与插入操作，如图 11-34 所示。

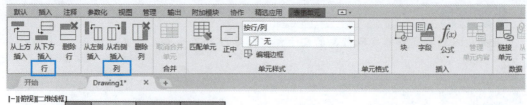

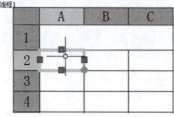

图 11-33　"行""列"操作面板

（3）合并单元格

用鼠标左键选择需要合并的多个单元格后再使用鼠标右键单击，在弹出的菜单中单击"合并"选项，可选择"全部""按行""按列"三种方式进行合并，如图 11-35 所示。

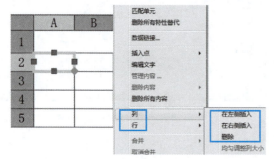

图 11-34　通过菜单进行"行""列"操作

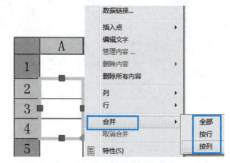

图 11-35　通过菜单合并单元格

二、形位公差标注

（1）形位公差标注方法

在 AutoCAD 中，形位公差标注的方法有以下几种。

功能区：在"注释"选项卡中单击"标注"面板中的"公差"按钮 。

菜单栏：在菜单栏中执行"标注"→"公差"命令。

命令行：在命令行中输入 TOLERANCE 命令。

执行以上任一命令，都将打开图 11-36 所示的"形位公差"对话框，在"形位公差"对

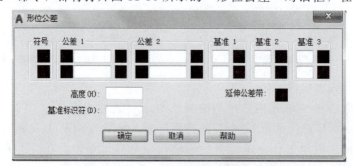

图 11-36　"形位公差"对话框

话框中可以设置公差的符号、值及基准等参数。

💡 提示

　形位公差标注还需要配合引线，利用上述方法标注形位公差时需要另画引线。

（2）应用举例

新建图形文件，按以下要求完成如图 11-37 所示圆柱齿轮绘制。

① 建立合适的图限。

② 创建如下图层：

a.“中心线”层：颜色设置为红色，线宽为默认，线型设置为 Center，轴线绘制在该层上。

b.“轮廓线”层：线宽为 0.30mm，零件的轮廓线绘制在该层上。

c.“细实线”层：标注、剖面线等绘制在该层上，线宽设置为默认。

③ 精确绘图：

a. 根据注释的尺寸精确绘图，绘图方法和图形编辑方法不限。

b. 根据图形大小未注倒角选用 $C1\sim C2$，未注圆角选用 $R1\sim R3$。

c. 图示中有未标注尺寸的地方，按机械制图有关规范自行定义尺寸。

④ 尺寸标注：创建合适的标注样式，标注图形。

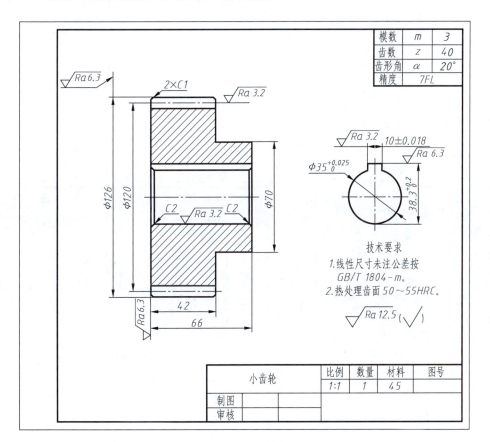

图 11-37　圆柱齿轮

圆柱齿轮绘制步骤见表 11-4。

表 11-4　圆柱齿轮绘制步骤

序号	方法步骤		图示
步骤 1	新建文件	建立图限（297×210）	
步骤 2	创建如下图层	①"中心线"层：颜色设置为红色，线宽为默认，线型设置为 Center ②"轮廓线"层：线宽为 0.30mm ③"细实线"层：颜色、线宽设置为默认	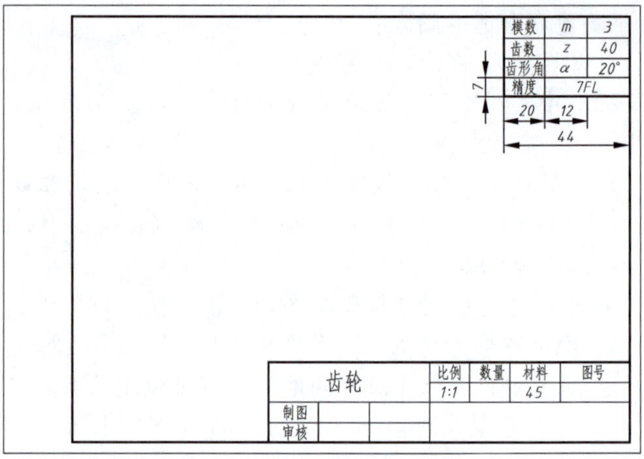
步骤 3	绘制边框与标题栏	①将"细实线"层设为当前层，绘制矩形边框，外边框左下角点为(0,0)，右上角点为(297,210) ②通过创建 4 行 7 列的表格并修改行高、列宽及合并单元格等绘制标题栏 ③通过创建 4 行 3 列的表格并修改行高、列宽及合并单元格等绘制齿轮参数表	
步骤 4	绘制主视图	①将"中心线"层设置为当前层，在图框中合理位置绘制中心线，并将线型比例因子进行合理调整(如 0.5) ②利用矩形、移动、偏移等绘图与编辑命令绘制齿轮轮廓 ③利用倒角命令对齿轮内孔两端倒角 ④利用三视图投影关系绘制内孔线 ⑤利用图案填充命令进行图案填充	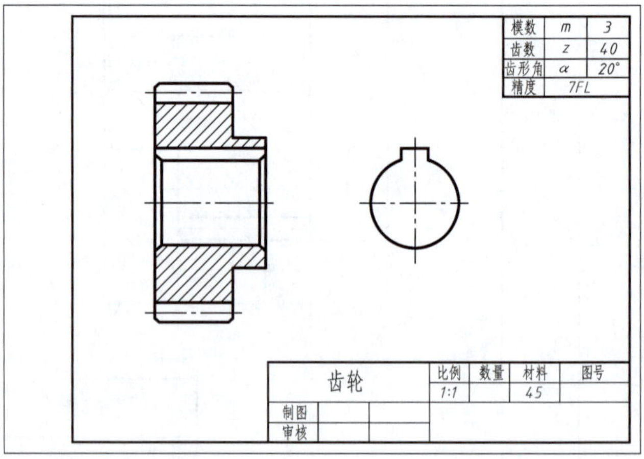
步骤 5	绘制简化左视图	利用圆、偏移等绘图与编辑命令及三视图投影关系绘制左视图	

续表

序号	方法步骤		图示
步骤 6	标注尺寸	①标注线性尺寸及尺寸公差 ②标注形位公差 ③创建带属性块标注表面粗糙度。包括画块图(表面粗糙度符号)、定义属性、创建块、插入块四个步骤。表面粗糙度符号应符合制图标准的要求	
步骤 7	编写技术要求	利用多行文字命令编写技术要求	

学习任务三 叉架类零件图的绘制

一、对象的"特性"与"快捷特性"

在 AutoCAD 中绘制的每一个图形对象都具有自己的特性,有些特性是基本特性,适用于多数的对象,例如图层、颜色、线型等,有些特性是专用于某个对象的特性,例如圆的特性包括半径和面积,直线的特性包括长度和角度等。可以通过"特性"与"快捷特性"面板修改图特性值。改变对象特性值,实际上就改变了相应的图形对象。

1. 对象的"特性"

打开"特性"选项卡的方法有以下几种。

功能区:在"默认"选项卡中单击"特性"面板右下角按钮 ↘ 。

菜单栏:在菜单栏中执行"修改"→"特性"命令。

绘图区:选定图形对象后,使用鼠标右键单击,在打开的快捷菜单中单击"特性"选项,如图 11-38 所示。

执行以上任一种操作都可以打开图 11-39 所示"特性"选项板。可以在选项板中直接修改图形对象的特性值。在同时修改多个对象特性值时,其功能更加强大,例如需要把不同图层的文本、图形、尺寸等多个对象全部放到某一个指定的图层时,可以先选定这些对象,然后将"图层"特性值修改为指定的层名即可。

2. 对象的"快捷特性"

"快捷特性"是"特性"选项板的简化形式。通常可以用以下两种方式打开"快捷特性"面板。

① 在绘图区选定图形对象后使用鼠标右键单击,在打开的快捷菜单中单击"快捷特性"选项,如图 11-38 所示。

图 11-38　使用鼠标右键单击图形打开的快捷菜单

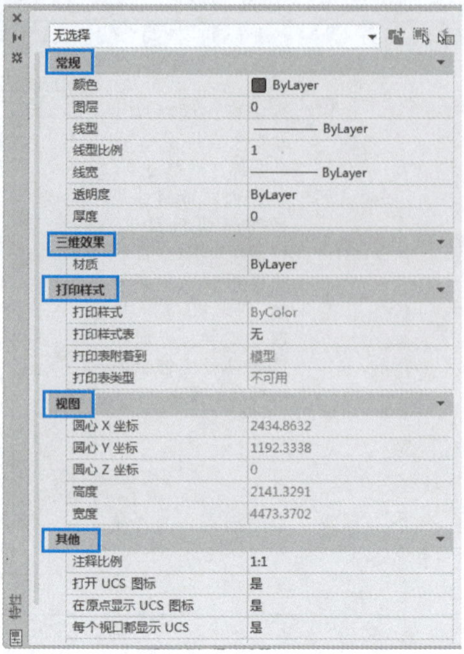

图 11-39　"特性"选项板

②　打开状态栏中的"快捷特性"开关 ▦，然后选择已绘制的图形对象，此时绘图区将出现一个浮动面板，该面板中显示了所选对象的常规属性和其他参数。如图 11-40 所示，在状态栏中的"快捷特性"开关打开的状态下，选择图 11-40（a）中的虚线圆，再双击"快捷特性"面板中的线型，选择线型为"连续"，则图 11-40（a）所示的虚线圆变成图 11-40（c）所示实线圆。

(a)原图　　　　　　　　(b)"快捷特性"面板　　　　　　　(c)修改后的图

图 11-40　利用"快捷特性"面板修改图形属性

二、对象的"特性匹配"

"特性匹配"用于将源对象的颜色、图层、线型、线型比例、线宽、透明度等属性一次性复制给目标对象。

（1）执行"特性匹配"命令的方式

功能区：在"默认"选项卡中单击"特性"面板中的"特性匹配"按钮。

菜单栏：在菜单栏中执行"修改"→"特性匹配"命令。

执行"特性匹配"命令的过程中，需要选择"源对象"和"目标对象"。执行"特性匹配"命令后，命令行提示如下：

命令：MATCHPROP

选择源对象：

当前活动设置：颜色 图层 线型 线型比例 线宽 透明度 厚度 标注 文字 图案填充 多段线 视口 表格材质 多重引线中心对象

选择目标对象或［设置（S）］：

选择源对象之后，光标变成"刷子＋方块"形状 ，并提示"选择目标对象或［设置（S）］："。此时，直接用鼠标单击目标对象，则目标对象就具有和源对象一样的属性，如图11-41（a）、（b）所示；如果输入字母"S"，则可打开"特性设置"对话框，在"特性设置"对话框中可以设置和选择要匹配的特性，如图11-41（c）所示。

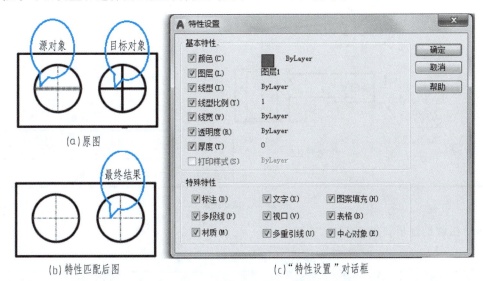

图 11-41 利用"特性匹配"修改图形属性

（2）应用举例

新建图形文件，按以下要求完成如图11-42所示传动拐臂的绘制。

① 建立合适的图限。

② 创建图层：

a. "中心线"层：颜色设置为红色，线宽为默认，线型设置为Center，轴线绘制在该层上。

b. "轮廓线"层：线宽为0.30mm，零件的轮廓线绘制在该层上。

c. "细实线"层：标注、剖面线等绘制在该层上，线宽设置为默认。

d. "虚线"层：虚线绘制在该层上，线宽设置为默认。

③ 精确绘图：

a. 根据注释的尺寸精确绘图，绘图方法和图形编辑方法不限。

b. 根据图形大小，未注倒角选用 $C1 \sim C2$，未注圆角选用 $R1 \sim R3$。

c. 图示中有未标注尺寸的地方，按机械制图有关规范自行定义尺寸。

④ 尺寸标注：创建合适的标注样式，标注图形。

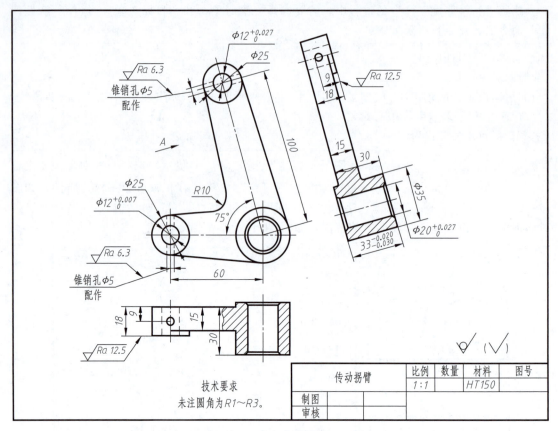

$\phi 12^{+0.027}_{0}$

$\phi 25$

$\sqrt{Ra\ 6.3}$

锥销孔 $\phi 5$
配作

$\sqrt{Ra\ 12.5}$

9

18

A

15

30

100

$\phi 35$

$\phi 25$

$R10$

$\phi 20^{+0.027}_{0}$

$\phi 12^{+0.007}_{0}$

75°

$33^{-0.020}_{-0.030}$

$\sqrt{Ra\ 6.3}$

锥销孔 $\phi 5$
配作

60

$\sqrt{}\quad(\sqrt{})$

9

18

15

30

$\sqrt{Ra\ 12.5}$

技术要求
未注圆角为 R1~R3。

传动拐臂	比例	数量	材料	图号
	1:1		HT150	
制图				
审核				

图 11-42　传动拐臂

传动拐臂绘制步骤见表 11-5。

表 11-5　传动拐臂绘制步骤

序号	方法步骤		图示
步骤 1	新建文件	建立图限(300×300)	
步骤 2	创建如下图层	①"中心线"层:颜色设置为红色,线宽为默认,线型设置为 Center ②"轮廓线"层:线宽为 0.30mm ③"细实线"层:颜色、线宽设置为默认 ④"虚线"层:颜色、线宽设置为默认	
步骤 3	绘制边框与标题栏	①绘制矩形边框,外边框左下角点为(0,0),右上角点为(300,300) ②通过创建 4 行 7 列的表格,并修改行高、列宽及合并单元格等绘制标题栏	
步骤 4	绘制定位中心线	①将"中心线"层设置为当前层,并将线型比例因子进行合理调整 ②在图框中合理位置绘制中心线,利用三视图投影关系对主视图、俯视图及 A 向视图合理定位	

续表

序号	方法步骤	图示
步骤 5	绘制主、俯视图	①利用直线、圆、复制、旋转等绘图与编辑命令绘制主视图 ②利用三视图投影关系及直线、圆、偏移、样条曲线、图案填充等绘图与编辑命令绘制俯视图 ③利用倒角命令对俯视图内孔两端倒角
步骤 6	绘制 A 向视图	①复制俯视图至合理位置；以俯视图右中心线与轮廓线交点"1"为旋转中心点，将复制后的俯视图旋转 105°；以过点"1"的圆孔轴线为镜向线对旋转后的图镜像，并删除原对象 ②以点"1"为源点，镜像后的俯视图至向视图的定位点 2 处 ③以点"3"为源点、点"4"为目标点，移动蓝色方框中的圆柱体及相关直线

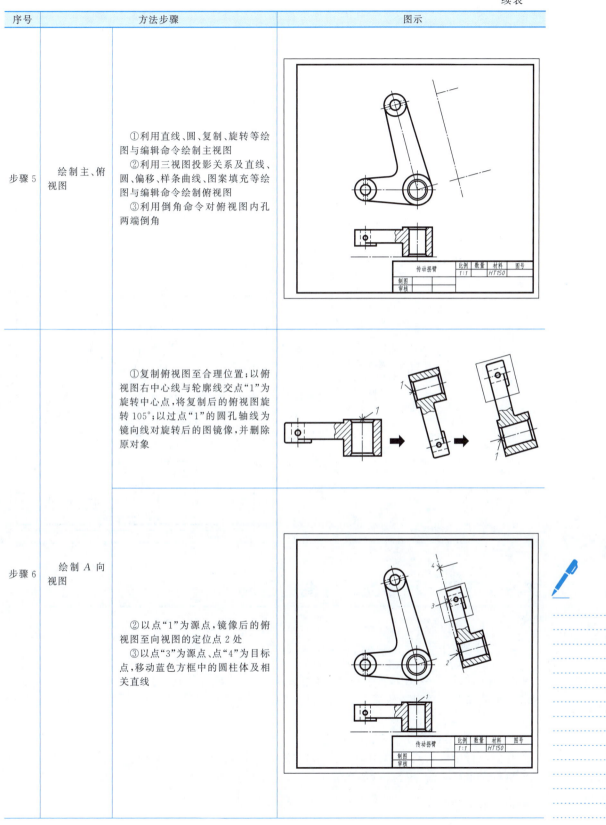

续表

序号	方法步骤		图示
步骤6	绘制A向视图	④用延伸命令延伸直线	
步骤7	标注尺寸	①标注线性尺寸及尺寸公差 ②标注形位公差 ③创建带属性块以标注表面粗糙度,包括画块图(表面粗糙度符号)、定义属性、创建块、插入块四个步骤。表面粗糙度符号应符合制图标准的要求	
步骤8	编写技术要求	利用多行文字命令编写技术要求	

学习任务四　箱体类零件图的绘制

一、快速引线（QLEADER）

"快速引线"命令用于创建一端带有箭头,另一端带有注释的引线尺寸,是引线标注及引线管理器命令,针对一些需要做说明或者特殊标注的位置使用,可以用它来方便地标注公差、带引线的文字等。

1. "快速引线"命令的执行方式

在命令行中输入 QLEADER 命令后,按回车键（快捷命令:LE）。

执行命令后,命令行提示信息如下:

指定第一个引线点或［设置(S)］＜设置＞:

此时输入参数"S"，会打开如图 11-43 所示的"引线设置"对话框。在"引线设置"对话框中有"注释""引线和箭头""附着"三个选项卡。

①"注释"选择卡下有"注释类型""多行文字选项""重复使用注释"三个设置项目，打开 AutoCAD 软件后，未经设置，"注释类型"为"多行文字"。如果需要标注公差，则需要将"注释类型"设置为"公差"。

②"引线和箭头"选择卡下有"引线""箭头""点数""角度约束"四个设置项目，如图 11-44 所示。

③"附着"选择卡主要用来设置在标注引线及文字时，引线与多行文字之间的位置关系，及给文字加下划线，如图 11-45 所示。

图 11-43　"引线设置"对话框

图 11-44　"引线和箭头"设置

下面以图 11-46 所示的标注为例介绍标注设置方法。

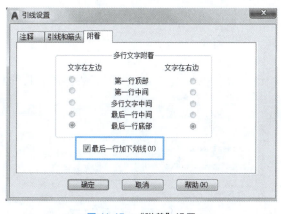

图 11-45　"附着"设置

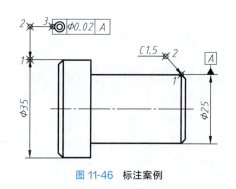

图 11-46　标注案例

2. 倒角标注步骤

① 在命令行输入快捷键 LE，按回车键。

② 在命令提示行输入"S"，打开图 11-43 所示"引线设置"对话框。

③ 单击"附着"选择卡，打开图 11-45 所示"附着"选择卡，在底部"最后一行加下划线"前的复选框内打"√"，单击"确定"按钮关闭设置对话框。

④ 在绘图区（图 11-46）需要标注倒角的位置指定点 1、点 2 两个点后按回车键，画出引线，此时，命令行提示"指定文字宽度 <0>"，直接按回车键。

继续提示"输入注释文字的第一行 <多行文字（M）>："，此时输入 C1.5，按回车键。

继续提示："输入注释文字的下一行："，按回车键结束，标注结果如图 11-46 所示。

3. 形位公差标注步骤

① 在命令行输入快捷键 LE，按回车键。

② 在命令提示行输入"S"，打开图 11-43 所示"引线设置"对话框。

③ 单击"注释"选择卡注释类型中的"公差"选项。

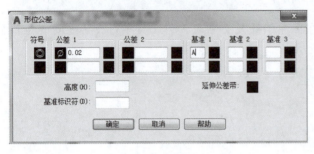

图 11-47   形位公差标注

④ 单击"引线和箭头"选择卡，打开图 11-43 所示"引线设置"对话框，设置"点数"为 3，再单击"确定"关闭对话框。

⑤ 在绘图区（图 11-46）需要标注形位公差的位置指定点 1、点 2、点 3 三个点后按回车键，画出引线，同时会打开"形位公差"对话框，在框中相应位置输入形位公差相关数据，如图 11-47 所示。最后单击"确定"按钮，标注结果如图 11-46 所示。

> **提示**
>
> 用"LE"命令标注形位公差是最方便的，可同时标注引线与公差。

二、多重引线

在 AutoCAD 中，执行多重引线命令的方法有以下几种。

功能区：在"注释"选项卡中单击"引线"面板中的"多重引线"按钮 ⌒。

菜单栏：在菜单栏中执行"标注"→"多重引线"命令。

命令行：在命令行中输入 MLEADER 命令。

利用多重引线命令，可以标注一些注释、说明等，也可以在引线上附着块参照和特征控制框。

执行多重引线样式命令的方法有以下几种。

功能区：在"注释"选项卡中单击"引线"面板中右下角的 ↘ 按钮。

菜单栏：在菜单栏中执行"格式"→"多重引线样式"命令。

命令行：在命令行中执行 MLEADER-STYLE 命令。

执行以上任一命令，都将打开如图 11-48 所示的"多重引线样式管理器"对话框，在此对话框中可以创建和修改多重引线样式，还可以设置多重引线的格式、结构和内容。

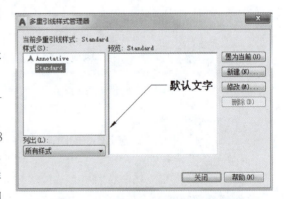

图 11-48   "多重引线样式管理器"对话框

单击"新建"按钮，在打开的"创建新多重引线样式"对话框中可以创建多重引线样式，如图 11-49 所示。

　　设置了新样式名后，单击"创建新多重引线样式"对话框中的"继续"按钮，或者在图11-48所示的"多重引线样式管理器"对话框中直接单击"修改"按钮，都将会弹出"修改多重引线样式"对话框，如图11-50所示。"修改多重引线样式"对话框包含"引线格式""引线结构""内容" 3 个选项卡，可以设置包含引线箭头大小和形式、引线的约束形式、文字大小及位置等内容，修改完多重引线样式后，单击"确定"按钮，然后将其设置为当前样式。

图 11-49 　"创建新多重引线样式"对话框

图 11-50 　"修改多重引线样式"对话框

【项目任务实施单】

序号	方法步骤		图示
步骤 1	新建文件	建立图限（600×360）	
步骤 2	创建如下图层	①"中心线"层：颜色设置为红色，线宽为默认，线型设置为 Center ②"轮廓线"层：线宽为 0.30mm ③"细实线"层：颜色、线宽设置为默认	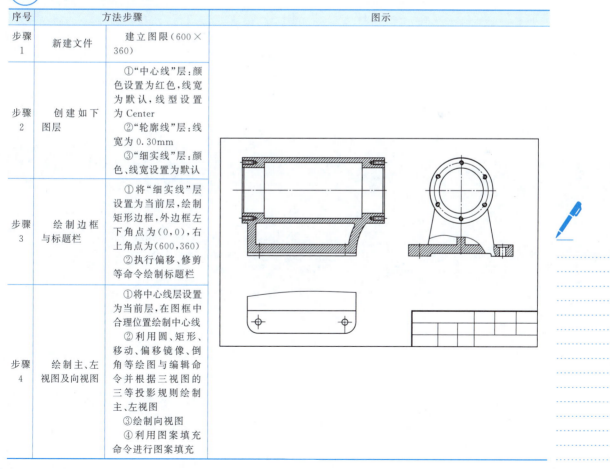
步骤 3	绘制边框与标题栏	①将"细实线"层设置为当前层，绘制矩形边框，外边框左下角点为（0,0），右上角点为（600,360） ②执行偏移、修剪等命令绘制标题栏	
步骤 4	绘制主、左视图及向视图	①将中心线层设置为当前层，在图框中合理位置绘制中心线 ②利用圆、矩形、移动、偏移镜像、倒角等绘图与编辑命令并根据三视图的三等投影规则绘制主、左视图 ③绘制向视图 ④利用图案填充命令进行图案填充	

序号	方法步骤		图示
步骤 5	标注	①设置好文字样式及标注样式 ②标注线性尺寸及尺寸公差 ③标注形位公差 ④创建带属性块以标注表面粗糙度，包括画块图（表面粗糙度符号）、定义属性、创建块、插入块四个步骤，表面粗糙度符号应符合制图标准的要求	
步骤 6	编写技术要求	利用多行文字命令编写技术要求	
步骤 7	填写标题栏文字		

项目十二

AutoCAD简单零件三维建模

 【项目任务单】

任务名称	轴承座建模	
任务描述	新建图形文件,合理创建图限,对轴承座进行建模并按图示要求完成模型的剖切 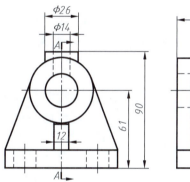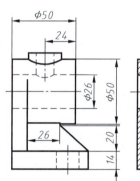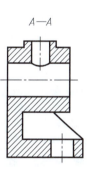 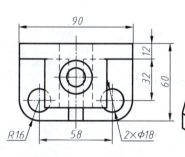	 轴承座 建模
任务分析	通过本任务,学习简单零件的建模。本任务用到拉伸、按住并拖动、布尔运算、剖切等命令主要的操作有三维工作空间转换、基本实体的绘制、布尔运算、UCS的运用	
学习目标	①熟悉 AutoCAD 三维操作界面 ②掌握视口、视图、视觉样式控件 ③能够根据三维建模需要,切换视图和视觉样式以及进行动态观察 ④掌握三维用户坐标系的使用 ⑤掌握基本实体的绘制及布尔运算创建复杂实体的方法 ⑥能熟悉掌握常用实体编辑方法	

【知识链接】

学习任务一　简单零件三维建模

一、三维工作空间的切换和常用的三维工具栏

1. 绘图空间的切换

绘制三维视图时应将二维工作空间切换到三维工作空间，切换方法如下。

① 通过状态栏右下角工作空间切换按钮 [⚙] 进行切换。

② 通过快速访问区的空间切换按钮⚙ 三维建模进行切换。

③ 按住 Shift＋鼠标中键移动鼠标进行切换。

2. 常用的三维工具栏

要进行建模，则应先切换至三维空间并调出相应的工具栏。在建模前，应调出的工具栏有特性、UCS、标注、标准、修改、图层、建模、实体编辑、视觉样式、视图等，如图 12-1 所示。

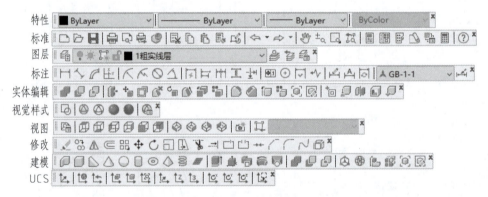

图 12-1　三维空间常用工具栏

二、三维动态观察

在三维建模空间中，使用三维动态观察器可从不同的角度、距离和高度查看图形中的对象。其中包括受约束的动态观察、自由动态观察和连续动态观察 3 种方式。

1. 受约束的动态观察

受约束的动态观察是指受 XY 平面或 Z 轴约束的三维动态观察，调用该命令的方法有以下 3 种。

命令行：输入 3DORBIT 命令后，按 Enter 键（快捷命令：3DO）。

菜单栏：单击 "视图"→"动态观察"→"受约束的动态观察" 命令。

单击右侧导航栏中的动态观察按钮下的倒三角形，再单击 "动态观察" 选项，如图 12-2 所示。

执行上述任一命令后，当绘图区中的光标变为 ✛ 形状时，按住鼠标左键进行拖动，即

可动态观察对象。

2. 自由动态观察

自由动态观察是指不参照平面，在任意方向上进行动态观察，调用该命令的方法有以下3种。

命令行：输入 3DFORBIT 命令后，按 Enter 键（快捷命令：3DF）。

菜单栏：单击"视图"→"动态观察"→"自由动态观察"命令。

单击右侧导航栏中的动态观察按钮下的倒三角形，再单击"自由动态观察"选项，如图 12-2 所示。

执行上述任一命令后，绘图区中的光标将变为 ⊕ 形状，同时将显示一个导航球，如图 12-3 所示，它被小圆分为 4 个区域，用户拖动这个导航球便可以旋转视图。在绘图区中不同的位置单击并拖动，旋转的效果会有所不同。

图 12-2　导航栏中三维动态观察

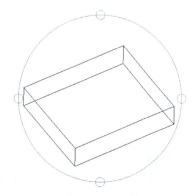

图 12-3　自由动态观察

3. 连续动态观察

连续动态观察命令可以让系统自动进行连续动态观察，其设置方法主要有以下 3 种。

命令行：输入 3DCORBIT 命令后，按 Enter 键（快捷命令：3DC）。

菜单栏：单击"视图"→"动态观察"→"连续动态观察"命令。

单击右侧导航栏中的动态观察按钮下的倒三角形，再单击"连续动态观察"选项，如图 12-2 所示。

执行上述任一命令后，绘图区中的光标将变为 ⊗ 形状，在需要进行连续动态观察移动的方向上单击并拖动，使对象沿正在拖动的方向移动，然后释放鼠标左键，对象将在指定的方向上进行轨迹运动。

三、视觉样式

在绘制了三维图形后，可以为其设置视觉样式，以便更好地观察三维图形。AutoCAD 提供了二维线框、线框、隐藏、真实和概念等多种视觉样式。利用视觉样式切换三维视图的方法如下。

输入 VS 命令，按回车键，在显示的快速菜单中进行切换，如图 12-4 所示。

在"视图"菜单栏"视觉样式"子菜单中进行切换，如图 12-5 所示。

通过工作空间左上角视觉样式控件进行切换，如图 12-6 所示。

通过功能面板上"视图"标签中二维线框右侧小箭头进行切换，如图 12-7 所示。

图 12-4   视觉样式快捷菜单

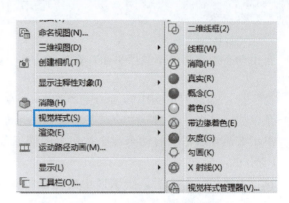

图 12-5   在子菜单中切换视觉样式

图 12-6   视觉样式控件

图 12-7   功能面板视图标签

四、创建三维坐标系和用户自定义坐标系

1. 创建三维坐标系

在菜单栏中依次选择"视图"→"显示"→"UCS 图标"→"特性"选项，如图 12-8 所示。在弹出的"UCS 图标"对话框中，对坐标的图标颜色、大小以及线宽进行设置，如图 12-9 所示。

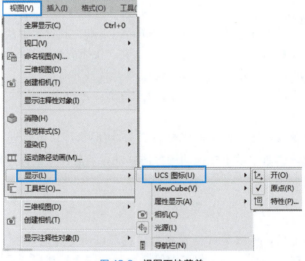

图 12-8   视图下拉菜单

单击绘图区左上方的"俯视"按钮，选择"西南等轴测"选项，如图 12-10 所示。

2. 设置用户坐标系（UCS）的原点和方向

用户坐标系是 AutoCAD 中可移动的坐标系。在 AutoCAD 中，利用 UCS 命令可以方便地移动坐标系的原点，改变坐标轴的方向，建立用户坐标系，帮助用户在三维或旋转视图中指定点。

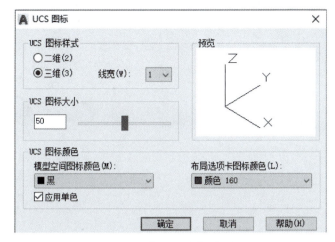

图 12-9　"UCS 图标"对话框　　　　　图 12-10　自定义视图

当选择建立新的用户坐标系选项时，命令提示行提示：

指定新 UCS 的原点或 [Z 轴 (ZA)/三点 (3)/对象 (OB)/面 (F)/视图 (V)/X/Y/Z] <0,0,0>：

各选项含义：

指定新 UCS 的原点：缺省选项，将坐标原点平移到用户指定的点上。

Z 轴：通过指定坐标原点和 Z 轴正半轴上的一点，建立新的用户坐标系。

三点：通过指定三个点建立用户坐标系。指定的第一点是坐标原点；第二点是 X 轴正方向上的一点；第三点是新的 XY 面内 Y 坐标大于零的任意一点。

对象：通过选择一个实体建立用户坐标系，新坐标系的 Z 轴与所选实体的 Z 轴相同。

面：使新建的用户坐标系平行于选择的平面。

视图：使新的用户坐标系的 XY 面垂直于图形观察方向。

X/Y/Z：这三个选项的功能是将当前用户坐标系绕相应的 X、Y、Z 轴旋转一定的角度。绕指定轴旋转当前 UCS 时，旋转方向采用右手定则：将右手拇指指向旋转的坐标轴的正方向，卷曲的其余四指所指的方向即为正旋转方向，如图 12-11 所示。

UCS 选项能够按顺序打开当前任务中使用过的 10 个坐标系，也可以在不用时删除它们。如果要对用户坐标系进行管理，在命令行中输入"UCSMAN"命令，按回车键，用户可以对当前 UCS 进行命名、保存、重命名等操作。

五、基本实体的绘制

在 AutoCAD 的三维空间中，可以绘制长方体、球体、圆柱体、楔体、圆锥体、圆环体等三维实体。三维实体的绘制方法如下。

选择"绘图"菜单"建模"子菜单中的各子菜单项绘制，如图 12-12 所示。

使用功能面板中"常用"选项卡中"建模"工具面板绘制，如图 12-13 所示。

使用"实体"选项卡中"图元"工具面板绘制，如图 12-14 所示。

1. 绘制长方体

单击"建模"或"图元"工具面板中长方体按钮 ，或在命令行输入 BOX 命令后按回车键。

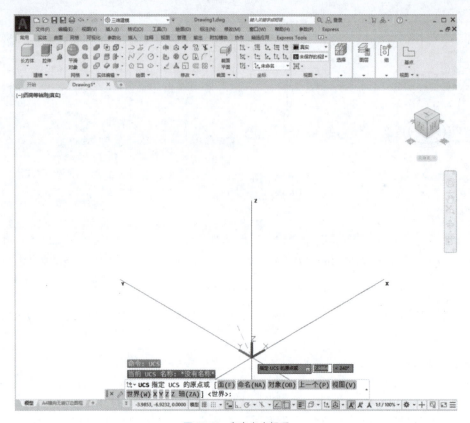

图 12-11　自定义坐标系

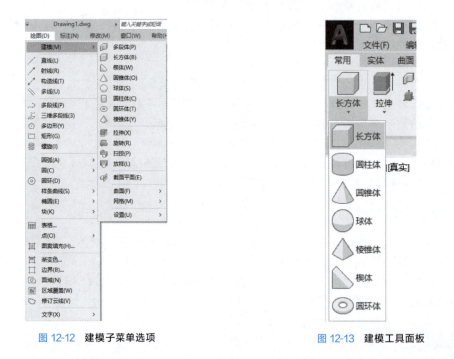

图 12-12　建模子菜单选项　　　　　　　　图 12-13　建模工具面板

　　在工作空间单击鼠标左键，确定第一个角点，输入@100，50，30，即长方体的长、宽、高尺寸后按回车键，如图 12-15 所示。

2. 绘制圆柱体

单击"建模"或"图元"工具面板中圆柱体按钮，或在命令行输入 CYL 命令后按回车键。

在工作空间单击鼠标左键，确定圆柱底面圆心，输入圆柱半径（或直径）以及圆柱高度后按回车键，如图 12-16 所示。

图 12-14　图元工具面板

图 12-15　绘制长方体实体

图 12-16　绘制圆柱体实体

3. 绘制球体和圆锥体

单击"建模"工具面板中球体按钮球体，或在命令行中输入 SPH 命令后按回车键，指定球心和半径（或直径），即可绘制球体，如图 12-17 所示。

单击"建模"工具面板中圆锥体按钮圆锥体，或在命令行中输入 CONE 命令后按回车键，指定圆锥体中心和底面半径（或直径）以及高度，即可绘制圆锥体，如图 12-18 所示。

图 12-17　绘制球体

图 12-18　绘制圆锥体

六、布尔运算

布尔运算是对两个或两个以上的实体对象进行并集、差集、交集运算，从而获得新的形状更为复杂的实体。

1. 并集运算

并集运算主要是将多个实体相交或相接触的部分合在一起，图 12-19 所示为球体和长方体并集为一个新的实体。

2. 差集运算

差集运算是从一个或多个实体的并集中减去一个或多个实体而生成一个新的实体，图 12-20 所示为长方体减去球体后形成新实体。

(a) 并集运算前为两个实体

(b) 并集运算后成一个实体

图 12-19　实体并集运算图

3. 交集运算

交集运算是将两个或多个实体的公共部分创建成一个新的实体，图 12-21 所示为长方体和球体交集后形成新的实体。

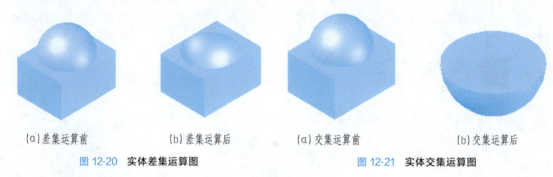

(a)差集运算前   (b)差集运算后   (a)交集运算前   (b)交集运算后

图 12-20 实体差集运算图   图 12-21 实体交集运算图

七、拉伸建模

拉伸建模是将二维对象沿某个方向矢量拉伸成实体。可拉伸二维封闭多段线、圆、椭圆、封闭样条曲线和面域。拉伸时，先绘制好要拉伸的对象并创建面域，然后用以下两种方法进行拉伸。

命令行：输入 EXTRUDE 命令后，按 Enter 键（快捷命令：EXT）。

功能区：在"常用"选项卡的"建模"工具面板中单击"拉长"按钮 ◻。

执行上面任一种命令，选择要拉伸的对象后，输入拉伸高度，并按回车键，拉伸出所需实体或曲面。

💡 提示

拉伸实体时，拉伸对象一定要先合并为封闭对象或面域对象。

1. 拉伸非封闭对象
图 12-22 所示为拉伸非封闭对象的效果。

2. 拉伸封闭对象
（1）拉伸未合并的封闭图形
图 12-23 所示为线未经合并成整体或未创建面域拉伸后的效果。

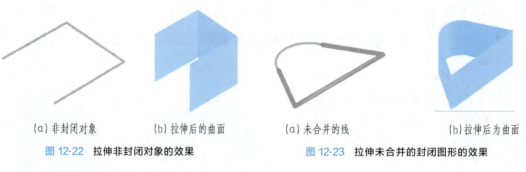

(a)非封闭对象   (b)拉伸后的曲面   (a)未合并的线   (b)拉伸后为曲面

图 12-22 拉伸非封闭对象的效果   图 12-23 拉伸未合并的封闭图形的效果

（2）拉伸合并后的多段线
图 12-24 所示为多段线合并后拉伸的效果。

（3）拉伸面域对象
图 12-25 所示为拉伸面域的效果。

(a)合并的线　　　　　　(b)拉伸后为实体　　　　　(a)面域对象　　　　　　(b)拉伸后为实体

图 12-24　拉伸合并的多段线的效果　　　　　图 12-25　拉伸面域对象的效果

拉伸命令有以下选项，各选项的含义如下。

模式：设定拉伸是创建曲面还是实体。

直接输入拉伸高度：输入正值，沿 Z 轴正方向拉伸；反之往反方向拉伸。

方向：通过指定两点确定拉伸方向和距离。

路径：可以通过指定作为拉伸的轮廓路径或形状路径的对象来创建实体或曲面。拉伸对象始于轮廓所在的平面，止于在路径端点与路径垂直的平面。

倾斜角：定义拉伸成一定的倾斜角。

八、创建面域

面域的主要作用是将原来的对象转变成一个整体。创建面域的方法如下。

功能区：在"常用"选项卡的"绘图"面板中单击"面域"按钮 ⊙ 。

菜单栏：执行"绘图"→"面域"。

命令行：输入 REGION 命令后，按 Enter 键（快捷命令：REG）。

命令行：输入 BOUNDARY 命令后，按 Enter 键（快捷命令 BO）。

输入 BO 命令后按回车键，出现"边界创建"对话框，如图 12-26 所示，单击"拾起点"图标，然后单击要创建面域对象的内部区域。

九、旋转建模

旋转建模主要有以下两种方法。

命令行：输入 REVOLVE 命令后，按 Enter 键（快捷命令：REV）。

功能区：在"常用"选项卡的"绘图"面板中单击"旋转"按钮 。

图 12-26　"边界创建"对话框

通过以上任一种方法启动"旋转"命令，可将二维对象绕旋转轴旋转一圈生成实体或曲面。旋转对象可以是封闭的，也可以是开放的。若将多个对象组成的封闭区域直接旋转建模，则旋转出来的是曲面对象（空心），如图 12-27（a）、（b）所示。如果将多个对象组成的封闭区域先进行面域再旋转建模，则旋转出来的为实体对象（实心），如图 12-27（c）和（d）所示。三维对象、包含在块中的对象、有交叉或自干涉的多段线不能被旋转。

💡 提示

要创建非曲面实体，一定要先将开放对象创建面域后再旋转建模。旋转建模实体操作步骤：绘制二维对象→创建面域→使用"旋转"命令创建实体。

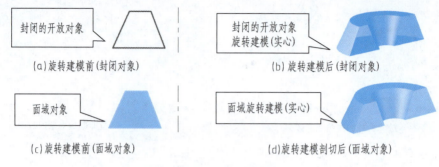

图 12-27　旋转建模效果

十、放样建模

放样建模是通过指定一系列横截面来创建新的实体或曲面。放样建模主要有以下两种方法。

命令行：输入 LOFT 命令后，按 Enter 键。

功能区：在"常用"选项卡的"绘图"面板中单击"放样"按钮 🔘。

通过以上任一种方法启动"放样"命令，在选定的两个或多个横截面之间的空间内绘制实体或曲面（截面应依次选取）。

放样选项中有导向、路径、仅截面三种。各自的用处如下。

导向（G）：指定控制放样实体或曲面形状的导向曲线。导向曲线是直线或曲线，可通过将其他线框信息添加至对象来进一步定义实体或曲面的形状，如图 12-28 和图 12-29 所示。

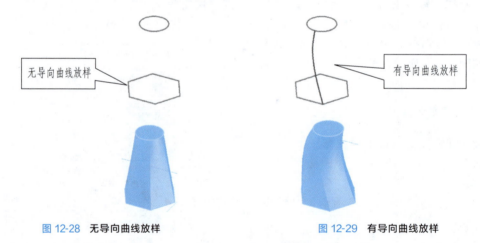

图 12-28　无导向曲线放样　　　图 12-29　有导向曲线放样

路径（P）：按照路径对截面进行放样，如图 12-30（a）、（b）所示。

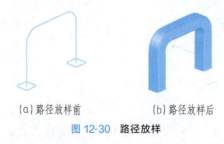

图 12-30　路径放样

仅截面（C）：无导向曲线和路径放样即为仅截面放样模式。

学习任务二　轴承座剖切建模

一、扫掠建模

扫掠建模是通过沿指定路径延伸轮廓形状（被扫掠的对象）来创建实体或曲面。建模时需要两个条件：一是扫掠的路径；二是要扫掠的对象。可以扫掠在同一平面内的多个对象。扫掠时，先绘制扫掠对象和扫掠路径，然后通过以下两种方法进行扫掠建模。

命令行：输入 SWEEP 命令后，按 Enter 键（快捷命令：SW）。

功能区：在"常用"选项卡的"建模"面板中单击"扫掠"按钮 🔳 。

采用以上任一种方法执行扫掠命令的，先选择要扫掠的对象，按回车键，再选择扫掠路径完成建模，如图 12-31（a）、（b）所示。

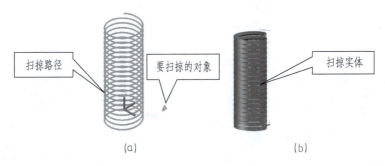

图 12-31　扫掠建模过程

> **💡 提示**
>
> 沿路径扫掠轮廓时，轮廓将被移动并与路径垂直对齐。开放轮廓可创建曲面，闭合曲线可创建实体或曲面。

扫掠对象时，可以指定以下任意一个选项。

模式：设定扫掠是创建曲面还是实体。

对齐：如果轮廓与扫掠路径不在同一平面上，则指定轮廓与扫掠路径对齐的方式，如图 12-32 所示。

基点：在轮廓上指定基点，以便沿轮廓进行扫掠。

比例：指定从开始扫掠到结束扫掠将更改对象大小的值，如图 12-33 所示。输入数学表达式可以约束对象缩放。

扭曲：通过输入扭曲角度，对象可以沿轮廓进行扭曲，如图 12-34 所示。输入数学表达式可以约束对象的扭曲角度。

二、实体倒角

实体倒角命令可以用二维编辑命令中的"倒角"命令（CHAMFER）和三维实体编辑命令中的"倒角"命令（CHAMFEREDGE）实现。该命令可以用于实体上任何一条边的倒角，在两相邻面之间形成一个平面过渡，如图 12-35 所示。

图 12-32　对齐拉伸　　　　　　图 12-33　比例拉伸　　　　　　图 12-34　扭曲拉伸

启动实体倒角命令的方法如下。

命令行：输入二维倒角命令 CHAMFER 后，按 Enter 键（快捷命令：CHA）。

菜单栏：执行"修改"→"倒角"命令。

命令行：输入三维倒角命令 CHAMFEREDGE 后，按 Enter 键。

功能区：在"实体"选项卡的"实体编辑"面板中单击"倒角"按钮 。

以上执行倒角命令的过程基本相同，例如，输入"CHA"命令，按回车键，选择要倒角的边，如图 12-35（a）所示。选择"当前"选项，输入倒角距离选择边，如图 12-35（b）所示。按回车键两次完成倒角，如图 12-35（c）所示。

(a) 选择要倒角的边　　　　(b) 输入倒角距离选择边　　　　(c) 按回车键两次完成倒角

图 12-35　对实体倒角

三、实体圆角

实体圆角命令可以采用二维编辑命令中的"圆角"命令（FILLET），也可以采用三维编辑命令中的实体倒圆角命令（FILLETEDGE）实现，使相邻面之间形成圆滑曲面过渡，如图 12-36 所示。

(a) 选择要倒圆角的边　　　　(b) 按回车键两次完成倒圆角

图 12-36　对实体圆角

启动实体圆角命令的方法如下。

命令行：输入二维圆角命令 FILLET 后，按 Enter 键（快捷命令：F）。

菜单栏：执行"修改"→"圆角"命令。

命令行：输入三维倒角命令 FILLETEDGE 后，按 Enter 键。

功能区：在"实体"选项卡的"实体编辑"面板中单击"圆角"按钮 。

以上执行圆角命令的过程基本相同，例如，输入"F"命令，按回车键，选择要倒圆角的边，输入圆角半径，按回车键两次完成倒圆角操作。

四、三维对齐

三维对齐可以选定三个对齐点将实体与其他对象对齐，一次完成实体的定位。在三维建模环境中，可使用二维编辑中的对齐命令（AL）和三维编辑中的对齐命令（3AL）对齐三维对象，从而获得精准的定位效果。这两种对齐命令都可以实现模型的对齐操作，但选取顺序有所不同。三维对齐工具与二维的"对齐"不一样，它能通过帮源对象或者目标对象指定 1 个、2 个或者 3 个点，使源对象进行移动或者旋转的操作，让三维空间里的源对象跟目标对象的基点、X 轴、Y 轴对齐。此外，三维对齐工具还能够配合动态 UCS，能够动态地拖动要对齐的对象并让它对齐实体对象的面。调用三维对齐命令的方法有如下几种。

命令行：输入 3DALIGN 命令后，按 Enter 键（快捷命令：3AL）。

菜单栏：执行"修改"→"三维操作"→"三维对齐"命令，如图 12-37 所示。

执行以上任一命令即可进入三维对齐模式。执行三维对齐操作与二维对齐操作的不同之处在于执行三维对齐操作时，先在源对象上指定 1 个、2 个或 3 个点用以确

图 12-37　三维对齐命令的调用

定源平面，然后在目标对象上指定 1 个、2 个或 3 个点用以确定目标平面，从而实现模型与模型之间的对齐。

三维对齐命令效果如图 12-38 所示。

图 12-38　三维对齐命令效果

五、三维阵列

三维阵列命令可以在三维空间中生成三维矩形或环形阵列。它跟二维阵列命令类似，但比二维阵列多了 Z 轴高度方向的阵列层数。启用三维阵列命令的方法有如下几种。

命令行：输入 3DARRAY 命令后，按 Enter 键（快捷命令：3DAR）。

菜单栏：执行"修改"→"三维操作"→"三维阵列"命令，如图 12-39 所示。

六、三维旋转

启用三维旋转命令的方法有如下几种。

命令行：输入 ROTATE3D 命令后，按 Enter 键（快捷命令：3DRO）。

菜单栏：执行"修改"→"三维操作"→"三维旋转"命令，如图 12-40 所示。

通过以上方法执行该命令，即可启动三维旋转命令，在绘图区选择需要旋转的对象，此时绘图区出现旋转控件，该控件由 3 种颜色的圆环组成（红色代表 X 轴，绿色代表 Y 轴，蓝色代表 Z 轴），在绘图区指定一点为旋转基点，旋转控件将其移动至该基点，然后单击一根旋转轴（根据需要选择 X 轴、Y 轴或者 Z 轴），输入旋转角度后按回车键即可完成三维实体的旋转，如图 12-41 所示。

图 12-39   三维阵列命令的调用

图 12-40   三维旋转命令的调用

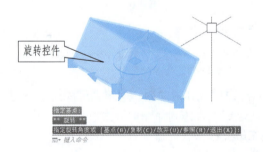

图 12-41   三维旋转效果

七、三维镜像

三维镜像命令能够创建出跟选定的平面对称的三维镜像模型。它跟二维镜像命令类似，差别在于三维镜像是选择了镜像的对称面而非镜像的对称线。启动三维镜像命令的方方有如下几种。

命令行：输入 MIRROR3D 命令后，按 Enter 键（快捷命令：3DMI）。

菜单栏：执行"修改"→"三维操作"→"三维镜像"命令，如图 12-42 所示。

二维镜像与三维镜像的区别：二维镜像针对的是一条直线镜像，三维镜像针对的是一个面镜像。启动命令后，命令行会提示选择镜像面的方式，可输入"3"，意思是通过手动指定3 个点来确定一个面。也可输入"ZX"，ZX 代表 Z 轴和 X 轴所指定的平面，这个时候只需再指定一点，即可完成镜像。

八、剖切

1. 启动剖切命令的方法

剖切命令是通过指定的平面对三维实体进行剖切，并从实体中提取剖面的操作。启用剖切命令的方法如下。

命令行：输入 SLICE 命令后，按 Enter 键（快捷命令：SL）。

菜单栏：执行"修改"→"三维操作"→"剖切"命令，如图 12-43 所示。

图 12-42 三维镜像命令的调用

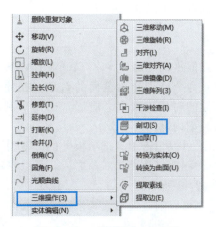

图 12-43 三维剖切命令的调用

功能区：在"实体"选项卡的"实体编辑"面板中单击"剖切"按钮 。

2. 运行剖切命令的结果

运行剖切命令后提示：

SLICE 选择要剖切的对象：

用鼠标单击选择要剖切的对象并按回车键，继续提示：

> SLICE 指定切面的起点或［平面对象(O)曲面(S)Z 轴(Z)视图(V)XY(XY)YZ(YZ)ZX(ZX)三点(3)］
> 　＜三点＞：

默认为通过指定剖面上的 2 个点来确定剖面对实体进行剖切（也可以通过选择轴、平面或者 3 个点等方式）。用鼠标单击 2 个点确定剖面后，继续提示：

> 在所需的侧面上指定点或［保留两个侧面(B)］＜保留两个侧面＞：

(a)剖切前　　　(b)剖切后

图 12-44　剖切示意图

根据提示在要保留的一侧上单击，另一侧自动被删除，如图 12-44 所示。此时，如果直接按回车键，则两侧都被保留。

九、截面

截面命令用于在实体中创建出截平面的面域，主要通过使用"SECYION"命令实现的。

在命令行里输入 SECTION 后按回车键，再根据命令行出现的提示进行相应的操作。命令行提示如下：

> 选择对象：
> 指定截面上的第一个点,依照［对象(O)Z 轴(Z)视图(V)/XY/(XY)YZ(YZ)/ZX(ZX)/三点(3)］＜三点＞：

截面示意图如图 12-45 所示。

启动截面功能，能够创建出实体沿着指定面切开之后的截平面，而且切开面是由指定的轴、平面或者 3 个点确定的面。

十、截面平面

截面平面是通过 SECTIONPLANE 命令实现的，该命令能创建出截面的对象。在使用三维对象创建的时候，该命令能够帮助用户利用该对象查看模型内部的细节。

(a)使用截面命令前　　　(b)使用截面命令后

图 12-45　截面示意图

① 可以单击工具选项板上的"常用"→"截面"→"截面平面"按钮开启截面平面功能。

② 创建好截面的对象之后，可以移动和操作这个截面的对象，调整所需要的截面视图，如图 12-46 所示。

③ 可以通过夹点编辑来改变截面的位置、方向以及形式，如图 12-47 所示。

图 12-46　移动截面示意图

图 12-47　截面夹点示意图

④ 选定截面平面，再使用鼠标右键单击，在显示出来的快捷菜单中，可以单击使用菜单中的特殊命令，如图 12-48 所示。

⑤ 选择"二维/三维截面"命令，系统会弹出"生成截面/立面"对话框，如图 12-49 所示。

⑥ 单击下方的"创建"按钮，再任意单击绘图界面中的一点，按回车键进行确认，即可创建出二维的截面平面，如图 12-50 所示。

图 12-48　截面快捷菜单示意图　　　　　　　图 12-49　"生成截面/立面"对话框

启动截面平面命令后，根据命令行出现的相应指示进行相应的操作，命令行提示如下：

选择面或任意点以定位截面线或[绘制截面(D)/正交(O)]：
将截面对齐到[前(F)后(A)顶部(B)左(L)右(R)]<顶部>：

截面平面使用示意图如图 12-51 所示。

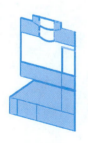 

(a) 使用截面平面命令前　(b)使用截面平面命令后

图 12-50　二维截面示意图　　　　　　图 12-51　截面平面命令使用示意图

十一、抽壳

抽壳是指在三维实体对象中创建具有指定厚度的壁。调用"抽壳"命令的方法主要有以下两种。

菜单栏：执行"修改"→"实体编辑"→"抽壳"命令。

命令行：输入 SOLIDEDIT 命令，按 Enter 键。

执行上述命令后，具体操作过程如下（对图 12-52 所示圆柱体抽壳）。

命令：SOLIDEDIT　　　　　　　　　　　（执行 SOLIDEDIT 命令）

选择三维实体：　　　　　　　　　　（用鼠标选择要抽壳的三维实体）

删除面或［放弃（U）/添加（A）/全部（ALL）］:（用鼠标单击要删除的一个顶面并按回车键）

输入抽壳偏移距离:10　　　　　　　　（输入壳体厚度并按回车键）

［压印（I）/分割实体（P）/抽壳（S）/清除（L）/检查（C）/放弃（U）/退出（X）]＜退出＞:（按回车键）

输入实体编辑选项［面（F）/边（E）/体（B）/放弃（U）/退出（X）]＜退出＞:（按回车键）

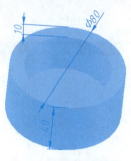

图 12-52　对圆柱体抽壳

 【项目任务实施单】

序号	方法步骤	图示
步骤 1	将视图切换到前视图，绘制轴承座主视图轮廓	
步骤 2	将视图切换到西南等轴测图，按住轮廓封闭区域并拖动进行拉伸	
步骤 3	用 SL 命令斜切加强筋，对底板进行倒圆角和钻孔	

序号	方法步骤	图示
步骤 4	调整 UCS 绘制顶部圆,然后按住并拖动圆进行拉伸	
步骤 5	进行差集运算,完成建模	
步骤 6	输入 SL 命令后按回车键,选择要剖切的对象,单击 YZ 平面上的一点,将模型剖成左右两半,删除左侧后,可得到模型	

附　录

一、螺纹

附表1　普通螺纹的直径与螺距（摘自 GB/T 193—2003）　　　单位：mm

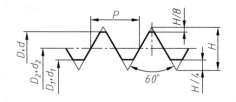

标记示例

M24（公称直径为24mm，螺距为3mm的粗牙右旋普通螺纹）

M24×1.5LH（公称直径为24mm，螺距为1.5mm的细牙左旋普通螺纹）

公称直径 D、d		螺距 P		粗牙小径 D_1、d_1	公称直径 D、d		螺距 P		粗牙小径 D_1、d_1
第一系列	第二系列	粗牙	细牙		第一系列	第二系列	粗牙	细牙	
3		0.5	0.35	2.459		22	2.5	2、1.5、1、(0.75)、(0.5)	19.294
	3.5	(0.6)		2.850	24		3	2、1.5、1、(0.75)	20.752
4		0.7		3.242		27	3	2、1.5、1、(0.75)	23.752
	4.5	(0.75)	0.5	3.688	30		3.5	(3)、2、1.5、1、(0.75)	26.211
5		0.8		4.134		33	3.5	(3)、2、1.5、(1)、(0.75)	29.211
6		1	0.75、(0.5)	4.917	36		4	3、2、1.5、(1)	31.670
8		1.25	1、0.75、(0.5)	6.647		39	4		34.670
10		1.5	1.25、1、0.75、(0.5)	8.376	42		4.5		37.129
12		1.75	1.5、1.25、1、(0.75)、(0.5)	10.106		45	4.5	(4)、3、2、1.5、(1)	40.129
	14	2	1.5、1.25、1、(0.75)、(0.5)	11.835	48		5		42.578
16		2	1.5、1、(0.75)、(0.5)	13.835		52	5		46.578
	18	2.5	2、1.5、1、(0.75)、(0.5)	15.294	56		5.5	4、3、2、1.5、(1)	50.046
20		2.5		17.294					

注：1. 优先选用第一系列，括号内尺寸尽量不用。第三系列未列入。

2. M14×1.25 仅用于火花塞；M35×1.5 仅用于滚动轴承锁紧螺母。

附表 2　管螺纹

用螺纹密封的管螺纹
（摘自 GB/T 7306.1—2000）

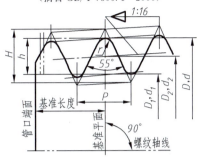

非螺纹密封的管螺纹
（摘自 GB/T 7307—2001）

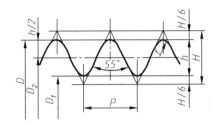

标记示例：

R1/2（尺寸代号 1/2，右旋圆锥外螺纹）

R_c1/2-LH（尺寸代号 1/2，左旋圆锥内螺纹）

R_p1/2（尺寸代号 1/2，右旋圆柱内螺纹）

标记示例：

G1/2-LH（尺寸代号 1/2，左旋内螺纹）

G1/2A（尺寸代号 1/2，A 级右旋外螺纹）

G1/2-LH（尺寸代号 1/2，B 级左旋外螺纹）

尺寸代号	基面上的直径（GB/T 7306）基本直径（GB/T 7307）			螺距 P /mm	牙高 h /mm	圆弧半径 r /mm	每 25.4mm 内的有效牙数 n	有效螺纹长度/mm (GB/T 7306)	基准的基本长度/mm (GB/T 7306)
	大径 $d=D$ /mm	中径 $d_2=D_2$ /mm	小径 $d_1=D_1$ /mm						
1/16	7.723	7.142	6.561	0.907	0.581	0.125	28	6.5	4.0
1/8	9.728	9.147	8.566					6.5	4.0
1/4	13.157	12.301	11.445	1.337	0.856	0.184	19	9.7	6.0
3/8	16.662	15.806	14.950					10.1	6.4
1/2	20.955	19.793	18.631	1.814	1.162	0.249	14	13.2	8.2
3/4	26.441	25.279	24.117					14.5	9.5
1	33.249	31.770	30.291					16.8	10.4
1¼	41.910	40.431	28.952					19.1	12.7
1½	47.803	46.324	44.845					19.1	12.7
2	59.614	58.135	56.656	2.309	1.479	0.317	11	23.4	15.9
2½	75.184	73.705	72.226					26.7	17.5
3	87.884	86.405	84.926					29.8	20.6
4	113.030	111.551	110.072					35.8	25.4
5	138.430	136.951	135.472					40.1	28.6
6	163.830	162.351	160.872					40.1	28.6

二、常用标准件

附表 3　六角头螺栓　　　　　　　　　　　　　　　　　　单位：mm

六角头螺栓 C 级（摘自 GB/T 5780—2016）

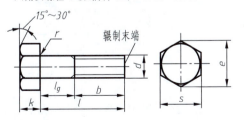

六角头螺栓 A 和 B 级（摘自 GB/T 5782—2016）

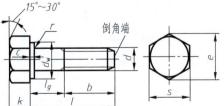

标记示例：

螺栓 GB/T 5782　M20×100（螺纹规格 d＝M20，l＝100mm，A 级的六角头螺栓）

续表

螺纹规格 d		M5	M6	M8	M10	M12	M16	M20	M24	M30	M36
b（参考）	$l \leq 125$	16	18	22	26	30	38	46	54	66	78
	$125 < l \leq 200$	—	—	28	32	36	44	52	60	72	84
	$l > 200$	—	—	—	—	—	57	65	73	85	97
c		0.5	0.5	0.6	0.6	0.6	0.8	0.8	0.8	0.8	0.8
d_w	A	6.9	8.9	11.6	14.6	16.6	22.5	28.2	33.6	—	—
	B	6.7	8.7	11.4	14.4	16.4	22	27.7	33.2	42.7	51.1
k		3.5	4	5.3	6.4	7.5	10	12.5	15	18.7	22.5
r		0.2	0.25	0.4	0.4	0.6	0.6	0.8	0.8	1	1
e	A	8.79	11.05	14.38	17.77	20.03	26.75	33.53	39.98	—	—
	B	8.63	10.89	14.20	17.59	19.85	26.17	32.95	39.55	50.85	60.79
s		8	10	13	16	18	24	30	36	46	55
l		25～50	30～60	35～80	40～100	45～120	50～160	65～200	80～240	90～300	110～360
l（系列）		25、30、35、40、45、50、(55)、60、(65)、70、80、90、100、110、120、130、140、150、160、180、200、220、240、260、280、300、320、340、360									

注：1. 括号内的规格尽可能不采用。末端按《紧固件　外螺纹零件末端》(GB/T 2—2016)的规定。

2. A级用于 $d \leq 22$mm 和 $l \leq 10d$ 或 ≤ 150mm（按较小值）的螺栓；B级用于 $d > 24$mm 和 $l > 10d$ 或 > 150mm（按较小值）的螺栓。

附表 4　双头螺柱　　　　　　　　　　　　单位：mm

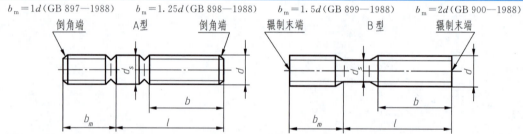

$b_m = 1d$（GB 897—1988）　　$b_m = 1.25d$（GB 898—1988）　　$b_m = 1.5d$（GB 899—1988）　　$b_m = 2d$（GB 900—1988）

标记示例：

螺柱　GB 900 M10×50（两端均为粗牙普通螺纹、$d=$M10、$l=50$mm、性能等级为 4.8 级、不经表面处理、B 型、$b_m = 2d$ 的双头螺柱）

螺柱　GB 900 AM10-10×1×50（旋入机体一端为粗牙普通螺纹、旋螺母端为螺距 $P=1$ 的细牙普通螺纹、$d=$M10、$l=50$mm、性能等级为 4.8 级、不经表面处理、A 型、$b_m = 2d$ 的双头螺柱）

螺纹规格 d	b_m（旋入机体端长度）				l/b			
	GB 897	GB 898	GB 899	GB 900				
M4	—	—	6	8	$\dfrac{16\sim22}{8}$	$\dfrac{25\sim40}{14}$		
M5	5	6	8	10	$\dfrac{16\sim22}{10}$	$\dfrac{25\sim50}{16}$		
M6	6	8	10	12	$\dfrac{20\sim22}{10}$	$\dfrac{25\sim30}{14}$	$\dfrac{32\sim75}{18}$	
M8	8	10	12	16	$\dfrac{20\sim22}{12}$	$\dfrac{25\sim30}{16}$	$\dfrac{32\sim90}{22}$	
M10	10	12	15	20	$\dfrac{25\sim28}{14}$	$\dfrac{30\sim38}{16}$	$\dfrac{40\sim120}{26}$	$\dfrac{130}{32}$
M12	12	15	18	24	$\dfrac{25\sim30}{14}$	$\dfrac{32\sim40}{16}$	$\dfrac{45\sim120}{26}$	$\dfrac{130\sim180}{32}$
M16	16	20	24	32	$\dfrac{30\sim38}{16}$	$\dfrac{40\sim55}{20}$	$\dfrac{60\sim120}{30}$	$\dfrac{130\sim200}{36}$
M20	20	25	30	40	$\dfrac{35\sim40}{20}$	$\dfrac{45\sim65}{30}$	$\dfrac{70\sim120}{38}$	$\dfrac{130\sim200}{44}$

续表

螺纹规格 d	b_m（旋入机体端长度）				l/b				
	GB 897	GB 898	GB 899	GB 900					
(M24)	24	30	36	48	$\frac{45\sim50}{25}$	$\frac{55\sim75}{35}$	$\frac{80\sim120}{46}$	$\frac{130\sim200}{52}$	
(M30)	30	38	45	60	$\frac{60\sim65}{40}$	$\frac{70\sim90}{50}$	$\frac{95\sim120}{66}$	$\frac{130\sim200}{72}$	$\frac{210\sim250}{85}$
M36	36	45	54	72	$\frac{65\sim75}{45}$	$\frac{80\sim110}{60}$	$\frac{120}{78}$	$\frac{130\sim200}{84}$	$\frac{210\sim300}{97}$
M42	42	52	63	84	$\frac{70\sim80}{50}$	$\frac{85\sim110}{70}$	$\frac{120}{90}$	$\frac{130\sim200}{96}$	$\frac{210\sim300}{109}$
M48	48	60	72	96	$\frac{80\sim90}{60}$	$\frac{95\sim110}{80}$	$\frac{120}{102}$	$\frac{130\sim200}{108}$	$\frac{210\sim300}{121}$

l（系列）	12、(14)、16、(18)、20、(22)、25、(28)、30、(32)、35、(38)、40、45、50、55、60、(65)、70、75、80、(85)、90、(95)、100~260（10 进位）、280、300

注：1. 尽可能不用括号内的规格。末端按《紧固件　外螺纹零件末端》（GB/T 2—2016）的规定。
　　2. $b_m=d$ 一般用于钢，$b_m=1.25d\sim1.5d$ 一般用于钢对铸铁，$b_m=2d$ 一般用于钢对铝合金的连接。

附表 5　开槽圆柱头螺钉（GB/T 65—2016）　开槽盘头螺钉（GB/T 67—2016）

开槽沉头螺钉（GB/T 68—2016）　　　　单位：mm

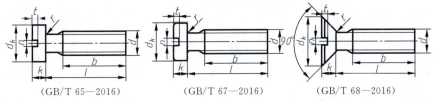

（GB/T 65—2016）　　　　（GB/T 67—2016）　　　　（GB/T 68—2016）

标记示例：

螺钉　GB/T 65 M5×20（螺纹规格 $d=$M5，公称长度 $l=20$，性能等级为 4.8 级，不经表面处理的 A 级开槽圆柱头螺钉）

螺纹规格 d		M1.6	M2	M2.5	M3	M4	M5	M6	M8	M10
GB/T 65—2016	d_k	3	3.8	4.5	5.5	7	8.5	10	13	16
	k	1.1	1.4	1.8	2	2.6	3.3	3.9	5	6
	t_{min}	0.45	0.6	0.7	0.85	1.1	1.3	1.6	2	2.4
	l	2~16	3~20	3~25	3~35	5~40	6~50	8~60	10~80	12~80
	全螺纹时最大长度	全螺纹					40			
GB/T 67—2016	d_k	3.2	4	5	5.6	8	9.5	12	16	23
	k	1	1.3	1.5	1.8	2.4	3	3.6	4.8	6
	t_{min}	0.35	0.5	0.6	0.7	1	1.2	1.4	1.9	2.4
	l	2~16	2.5~20	3~25	4~30	5~40	6~50	8~60	10~80	12~80
	全螺纹时最大长度	30				40				
GB/T 68—2016	d_k	3	3.8	4.7	5.5	8.4	9.3	11.3	15.8	18.5
	k	1	1.2	1.5	1.65	2.7	2.7	3.3	4.65	5
	t_{min}	0.32	0.4	0.5	0.6	1	1.1	1.2	1.8	2
	l	2.5~16	3~20	4~25	5~30	6~40	8~50	8~60	10~80	12~80
	全螺纹时最大长度	30				45				
n		0.4	0.5	0.6	0.8	1.2	1.6	1.8	2	2.5
b_{min}		25				38				
l（系列）		2、2.5、3、4、5、6、8、10、12、(14)、16、20、25、30、35、40、45、50、(55)、60、(65)、70、(75)、80								

注：l 尽可能不用括号内的规格。

附表 6　紧定螺钉　　　　　　　　　　　　　　　　　　　　　单位：mm

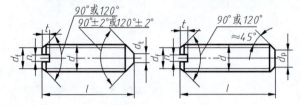

开槽锥端紧定螺钉　　　　开槽平端紧定螺钉　　　　开槽长圆柱端紧定螺钉
（GB/T 71—2018）　　　　（GB/T 73—2017）　　　　（GB/T 75—2018）

标记示例：

螺钉　GB/T71 M5×20（螺纹规格 d＝M5，公称长度 l＝20，性能等级为 14H 级，表面氧化的开槽锥端紧定螺钉）

螺纹规格 d	P	d_f	d_{tmax}	d_{pmax}	$n_{公称}$	t_{max}	Z_{max}	$l_{(范围)}$ GB/T 71	GB/T 73	GB/T 75
M2	0.4	螺纹小径	0.2	1	0.25	0.84	1.25	3～10	2～10	3～10
M3	0.5		0.3	2	0.4	1.05	1.75	4～16	3～16	5～16
M4	0.7		0.4	2.5	0.6	1.42	2.25	6～20	4～20	6～20
M5	0.8		0.5	3.5	0.8	1.63	2.75	8～25	5～25	8～25
M6	1		1.5	4	1	2	3.25	8～30	6～30	8～30
M8	1.25		2	5.5	1.2	2.5	4.3	10～40	8～40	10～40
M10	1.5		2.5	7	1.6	3	5.3	12～50	10～50	12～50
M12	1.75		3	8.5	2	3.6	6.3	14～60	12～60	14～60
$l_{(系列)}$	2、2.5、3、4、5、6、8、10、12、(14)、16、20、25、30、35、40、45、50、(55)									

注：l 尽可能不用括号内的规格。

附表 7　1 型六角螺母 C 级（摘自 GB/T 41—2016）　　　　单位：mm

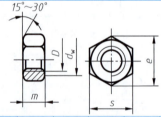

标记示例：

螺母　GB/T 41 M12

（螺纹规格 D＝M12，性能等级为 5 级、不经表面
处理、产品等级为 C 级的 1 型六角螺母）

螺纹规格 D	M4	M5	M6	M8	M10	M12	M16	M20	M24	M30	M36	M42	M48
s_{max}	7	8	10	13	16	18	24	30	36	46	55	65	75
e_{min}	—	8.63	10.9	14.2	17.6	19.9	26.2	33.0	39.6	50.9	60.8	72.0	82.6
m_{max}	—	5.6	6.1	7.9	9.5	12.2	15.9	18.7	22.3	26.4	31.5	34.9	38.9
d_w	—	6.9	8.7	11.5	14.5	16.5	22.0	27.7	33.2	42.7	51.1	60.6	69.4

附表 8　垫圈　　　　　　　　　　　　　　　　　　　　　　　单位：mm

平垫圈　A 级（摘自 GB/T 97.1—2002）　　　　平垫圈　C 级（摘自 GB/T 95—2002）
平垫圈 倒角型 A 级（摘自 GB/T 97.2—2002）　　标准型弹簧垫圈（摘自 GB/T 93—1987）

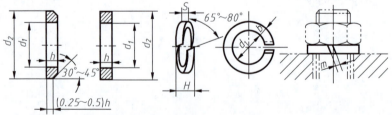

标记示例：

垫圈　GB/T 97.1　8（标准系列、规格 8mm、性能等级为 140HV、不经表面处理、产品等级为 A 级的平垫圈）
垫圈　GB/T 93　16（规格 16mm、材料为 65Mn、表面氧化的标准型弹簧垫圈）

续表

公称尺寸 d（螺纹规格）		4	5	6	8	10	12	14	16	20	24	30	36	42	48
GB/T 97.1(A级)	d_1	4.3	5.3	6.4	8.4	10.5	13.0	15	17	21	25	31	37	—	—
	d_2	9	10	12	16	20	24	28	30	37	44	56	66	—	—
	h	0.8	1	1.6	1.6	2	2.5	2.5	3	3	4	4	5	—	—
GB/T 97.2(A级)	d_1	—	5.3	6.4	8.4	10.5	13	15	17	21	25	31	37	—	—
	d_2	—	10	12	16	20	24	28	30	37	44	56	66	—	—
	h	—	1	1.6	1.6	2	2.5	2.5	3	3	4	4	5	—	—
GB/T 95(C级)	d_1	—	5.5	6.6	9	11	13.5	15.5	17.5	22	26	33	39	45	52
	d_2	—	10	12	16	20	24	28	30	37	44	56	66	78	92
	h	—	1	1.6	1.6	2	2.5	2.5	3	3	4	4	5	8	8
GB/T 93	d_1	4.1	5.1	6.1	8.1	10.2	12.2	—	16.2	20.2	24.5	30.5	36.5	42.5	48.5
	$S=b$	1.1	1.3	1.6	2.1	2.6	3.1	—	4.1	5	6	7.5	9	10.5	12
	H	2.8	3.3	4	5.3	6.5	7.8	—	10.3	12.5	15	18.6	22.5	26.3	30

注：1. A级适用于精装配系列，C级适用于中等装配系列。

2. C级垫圈没有 $Ra\,3.2\text{mm}$ 和去毛刺的要求。

附表 9　普通型平键及键槽的断面尺寸（摘自 GB/T 1095—2003～1096—2003）

单位：mm

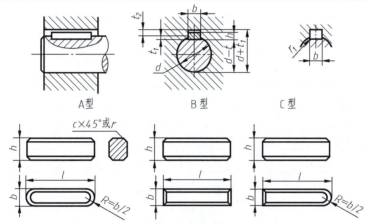

A型　　B型　　C型

标记示例：

GB/T 1096 键 16×10×100（圆头普通平键，$b=16\text{mm}$、$h=10\text{mm}$、$l=100\text{mm}$）

GB/T 1096 键 B16×10×100（平头普通平键，$b=16\text{mm}$、$h=10\text{mm}$、$l=100\text{mm}$）

轴径 d	键的公称尺寸			键槽											
				宽度 b						深度				半径 r	
	b	h	l	b	较松键连接		一般键连接		较紧键连接	轴		毂		最小	最大
					轴 H9	毂 D10	轴 N9	毂 JS9	轴和毂 P9	t_1	偏差	t_2	偏差		
6～8	2	2	6～20	2	+0.025 / 0	+0.060 / +0.020	−0.004 / −0.029	±0.0125	−0.006 / −0.031	2	+0.1 / 0	1	+0.1 / 0	0.08	0.16
>8～10	3	3	6～36	3	+0.025 / 0	+0.060 / +0.020	−0.004 / −0.029	±0.0125	−0.006 / −0.031	1.8	+0.1 / 0	1.4	+0.1 / 0	0.08	0.16
>10～12	4	4	8～45	4	+0.030 / 0	+0.078 / +0.030	0 / −0.030	±0.015	−0.012 / −0.042	2.5	+0.1 / 0	1.8	+0.1 / 0	0.08	0.16
>12～17	5	5	10～56	5	+0.030 / 0	+0.078 / +0.030	0 / −0.030	±0.015	−0.012 / −0.042	3	+0.1 / 0	2.3	+0.1 / 0	0.16	0.25
>17～22	6	6	14～70	6	+0.030 / 0	+0.078 / +0.030	0 / −0.030	±0.015	−0.012 / −0.042	3.5	+0.1 / 0	2.8	+0.1 / 0	0.16	0.25
>22～30	8	7	18～90	8	+0.036 / 0	+0.098 / +0.040	0 / −0.036	±0.018	−0.015 / −0.051	4.0	+0.1 / 0	3.3	+0.1 / 0	0.16	0.25
>30～38	10	8	22～110	10	+0.036 / 0	+0.098 / +0.040	0 / −0.036	±0.018	−0.015 / −0.051	5.0	+0.1 / 0	3.3	+0.1 / 0	0.16	0.25
>38～44	12	8	28～140	12	+0.043 / 0	+0.120 / +0.050	0 / −0.043	±0.0215	−0.018 / −0.061	5.0	+0.2 / 0	3.3	+0.2 / 0	0.25	0.40
>44～50	14	9	36～160	14	+0.043 / 0	+0.120 / +0.050	0 / −0.043	±0.0215	−0.018 / −0.061	5.5	+0.2 / 0	3.8	+0.2 / 0	0.25	0.40
>50～58	16	10	45～180	16	+0.043 / 0	+0.120 / +0.050	0 / −0.043	±0.0215	−0.018 / −0.061	6.0	+0.2 / 0	4.3	+0.2 / 0	0.25	0.40
>58～65	18	11	50～200	18	+0.043 / 0	+0.120 / +0.050	0 / −0.043	±0.0215	−0.018 / −0.061	7.0	+0.2 / 0	4.4	+0.2 / 0	0.25	0.40
l（系列）	6,8,10,12,14,16,18,20,22,25,28,32,36,40,45,50,56,63,70,80,90,100,110,125,140,160,180,200														

注：1. $d-t_1$ 和 $d+t_2$ 的偏差按相应的 t_1 和 t_2 的偏差选取，但 $d-t_1$ 的偏差值应取负号。

2. 键 b 的极限偏差为 h9，h 的极限偏差为 h11，l 的极限偏差为 h14。

附表 10　圆柱销　不淬硬钢和奥氏体不锈钢（GB/T 119.1—2000）　单位：mm

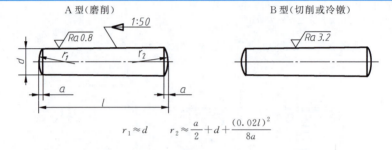

标记示例：

销 GB/T 119.1 10×50（公称直径 $d=10$mm、长度 $l=50$mm、材料为钢、不经淬火、不经表面处理的圆柱销）

销 GB/T 119.1 10×50-A1（公称直径 $d=10$mm、长度 $l=50$mm、材料为 A1 组奥氏体不锈钢、表面简单处理的圆柱销）

d(公称)	2	3	4	5	6	8	10	12	16	20	25
$c\approx$	0.35	0.5	0.63	0.8	1.2	1.6	2.0	2.5	3.0	3.5	4.0
l(范围)	6～20	8～30	8～40	10～50	12～60	14～80	18～95	22～140	26～180	35～200	50～200
l(系列)	2、3、4、5、6～32(2 进位)、35～100(5 进位)、120～200(20 进位)										

附表 11　圆锥销（GB/T 117—2000）　单位：mm

A 型（磨削）　　　　　　　　　　　　　　　B 型（切削或冷镦）

$$r_1\approx d \qquad r_2\approx\frac{a}{2}+d+\frac{(0.02l)^2}{8a}$$

标记示例：

销 GB/T 117 10×60（公称直径 $d=10$mm、公称长度 $l=60$mm、材料为 35 钢、热处理硬度 28～38HRC、表面氧化处理的 A 型圆锥销）

d	2	2.5	3	4	5	6	8	10	12	16	20
$a\approx$	0.25	0.3	0.4	0.5	0.63	0.8	1.0	1.2	1.6	2.0	2.5
l(范围)	10～35	10～35	12～45	14～55	18～60	22～90	22～120	26～160	32～180	40～200	45～200
l(系列)	2、3、4、5、6～32(2 进位)、35～100(5 进位)、120～200(20 进位)										

附表 12　滚动轴承

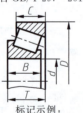

深沟球轴承（摘自 GB/T 276—2013）　　　圆锥滚子轴承（摘自 GB/T 297—2015）　　　单向推力球轴承（摘自 GB/T 301—2015）

标记示例：
滚动轴承　6310　GB/T 276

标记示例：
滚动轴承　30212　GB/T 297

标记示例：
滚动轴承　51308　GB/T 301

轴承型号	尺寸/mm			轴承型号	尺寸/mm					轴承型号	尺寸/mm			
	d	D	B		d	D	B	C	T		d	D	T	d_1
尺寸系列[(0)2]				尺寸系列[02]						尺寸系列[12]				
6202	15	35	11	30203	17	40	12	11	13.25	51202	15	32	12	17
6203	17	40	12	30204	20	47	14	12	15.25	51203	17	35	12	19
6204	20	47	14	30205	25	52	15	13	16.25	51204	20	40	14	22
6205	25	52	15	30206	30	62	16	14	17.25	51205	25	47	15	27
6206	30	62	16	30207	35	72	17	15	18.25	51206	30	52	16	32
6207	35	72	17	30208	40	80	18	16	19.75	51207	35	62	18	37
6208	40	80	18	30209	45	85	19	16	20.75	51208	40	68	19	42
6209	45	85	19	30210	50	90	20	17	21.75	51209	45	73	20	47
6210	50	90	20	30211	55	100	21	18	22.75	51210	50	78	22	52
6211	55	100	21	30212	60	110	22	19	23.75	51211	55	90	25	57
6212	60	110	22	30213	65	120	23	20	24.75	51212	60	95	26	62

续表

轴承型号	尺寸/mm			轴承型号	尺寸/mm					轴承型号	尺寸/mm			
	d	D	B		d	D	B	C	T		d	D	T	d_1
尺寸系列[(0)3]				尺寸系列[03]						尺寸系列[13]				
6302	15	42	13	30302	15	42	13	11	14.25	51304	20	47	18	22
6303	17	47	14	30303	17	47	14	12	15.25	51305	25	52	18	27
6304	20	52	15	30304	20	52	15	13	16.25	51306	30	60	21	32
6305	25	62	17	30305	25	62	17	15	18.25	51307	35	68	24	37
6306	30	72	19	30306	30	72	19	16	20.75	51308	40	78	26	42
6307	35	80	21	30307	35	80	21	18	22.75	51309	45	85	28	47
6308	40	90	23	30308	40	90	23	20	25.25	51310	50	95	31	52
6309	45	100	25	30309	45	100	25	22	27.25	51311	55	105	35	57
6310	50	110	27	30310	50	110	27	23	29.25	51312	60	110	35	62
6311	55	120	29	30311	55	120	29	25	30.50	51313	65	115	36	67
6312	60	130	31	30312	60	130	31	26	33.50	51314	70	125	40	72

三、极限与配合

附表 13　标准公差数值（摘自 GB/T 1800.1—2020）

公称尺寸/mm		标准公差等级																	
大于	至	IT1	IT2	IT3	IT4	IT5	IT6	IT7	IT8	IT9	IT10	IT11	IT12	IT13	IT14	IT15	IT16	IT17	IT18
		μm											mm						
—	3	0.8	1.2	2	3	4	6	10	14	25	40	60	0.1	0.14	0.25	0.4	0.6	1	1.4
3	6	1	1.5	2.5	4	5	8	12	18	30	48	75	0.12	0.18	0.3	0.45	0.75	1.2	1.8
6	10	1	1.5	2.5	4	6	9	15	22	36	58	90	0.15	0.22	0.36	0.58	0.9	1.5	2.2
10	18	1.2	2	3	5	8	11	18	27	43	70	110	0.18	0.27	0.43	0.7	1.1	1.8	2.7
18	30	1.5	2.5	4	6	9	13	21	33	52	84	130	0.21	0.33	0.52	0.84	1.3	2.1	3.3
30	50	1.5	2.5	4	7	11	16	25	39	62	100	160	0.25	0.39	0.62	1	1.6	2.5	3.9
50	80	2	3	5	8	13	19	30	46	74	120	190	0.3	0.46	0.74	1.2	1.9	3	4.6
80	120	2.5	4	6	10	15	22	35	54	87	140	220	0.35	0.54	0.87	1.4	2.2	3.5	5.4
120	180	3.5	5	8	12	18	25	40	63	100	160	250	0.4	0.63	1	1.6	2.5	4	6.3
180	250	4.5	7	10	14	20	29	46	72	115	185	290	0.46	0.72	1.15	1.85	2.6	4.6	7.2
250	315	6	8	12	16	23	32	52	81	130	210	320	0.52	0.81	1.3	2.1	3.2	5.2	8.1
315	400	7	9	13	18	25	36	57	89	140	230	360	0.57	0.89	1.4	2.3	3.6	5.7	8.9
400	500	8	10	15	20	27	40	63	97	155	250	400	0.63	0.97	1.55	2.5	4	6.3	9.7

附表 14　轴的极限偏差（摘自 GB/T 1800.2—2020）

公称尺寸/mm		常用公差带/μm												
		a	b		c			d				e		
大于	至	11	11	12	9	10	11	8	9	10	11	7	8	9
—	3	−270 −330	−140 −200	−140 −240	−60 −85	−60 −100	−60 −120	−20 −34	−20 −45	−20 −60	−20 −80	−14 −24	−14 −28	−14 −39
3	6	−270 −345	−140 −215	−140 −260	−70 −100	−70 −118	−70 −145	−30 −48	−30 −60	−30 −78	−30 −108	−20 −32	−20 −38	−20 −50
6	10	−280 −370	−150 −240	−150 −300	−80 −116	−80 −138	−80 −170	−40 −62	−40 −76	−40 −98	−40 −130	−25 −40	−25 −47	−25 −61
10	14	−290 −400	−150 −260	−150 −330	−95 −165	−95 −165	−95 −205	−50 −77	−50 −93	−50 −120	−50 −160	−32 −50	−32 −59	−32 −75
14	18													
18	24	−300 −430	−160 −290	−160 −370	−110 −162	−110 −194	−110 −240	−65 −98	−65 −117	−65 −149	−65 −195	−40 −61	−40 −73	−40 −92
24	30													

续表

公称尺寸/mm 大于	至	a11	b11	b12	c9	c10	c11	d8	d9	d10	d11	e7	e8	e9
30	40	−310 / −470	−170 / −330	−170 / −420	−120 / −182	−120 / −220	−120 / −280	−80 / −119	−80 / −142	−80 / −180	−80 / −240	−50 / −75	−50 / −89	−50 / −112
40	50	−320 / −480	−180 / −340	−180 / −430	−130 / −192	−130 / −230	−130 / −290	−80 / −119	−80 / −142	−80 / −180	−80 / −240	−50 / −75	−50 / −89	−50 / −112
50	65	−340 / −530	−190 / −380	−190 / −490	−140 / −214	−140 / −260	−140 / −330	−100 / −146	−100 / −174	−100 / −220	−100 / −290	−60 / −90	−60 / −106	−60 / −134
65	80	−360 / −550	−200 / −390	−200 / −500	−150 / −224	−150 / −270	−150 / −340	−100 / −146	−100 / −174	−100 / −220	−100 / −290	−60 / −90	−60 / −106	−60 / −134
80	100	−380 / −600	−220 / −440	−220 / −570	−170 / −257	−170 / −310	−170 / −399	−120 / −174	−120 / −207	−120 / −260	−120 / −340	−72 / −107	−72 / −126	−72 / −159
100	120	−410 / −630	−240 / −460	−240 / −590	−180 / −267	−180 / −320	−180 / −400	−120 / −174	−120 / −207	−120 / −260	−120 / −340	−72 / −107	−72 / −126	−72 / −159
120	140	−520 / −710	−260 / −510	−260 / −660	−200 / −300	−200 / −360	−200 / −450	−145 / −208	−145 / −245	−145 / −305	−145 / −395	−85 / −125	−85 / −148	−85 / −185
140	160	−460 / −770	−280 / −530	−280 / −680	−210 / −310	−210 / −370	−210 / −460	−145 / −208	−145 / −245	−145 / −305	−145 / −395	−85 / −125	−85 / −148	−85 / −185
160	180	−580 / −830	−310 / −560	−310 / −710	−230 / −330	−230 / −390	−230 / −480	−145 / −208	−145 / −245	−145 / −305	−145 / −395	−85 / −125	−85 / −148	−85 / −185
180	200	−660 / −950	−340 / −630	−340 / −800	−240 / −355	−240 / −425	−240 / −530	−170 / −242	−170 / −285	−170 / −355	−170 / −460	−100 / −146	−100 / −172	−100 / −215
200	225	−740 / −1030	−380 / −670	−380 / −840	−260 / −375	−260 / −445	−260 / −550	−170 / −242	−170 / −285	−170 / −355	−170 / −460	−100 / −146	−100 / −172	−100 / −215
225	250	−820 / −1110	−420 / −710	−420 / −880	−280 / −395	−280 / −465	−280 / −570	−170 / −242	−170 / −285	−170 / −355	−170 / −460	−100 / −146	−100 / −172	−100 / −215
250	280	−920 / −1240	−480 / −800	−480 / −1000	−300 / −430	−300 / −510	−300 / −620	−190 / −271	−190 / −320	−190 / −400	−190 / −510	−110 / −162	−110 / −191	−110 / −240
280	315	−1050 / −1370	−540 / −860	−540 / −1060	−330 / −460	−330 / −540	−330 / −650	−190 / −271	−190 / −320	−190 / −400	−190 / −510	−110 / −162	−110 / −191	−110 / −240
315	355	−1200 / −1560	−600 / −960	−800 / −1170	−360 / −500	−360 / −590	−360 / −720	−210 / −299	−210 / −350	−210 / −440	−210 / −570	−125 / −182	−125 / −214	−125 / −265
355	400	−1350 / −1710	−680 / −1040	−680 / −1250	−400 / −540	−400 / −630	−400 / −760	−210 / −299	−210 / −350	−210 / −440	−210 / −570	−125 / −182	−125 / −214	−125 / −265

公称尺寸/mm 大于	至	f5	f6	f7	f8	f9	g5	g6	g7	h5	h6	h7	h8	h9	h10	h11	h12
—	3	−6 / −10	−6 / −12	−6 / −16	−6 / −20	−6 / −31	−2 / −6	−2 / −8	−2 / −12	0 / −4	0 / −6	0 / −10	0 / −14	0 / −25	0 / −40	0 / −60	0 / −100
3	6	−10 / −15	−10 / −18	−10 / −22	−10 / −28	−10 / −40	−4 / −9	−4 / −12	−4 / −16	0 / −5	0 / −8	0 / −12	0 / −18	0 / −30	0 / −48	0 / −75	0 / −120
6	10	−13 / −19	−13 / −22	−13 / −28	−13 / −35	−13 / −49	−5 / −11	−5 / −14	−5 / −20	0 / −6	0 / −9	0 / −15	0 / −22	0 / −36	0 / −58	0 / −90	0 / −150
10	14	−16 / −24	−16 / −27	−16 / −34	−16 / −43	−16 / −59	−6 / −14	−6 / −17	−6 / −24	0 / −8	0 / −11	0 / −18	0 / −27	0 / −43	0 / −70	0 / −110	0 / −180
14	18	−16 / −24	−16 / −27	−16 / −34	−16 / −43	−16 / −59	−6 / −14	−6 / −17	−6 / −24	0 / −8	0 / −11	0 / −18	0 / −27	0 / −43	0 / −70	0 / −110	0 / −180
18	24	−20 / −29	−20 / −33	−20 / −41	−20 / −53	−20 / −72	−7 / −16	−7 / −20	−7 / −28	0 / −9	0 / −13	0 / −21	0 / −33	0 / −52	0 / −84	0 / −130	0 / −210
24	30	−20 / −29	−20 / −33	−20 / −41	−20 / −53	−20 / −72	−7 / −16	−7 / −20	−7 / −28	0 / −9	0 / −13	0 / −21	0 / −33	0 / −52	0 / −84	0 / −130	0 / −210
30	40	−25 / −36	−25 / −41	−25 / −50	−25 / −64	−25 / −87	−9 / −20	−9 / −25	−9 / −34	0 / −11	0 / −16	0 / −25	0 / −39	0 / −62	0 / −100	0 / −160	0 / −250
40	50	−25 / −36	−25 / −41	−25 / −50	−25 / −64	−25 / −87	−9 / −20	−9 / −25	−9 / −34	0 / −11	0 / −16	0 / −25	0 / −39	0 / −62	0 / −100	0 / −160	0 / −250

续表

公称尺寸/mm		常用公差带/μm															
		f					g			h							
大于	至	5	6	7	8	9	5	6	7	5	6	7	8	9	10	11	12
50	65	−30/−43	−30/−49	−30/−60	−30/−76	−30/−104	−10/−23	−10/−29	−10/−40	0/−13	0/−19	0/−30	0/−46	0/−74	0/−120	0/−190	0/−300
65	80	−30/−43	−30/−49	−30/−60	−30/−76	−30/−104	−10/−23	−10/−29	−10/−40	0/−13	0/−19	0/−30	0/−46	0/−74	0/−120	0/−190	0/−300
80	100	−36/−51	−36/−58	−36/−71	−36/−90	−36/−123	−12/−27	−12/−34	−12/−47	0/−15	0/−22	0/−35	0/−54	0/−87	0/−140	0/−220	0/−350
100	120	−36/−51	−36/−58	−36/−71	−36/−90	−36/−123	−12/−27	−12/−34	−12/−47	0/−15	0/−22	0/−35	0/−54	0/−87	0/−140	0/−220	0/−350
120	140	−43/−61	−43/−68	−43/−83	−43/−106	−43/−143	−14/−32	−14/−39	−14/−54	0/−18	0/−25	0/−40	0/−63	0/−100	0/−160	0/−250	0/−400
140	160	−43/−61	−43/−68	−43/−83	−43/−106	−43/−143	−14/−32	−14/−39	−14/−54	0/−18	0/−25	0/−40	0/−63	0/−100	0/−160	0/−250	0/−400
160	180	−43/−61	−43/−68	−43/−83	−43/−106	−43/−143	−14/−32	−14/−39	−14/−54	0/−18	0/−25	0/−40	0/−63	0/−100	0/−160	0/−250	0/−400
180	200	−50/−70	−50/−79	−50/−96	−50/−122	−50/−165	−15/−35	−15/−44	−15/−61	0/−20	0/−29	0/−46	0/−72	0/−115	0/−185	0/−290	0/−460
200	225	−50/−70	−50/−79	−50/−96	−50/−122	−50/−165	−15/−35	−15/−44	−15/−61	0/−20	0/−29	0/−46	0/−72	0/−115	0/−185	0/−290	0/−460
225	250	−50/−70	−50/−79	−50/−96	−50/−122	−50/−165	−15/−35	−15/−44	−15/−61	0/−20	0/−29	0/−46	0/−72	0/−115	0/−185	0/−290	0/−460
250	280	−56/−79	−56/−88	−56/−108	−56/−137	−56/−186	−17/−40	−17/−49	−17/−69	0/−23	0/−32	0/−52	0/−81	0/−130	0/−210	0/−320	0/−520
280	315	−56/−79	−56/−88	−56/−108	−56/−137	−56/−186	−17/−40	−17/−49	−17/−69	0/−23	0/−32	0/−52	0/−81	0/−130	0/−210	0/−320	0/−520
315	355	−62/−87	−62/−98	−62/−119	−62/−151	−62/−202	−18/−43	−18/−54	−18/−75	0/−25	0/−36	0/−57	0/−89	0/−140	0/−230	0/−360	0/−570
355	400	−62/−87	−62/−98	−62/−119	−62/−151	−62/−202	−18/−43	−18/−54	−18/−75	0/−25	0/−36	0/−57	0/−89	0/−140	0/−230	0/−360	0/−570

公称尺寸/mm		常用公差带/μm													
		js			k			m			n			p		
大于	至	5	6	7	5	6	7	5	6	7	5	6	7	5	6	7
—	3	±2	±3	±5	+4/0	+6/0	+10/0	+6/+2	+8/+2	+12/+2	+8/+4	+10/+4	+14/+4	+10/+6	+12/+6	+16/+6
3	6	2.5	±4	±6	+6/+1	+9/+1	+13/+1	+9/+4	+12/+4	+16/+4	+13/+8	+16/+8	+20/+8	+17/+12	+20/+12	+24/+12
6	10	3	±4.5	±7	+7/+1	+10/+1	+16/+1	+12/+6	+15/+6	+21/+6	+16/+10	+19/+10	+25/+10	+21/+15	+24/+15	+30/+15
10	14	±4	±5.5	±9	+9/+1	+12/+1	+19/+1	+15/+7	+18/+7	+25/+7	+20/+12	+23/+12	+30/+12	+26/+18	+29/+18	+38/+18
14	18	±4	±5.5	±9	+9/+1	+12/+1	+19/+1	+15/+7	+18/+7	+25/+7	+20/+12	+23/+12	+30/+12	+26/+18	+29/+18	+38/+18
18	24	±4.5	±6.5	±10	+11/+2	+15/+2	+23/+2	+17/+8	+21/+8	+29/+8	+24/+15	+28/+15	+36/+15	+31/+22	+35/+22	+43/+22
24	30	±4.5	±6.5	±10	+11/+2	+15/+2	+23/+2	+17/+8	+21/+8	+29/+8	+24/+15	+28/+15	+36/+15	+31/+22	+35/+22	+43/+22
30	40	±5.5	±8	±12	+13/+2	+18/+2	+27/+2	+20/+9	+25/+9	+34/+9	+28/+17	+33/+17	+42/+17	+37/+26	+42/+26	+51/+26
40	50	±5.5	±8	±12	+13/+2	+18/+2	+27/+2	+20/+9	+25/+9	+34/+9	+28/+17	+33/+17	+42/+17	+37/+26	+42/+26	+51/+26
50	65	±6.5	±9.5	±15	+15/+2	+21/+2	+32/+2	+24/+11	+30/+11	+41/+11	+33/+20	+39/+20	+50/+20	+45/+32	+51/+32	+62/+32
65	80	±6.5	±9.5	±15	+15/+2	+21/+2	+32/+2	+24/+11	+30/+11	+41/+11	+33/+20	+39/+20	+50/+20	+45/+32	+51/+32	+62/+32
80	100	±7.5	±11	±17	+18/+3	+25/+3	+38/+3	+28/+13	+35/+13	+48/+13	+38/+23	+45/+23	+58/+23	+52/+37	+59/+37	+72/+37
100	120	±7.5	±11	±17	+18/+3	+25/+3	+38/+3	+28/+13	+35/+13	+48/+13	+38/+23	+45/+23	+58/+23	+52/+37	+59/+37	+72/+37
120	140	±9	±12.5	±20	+21/+3	+28/+3	+43/+3	+33/+15	+40/+15	+55/+15	+45/+27	+52/+27	+67/+27	+61/+43	+68/+43	+83/+43
140	160	±9	±12.5	±20	+21/+3	+28/+3	+43/+3	+33/+15	+40/+15	+55/+15	+45/+27	+52/+27	+67/+27	+61/+43	+68/+43	+83/+43
160	180	±9	±12.5	±20	+21/+3	+28/+3	+43/+3	+33/+15	+40/+15	+55/+15	+45/+27	+52/+27	+67/+27	+61/+43	+68/+43	+83/+43
180	200	±10	±14.5	±23	+24/+4	+33/+4	+50/+4	+37/+17	+46/+17	+63/+17	+51/+31	+60/+31	+77/+31	+70/+50	+79/+50	+96/+50
200	225	±10	±14.5	±23	+24/+4	+33/+4	+50/+4	+37/+17	+46/+17	+63/+17	+51/+31	+60/+31	+77/+31	+70/+50	+79/+50	+96/+50
225	250	±10	±14.5	±23	+24/+4	+33/+4	+50/+4	+37/+17	+46/+17	+63/+17	+51/+31	+60/+31	+77/+31	+70/+50	+79/+50	+96/+50
250	280	±11.5	±16	±26	+27/+4	+36/+4	+56/+4	+43/+20	+52/+20	+72/+20	+57/+34	+66/+34	+86/+34	+79/+56	+88/+56	+108/+56
280	315	±11.5	±16	±26	+27/+4	+36/+4	+56/+4	+43/+20	+52/+20	+72/+20	+57/+34	+66/+34	+86/+34	+79/+56	+88/+56	+108/+56
315	355	±12.5	±18	±28	+29/+4	+40/+4	+61/+4	+46/+21	+57/+21	+78/+21	+62/+37	+73/+37	+94/+37	+87/+62	+98/+62	+119/+62
355	400	±12.5	±18	±28	+29/+4	+40/+4	+61/+4	+46/+21	+57/+21	+78/+21	+62/+37	+73/+37	+94/+37	+87/+62	+98/+62	+119/+62

公称尺寸/mm		常用公差带/μm												
		r			s			t			u		v	x	y	z
大于	至	5	6	7	5	6	7	5	6	7	6	7	6	6	6	6
—	3	+14/+10	+16/+10	+20/+10	+18/+14	+20/+14	+24/+14	—	—	—	+24/+18	+28/+18	—	+26/+22	—	+32/+26

续表

| 公称尺寸/mm | | 常用公差带/μm | | | | | | | | | | | | | | |
大于	至	r5	r6	r7	s5	s6	s7	t5	t6	t7	u6	u7	v6	x6	y6	z6
3	6	+20/+15	+23/+15	+27/+15	24/+19	27/+19	+31/+19	—	—	—	+31/+23	+35/+23	—	+36/+28	—	+43/+35
6	10	+25/+19	+28/+19	+34/+19	+29/+23	+32/+23	+38/+23	—	—	—	+37/+28	+43/+28	—	+43/+34	—	+51/+42
10	14	+31/+23	+34/+23	+41/+23	+36/+28	+39/+28	+46/+28	—	—	—	+44/+33	+51/+33	—	+51/+40	—	+61/+50
14	18							—	—	—			+50/+39	+56/+45	—	+71/+60
18	24	+37/+28	+41/+28	+49/+28	+44/+35	+48/+35	+56/+35	—	—	—	+54/+41	+62/+41	+60/+47	+67/+54	+76/+63	+86/+73
24	30							+50/+41	+54/+41	+62/+41	+61/+48	+69/+48	+68/+55	+77/+64	+88/+75	+101/+88
30	40	+45/+34	+50/+34	+59/+34	+54/+43	+59/+43	+68/+43	+59/+48	+64/+48	+73/+48	+76/+60	+85/+60	+84/+68	+96/+80	+110/+94	+128/+112
40	50							+65/+54	+70/+54	+79/+54	+86/+70	+95/+70	+97/+81	+113/+97	+130/+114	+152/+136
50	65	+54/+41	+60/+41	+71/+41	+66/+53	+72/+53	+83/+53	+79/+66	+85/+66	+96/+66	+106/+87	+117/+87	+121/+102	+141/+122	+163/+144	+191/+172
65	80	+56/+43	+62/+43	+73/+43	+72/+59	+78/+59	+89/+59	+88/+75	+94/+75	+105/+75	+121/+102	+132/+102	+139/+120	+165/+146	+193/+174	+229/+210
80	100	+66/+51	+73/+51	+86/+51	+86/+71	+93/+71	+106/+71	+106/+91	+113/+91	+126/+91	+146/+124	+159/+124	+168/+146	+200/+178	+236/+214	+280/+258
100	120	+69/+54	+76/+54	+89/+54	+94/+79	+101/+79	+114/+79	+110/+104	+126/+104	+136/+104	+166/+144	+179/+144	+194/+172	+232/+210	+276/+254	+332/+310
120	140	+81/+63	+88/+63	+103/+63	+110/+92	+117/+92	+132/+92	+140/+122	+147/+122	+162/+122	+195/+170	+210/+170	+227/+202	+273/+248	+325/+300	+390/+365
140	160	+83/+65	+90/+65	+105/+65	+118/+100	125/+100	140/+100	+152/+134	+159/+134	+174/+134	+215/+190	+230/+190	+253/+228	+305/+280	+365/+340	+440/+415
160	180	+86/+68	+93/+68	+108/+68	+126/+108	+133/+108	+148/+108	+164/+146	+171/+146	+186/+146	+235/+210	+250/+210	+277/+252	+335/+310	+405/+380	+490/+465
180	200	+97/+77	+106/+77	+123/+77	+142/+122	+151/+122	+168/+122	+185/+166	+195/+166	+212/+166	+265/+236	+282/+236	+313/+284	+379/+350	+454/+425	+549/+520
200	225	+100/+80	+109/+80	+126/+80	+150/+130	+159/+130	+176/+130	+200/+180	+209/+180	+226/+180	+287/+258	+304/+258	+339/+310	+414/+385	+499/+470	+604/+575
225	250	+104/+84	+113/+84	+130/+84	+160/+140	+169/+140	+186/+140	+216/+196	+225/+196	+242/+196	+313/+284	+330/+284	+369/+340	+454/+425	+549/+520	+669/+640
250	280	+117/+94	+126/+94	+146/+94	+181/+158	+290/+158	+210/+158	+241/+218	+250/+218	+270/+218	+347/+315	+367/+315	+417/+385	+507/+475	+612/+580	+742/+710
280	315	+121/+98	+130/+98	+150/+98	+193/+170	+202/+170	+222/+170	+263/+240	+272/+240	+292/+240	+382/+350	+402/+350	+457/+425	+557/+525	+682/+650	+822/+790
315	355	+133/+108	+144/+108	+165/+108	+215/+190	+226/+190	+247/+190	+293/+268	+304/+268	+325/+268	+426/+390	+447/+390	+511/+475	+626/+590	+766/+730	+936/+900
355	400	+139/+114	+150/+114	+171/+114	+233/+208	+200/+208	+265/+208	+319/+294	+330/+294	+351/+294	+471/+435	+492/+435	+566/+530	+696/+660	+856/+820	+1036/+1000

附表 15　孔的极限偏差（摘自 GB/T 1800.2—2020）

注：各单元格数值按「上极限偏差／下极限偏差」表示，单位为 μm。

公称尺寸/mm 大于	至	A 11	B 11	C 12	C 11	D 8	D 9	D 10	D 11	E 8	E 9	F 6	F 7	F 8	F 9
—	3	+330/+270	+200/+140	+240/+140	+120/+60	+34/+20	+45/+20	+60/+20	+80/+20	+28/+14	+39/+14	+12/+6	+16/+6	+20/+6	+31/+6
3	6	+345/+270	+215/+140	+260/+140	+145/+70	+48/+30	+60/+30	+78/+30	+108/+30	+38/+20	+50/+20	+18/+10	+22/+10	+28/+10	+40/+10
6	10	+370/+280	+240/+150	+300/+150	+170/+80	+62/+40	+76/+40	+98/+40	+130/+40	+47/+25	+61/+25	+22/+13	+28/+13	+35/+13	+49/+13
10	14	+400/+290	+260/+150	+330/+150	+205/+95	+77/+50	+93/+50	+120/+50	+160/+50	+59/+32	+75/+32	+27/+16	+34/+16	+43/+16	+59/+16
14	18	+400/+290	+260/+150	+330/+150	+205/+95	+77/+50	+93/+50	+120/+50	+160/+50	+59/+32	+75/+32	+27/+16	+34/+16	+43/+16	+59/+16
18	24	+430/+300	+290/+160	+370/+160	+240/+110	+98/+65	+117/+65	+149/+65	+195/+65	+73/+40	+92/+40	+33/+20	+41/+20	+53/+20	+72/+20
24	30	+430/+300	+290/+160	+370/+160	+240/+110	+98/+65	+117/+65	+149/+65	+195/+65	+73/+40	+92/+40	+33/+20	+41/+20	+53/+20	+72/+20
30	40	+470/+310	+330/+170	+420/+170	+280/+120	+119/+80	+142/+80	+180/+80	+240/+80	+89/+50	+112/+50	+41/+25	+50/+25	+64/+25	+87/+25
40	50	+480/+320	+340/+180	+430/+180	+290/+130	+119/+80	+142/+80	+180/+80	+240/+80	+89/+50	+112/+50	+41/+25	+50/+25	+64/+25	+87/+25
50	65	+530/+340	+380/+190	+490/+190	+330/+140	+146/+100	+174/+100	+220/+100	+290/+100	+106/+60	+134/+60	+49/+30	+60/+30	+76/+30	+104/+30
65	80	+550/+360	+390/+200	+500/+200	+340/+150	+146/+100	+174/+100	+220/+100	+290/+100	+106/+60	+134/+60	+49/+30	+60/+30	+76/+30	+104/+30
80	100	+600/+380	+440/+220	+570/+220	+399/+170	+174/+120	+207/+120	+260/+120	+340/+120	+126/+72	+159/+72	+58/+36	+71/+36	+90/+36	+123/+36
100	120	+630/+410	+460/+240	+590/+240	+400/+180	+174/+120	+207/+120	+260/+120	+340/+120	+126/+72	+159/+72	+58/+36	+71/+36	+90/+36	+123/+36
120	140	+710/+520	+510/+260	+660/+260	+450/+200	+208/+145	+245/+145	+305/+145	+395/+145	+148/+85	+185/+85	+68/+43	+83/+43	+106/+43	+143/+43
140	160	+770/+460	+530/+280	+680/+280	+460/+210	+208/+145	+245/+145	+305/+145	+395/+145	+148/+85	+185/+85	+68/+43	+83/+43	+106/+43	+143/+43
160	180	+830/+580	+560/+310	+710/+310	+480/+230	+208/+145	+245/+145	+305/+145	+395/+145	+148/+85	+185/+85	+68/+43	+83/+43	+106/+43	+143/+43
180	200	+950/+660	+630/+340	+800/+340	+530/+240	+242/+170	+285/+170	+355/+170	+460/+170	+172/+100	+215/+100	+79/+50	+96/+50	+122/+50	+165/+50
200	225	+1030/+740	+670/+380	+840/+380	+550/+260	+242/+170	+285/+170	+355/+170	+460/+170	+172/+100	+215/+100	+79/+50	+96/+50	+122/+50	+165/+50
225	250	+1110/+820	+710/+420	+880/+420	+570/+280	+242/+170	+285/+170	+355/+170	+460/+170	+172/+100	+215/+100	+79/+50	+96/+50	+122/+50	+165/+50
250	280	+1240/+920	+800/+480	+1000/+480	+620/+300	+271/+190	+320/+190	+400/+190	+510/+190	+191/+110	+240/+110	+88/+56	+108/+56	+137/+56	+186/+56
280	315	+1370/+1050	+860/+540	+1060/+540	+650/+330	+271/+190	+320/+190	+400/+190	+510/+190	+191/+110	+240/+110	+88/+56	+108/+56	+137/+56	+186/+56
315	355	+1560/+1200	+960/+600	+1170/+800	+720/+360	+299/+210	+350/+210	+440/+210	+570/+210	+214/+125	+265/+125	+98/+62	+119/+62	+151/+62	+202/+62
355	400	+1710/+1350	+1040/+680	+1250/+680	+760/+400	+299/+210	+350/+210	+440/+210	+570/+210	+214/+125	+265/+125	+98/+62	+119/+62	+151/+62	+202/+62

公称尺寸/mm 大于	至	G 6	G 7	H 6	H 7	H 8	H 9	H 10	H 11	H 12	JS 6	JS 7	JS 8	K 6	K 7	K 8
—	3	+8/+2	+12/+2	+6/0	+10/0	+14/0	+25/0	+40/0	+60/0	+100/0	±3	±5	±7	0/−6	0/−10	0/−11

续表

公称尺寸/mm 大于	至	G6	G7	H6	H7	H8	H9	H10	H11	H12	JS6	JS7	JS8	K6	K7	K8
3	6	+12/+4	+16/+4	+8/0	+12/0	+18/0	+30/0	+48/0	+75/0	+120/0	±4	±6	±9	+2/-6	+3/-9	+5/-13
6	10	+14/+5	+20/+5	+9/0	+15/0	+22/0	+36/0	+58/0	+90/0	+150/0	±4.5	±7	±11	+2/-7	+5/-10	+6/-16
10	14	+17/+6	+24/+6	+11/0	+18/0	+27/0	+43/0	+70/0	+110/0	+180/0	±5.5	±9	±13	+2/-9	+6/-12	+8/-19
14	18	+17/+6	+24/+6	+11/0	+18/0	+27/0	+43/0	+70/0	+110/0	+180/0	±5.5	±9	±13	+2/-9	+6/-12	+8/-19
18	24	+20/+7	+28/+7	+13/0	+21/0	+33/0	+52/0	+84/0	+130/0	+210/0	±6.5	±10	±16	+2/-11	+6/-15	+10/-22
24	30	+20/+7	+28/+7	+13/0	+21/0	+33/0	+52/0	+84/0	+130/0	+210/0	±6.5	±10	±16	+2/-11	+6/-15	+10/-22
30	40	+25/+9	+34/+9	+16/0	+25/0	+39/0	+62/0	+100/0	+160/0	+250/0	±8	±12	±19	+3/-13	+7/-18	+12/-27
40	50	+25/+9	+34/+9	+16/0	+25/0	+39/0	+62/0	+100/0	+160/0	+250/0	±8	±12	±19	+3/-13	+7/-18	+12/-27
50	65	+29/+10	+40/+10	+19/0	+30/0	+46/0	+74/0	+120/0	+190/0	+300/0	±9.5	±15	±23	+4/-15	+9/-21	+14/-32
65	80	+29/+10	+40/+10	+19/0	+30/0	+46/0	+74/0	+120/0	+190/0	+300/0	±9.5	±15	±23	+4/-15	+9/-21	+14/-32
80	100	+34/+12	+47/+12	+22/0	+35/0	+54/0	+87/0	+140/0	+220/0	+350/0	±11	±17	±27	+4/-18	+10/-25	+16/-33
100	120	+34/+12	+47/+12	+22/0	+35/0	+54/0	+87/0	+140/0	+220/0	+350/0	±11	±17	±27	+4/-18	+10/-25	+16/-33
120	140	+39/+14	+54/+14	+25/0	+40/0	+63/0	+100/0	+160/0	+250/0	+400/0	±12.5	±20	±31	+4/-21	+12/-28	+20/-43
140	160	+39/+14	+54/+14	+25/0	+40/0	+63/0	+100/0	+160/0	+250/0	+400/0	±12.5	±20	±31	+4/-21	+12/-28	+20/-43
160	180	+39/+14	+54/+14	+25/0	+40/0	+63/0	+100/0	+160/0	+250/0	+400/0	±12.5	±20	±31	+4/-21	+12/-28	+20/-43
180	200	+44/+15	+61/+15	+29/0	+46/0	+72/0	+115/0	+185/0	+290/0	+460/0	±14.5	±23	±36	+5/-24	+13/-33	+22/-50
200	225	+44/+15	+61/+15	+29/0	+46/0	+72/0	+115/0	+185/0	+290/0	+460/0	±14.5	±23	±36	+5/-24	+13/-33	+22/-50
225	250	+44/+15	+61/+15	+29/0	+46/0	+72/0	+115/0	+185/0	+290/0	+460/0	±14.5	±23	±36	+5/-24	+13/-33	+22/-50
250	280	+49/+17	+69/+17	+32/0	+52/0	+81/0	+130/0	+210/0	+320/0	+520/0	±16	±26	±40	+5/-27	+16/-36	+25/-56
280	315	+49/+17	+69/+17	+32/0	+52/0	+81/0	+130/0	+210/0	+320/0	+520/0	±16	±26	±40	+5/-27	+16/-36	+25/-56
315	355	+54/+18	+75/+18	+36/0	+57/0	+89/0	+140/0	+230/0	+360/0	+570/0	±18	±28	±44	+7/-29	+17/-40	+28/-61
355	400	+54/+18	+75/+18	+36/0	+57/0	+89/0	+140/0	+230/0	+360/0	+570/0	±18	±28	±44	+7/-29	+17/-40	+28/-61

常用公差带/μm

公称尺寸/mm 大于	至	M6	M7	M8	N6	N7	N8	P6	P7	R6	R7	S6	S7	T6	T7	U7
—	3	-2/-8	-2/-12	-2/-16	-4/-10	-4/-14	-4/-18	-6/-12	-6/-16	-10/-16	-10/-20	-14/-20	-14/-24	—	—	-18/-28
3	6	-1/-9	0/-12	+2/-16	-5/-13	-4/-16	-2/-20	-9/-17	-8/-20	-12/-20	-11/-23	-16/-24	-15/-27	—	—	-19/-31
6	10	-3/-12	0/-15	+1/-21	-7/-16	-4/-19	-3/-25	-12/-21	-9/-24	-16/-25	-13/-28	-20/-29	-17/-32	—	—	-22/-37
10	14	-4/-15	0/-18	+2/-25	-9/-20	-5/-23	-3/-20	-15/-26	-11/-29	-20/-31	-16/-34	-25/-36	-21/-39	—	—	-26/-44
14	18	-4/-15	0/-18	+2/-25	-9/-20	-5/-23	-3/-20	-15/-26	-11/-29	-20/-31	-16/-34	-25/-36	-21/-39	—	—	-26/-44
18	24	-4/-17	0/-21	+4/-29	-11/-24	-7/-28	-3/-36	-18/-31	-14/-35	-24/-37	-20/-41	-31/-44	-27/-48	—	—	-33/-54
24	30	-4/-17	0/-21	+4/-29	-11/-24	-7/-28	-3/-36	-18/-31	-14/-35	-24/-37	-20/-41	-31/-44	-27/-48	-37/-50	-33/-54	-40/-61
30	40	-4/-20	0/-25	+5/-34	-12/-28	-8/-33	-3/-42	-21/-37	-17/-42	-29/-45	-25/-50	-38/-54	-34/-59	-43/-59	-39/-64	-51/-76
40	50	-4/-20	0/-25	+5/-34	-12/-28	-8/-33	-3/-42	-21/-37	-17/-42	-29/-45	-25/-50	-38/-54	-34/-59	-49/-65	-45/-70	-61/-76
50	65	-5/-24	0/-30	+5/-41	-14/-33	-9/-39	-4/-50	-26/-45	-21/-51	-35/-54	-30/-60	-47/-66	-42/-72	-60/-79	-55/-85	-86/-106
65	80	-5/-24	0/-30	+5/-41	-14/-33	-9/-39	-4/-50	-26/-45	-21/-51	-37/-56	-32/-62	-53/-72	-48/-78	-69/-88	-64/-94	-91/-121

续表

公称尺寸/mm		常用公差带/μm															
		M			N			P		R		S		T		U
大于	大于	6	7	8	6	7	8	6	7	6	7	6	7	6	7	7
80	100	−6 −28	0 −35	+6 −43	−16 −38	−10 −45	−4 −58	−30 −52	−24 −59	−44 −66	−38 −73	−64 −86	−58 −93	−84 −106	−78 −113	−111 −146
100	120									−47 −69	−41 −76	−72 −94	−66 −101	−97 −119	−91 −126	−131 −166
120	140	−8 −33	0 −40	+8 −55	−20 −45	−12 −52	−4 −67	−36 −61	−28 −68	−56 −81	−48 −88	−85 −110	−77 −117	−115 −140	−107 −147	−155 −195
140	160									−58 −83	−50 −90	−93 −118	−85 −125	−137 −152	−110 −159	−175 −215
160	180									−61 −86	−53 −93	−101 −126	−93 −133	−139 −164	−131 −171	−195 −235
180	200	−8 −37	0 −46	+9 −63	−22 −51	−14 −60	−5 −77	−41 −70	−33 −79	−68 −97	−60 −106	−113 −142	−101 −155	−157 −186	−149 −195	−219 −265
200	225									−71 −100	−63 −109	−121 −150	−113 −159	−171 −200	−163 −209	−241 −287
225	250									−75 −104	−67 −113	−131 −160	−123 −169	−187 −216	−179 −225	−317 −263
250	280	−9 −41	0 −52	+9 −72	−25 −57	−14 −66	−5 −86	−47 −79	−36 −88	−85 −117	−74 −126	−149 −181	−138 −190	−209 −241	−198 −250	−295 −347
280	315									−89 −121	−78 −130	−161 −193	−150 −202	−231 −263	−220 −272	−330 −382
315	355	−10 −46	0 −57	+11 −78	−26 −62	−16 −73	−5 −94	−51 −87	−41 −98	−97 −133	−87 −144	−179 −215	−169 −226	−257 −293	−247 −304	−369 −426
355	400									−103 −139	−93 −150	−197 −233	−187 −244	−283 −319	−273 −330	−414 −471

四、化工设备标准零部件

附表16　内压筒体壁厚（经验数据）

材料	工作压力/MPa	公称直径 DN/mm（筒体壁厚/mm）																											
		300	(350)	400	(450)	500	(550)	600	(650)	700	800	900	1000	(1100)	1200	1300	1400	(1500)	1600	(1700)	1800	(1900)	2000	(2100)	2200	(2300)	2400	2600	2800	3000
Q235-A Q235-A·F	≤0.3	3		3	3	3		3			4	4		5	5	5			5	5	5	5	5	6	6	6	6	6	8	8
	≤0.4	3	3	3	3		4	4			5	5	5	5	5	5	6	6	6	6	6	6	6	6	6	6	8	8	8	8
	≤0.6	3		4	4	4				4.5	4.5		6	6	6		8	8	8	8	8	8	10	10	10	10	10			
	≤1.0	4	4	4.5	4.5	5	6	6	6	6	6	8	8	8	8	10	10	10	10	12	12	12	12	12	14	14	14	16	16	16
	≤1.6	4.5	5	6	6	8	8	8	8	8	8	10	10	10	12	12	12	14	14	16	16	16	18	18	18	20	20	22	24	24
不锈钢	≤0.3	3	3	3					4	4	4	4	5	5	5	5	5	5	5	5	5	5	5	5	5	5	5	7	7	7
	≤0.4	3	3	3	3	3	3	3	3	4	4																7			
	≤0.6						5	5	5	5	5	6	6	6	7	7	7	8	8	9	9									
	≤1.0			4	4	4	4	5	5	5	5	6	6	7	8	8	9	9	10	10	12	12	12	14	14	16				
	≤1.6	4	4	5	5	6	6	7	7	7	7	8	8	9	10	12	12	12	14	14	14	16	16	18	18	18	20	20	22	24

附表 17　EHA 椭圆形封头形式参数　［摘自《压力容器封头》（GB/T 25198—2023）］

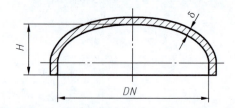

序号	公称直径 DN/mm	总深度 H/mm	内表面积 A/m²	容积 V/m³	序号	公称直径 DN/mm	总深度 H/mm	内表面积 A/m²	容积 V/m³
1	300	100	0.1211	0.0053	27	2200	590	5.5229	1.5459
2	350	113	0.1603	0.0080	28	2300	615	6.0233	1.7588
3	400	125	0.2049	0.0115	29	2400	640	6.5453	1.9905
4	450	138	0.2548	0.0159	30	2500	665	7.0891	2.2417
5	500	150	0.3103	0.0213	31	2600	690	7.6545	2.5131
6	550	163	0.3711	0.0277	32	2700	715	8.2415	2.8055
7	600	175	0.4374	0.0353	33	2800	740	8.8503	3.1198
8	650	188	0.5090	0.0442	34	2900	765	9.4807	3.4567
9	700	200	0.5861	0.0545	35	3000	790	10.1329	3.8170
10	750	213	0.6686	0.0663	36	3100	815	10.8067	4.2015
11	800	225	0.7566	0.0796	37	3200	840	11.5021	6.6110
12	850	238	0.8499	0.0946	38	3300	865	12.2193	5.0463
13	900	250	0.9487	0.1113	39	3400	890	12.9581	5.5080
14	950	263	1.0529	0.1300	40	3500	915	13.7186	5.9972
15	1000	275	1.1625	0.1505	41	3600	940	14.5008	6.5144
16	1100	300	1.3980	0.1980	42	3700	965	15.3047	7.0605
17	1200	325	1.6552	0.2545	43	3800	990	16.1303	7.6364
18	1300	350	1.9340	0.3208	44	3900	1015	16.9775	8.2427
19	1400	375	2.2346	0.3977	45	4000	1040	17.8464	8.8802
20	1500	400	2.5568	0.4860	46	4100	1065	18.7370	9.5498
21	1600	425	2.9007	0.5864	47	4200	1090	19.6493	10.2523
22	1700	450	3.2662	0.6999	48	4300	1115	20.5832	10.9883
23	1800	475	3.6535	0.8270	49	4400	1140	21.5389	11.7588
24	1900	500	4.0624	0.9687	50	4500	1165	22.5162	12.5644
25	2000	525	4.4930	1.1257	51	4600	1190	23.5152	13.4060
26	2100	565	5.0443	1.3508	52	4700	1215	24.5359	1402844

附表 18　管法兰（摘自 JB/T 81—2015）

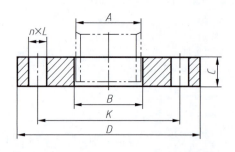

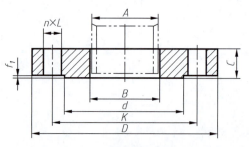

图 1　平面(FF)板式平焊钢制管法兰　　　　图 2　突面(RF)板式平焊钢制管法兰

表1　板式平焊钢制管法兰的密封面型式以及适用的公称压力和公称尺寸范围

法兰系列	密封面型式	公称压力							
		PN2.5	PN6	PN10	PN16	PN25	PN40	PN63	PN100
系列1	平面(FF)	DN10~DN2000				DN10~DN800	DN10~DN600	—	
	突面(RF)	DN10~DN2000				DN10~DN800	DN10~DN600	DN10~DN400	DN10~DN350
系列2	突面(RF)	DN10~DN1600	DN10~DN1000	DN10~DN600		DN10~DN500	—		

表2　PN2.5 板式平焊钢制管法兰

公称尺寸DN/mm	系列1法兰											系列2法兰										
	钢管外径A/mm	法兰外径D/mm	螺栓孔中心圆直径K/mm	螺栓孔径L/mm	螺栓数量n	螺栓螺纹规格	法兰厚度C/mm	d/mm	f1/mm	法兰内径B/mm	参考质量/kg	钢管外径A/mm	法兰外径D/mm	螺栓孔中心圆直径K/mm	螺栓孔径L/mm	螺栓数量n	螺栓螺纹规格	法兰厚度C/mm	d/mm	f1/mm	法兰内径B/mm	参考质量/kg
10	14	75	50	11	4	M10	12	35	2	15	0.31	14	75	50	12	4	M10	10	32	2	15	0.25
15	18	80	55	11	4	M10	12	40	2	19	0.36	18	80	55	12	4	M10	10	40	2	19	0.28
20	25	90	65	11	4	M10	14	50	2	26	0.53	25	90	65	12	4	M10	12	50	2	26	0.44
25	32	100	75	11	4	M10	14	60	2	33	0.65	32	100	75	12	4	M10	12	60	2	33	0.54
32	38	120	90	14	4	M12	16	70	2	39	1.08	38	120	90	14	4	M12	12	70	2	39	0.78
40	45	130	100	14	4	M12	16	80	2	46	1.19	45	130	100	14	4	M12	12	80	3	46	0.85
50	57	140	110	14	4	M12	16	90	2	59	1.31	57	140	110	14	4	M12	12	90	3	59	0.93
65	76	160	130	14	4	M12	16	110	2	78	1.60	73	160	130	14	4	M12	14	110	3	75	1.41
80	89	190	150	18	4	M16	18	128	3	91	2.58	89	185	150	18	4	M16	14	125	3	91	1.80
100	108	210	170	18	4	M16	18	148	3	110	3.00	108	205	170	18	4	M16	14	145	3	110	2.09
125	133	240	200	18	8	M16	20	178	3	135	4.08	133	235	200	18	8	M16	14	175	3	135	2.55
150	159	265	225	18	8	M16	20	202	3	161	4.62	159	260	225	18	8	M16	16	200	3	161	3.37
(175)*	—	—	—	—	—	—	—	—	—	—	—	194	290	255	18	8	M16	16	230	3	196	3.70
200	219	320	280	18	8	M16	22	258	3	222	6.20	219	315	280	18	8	M16	18	235	3	222	4.64
(225)*	—	—	—	—	—	—	—	—	—	—	—	245	346	305	18	8	M16	20	280	3	248	5.67
250	273	375	335	18	12	M16	24	312	3	276	8.18	273	370	335	18	12	M16	22	310	3	276	6.98
300	325	440	395	22	12	M20	24	365	4	328	10.5	325	435	395	23	12	M20	22	362	4	328	8.87
350	377	490	445	22	12	M20	26	415	4	380	12.8	377	485	445	23	12	M20	22	412	4	380	9.93
400	426	540	495	22	16	M20	28	465	4	430	15.3	426	535	495	23	16	M20	22	462	4	430	10.9
450	480	595	550	22	16	M20	30	520	4	484	18.7	480	590	550	23	16	M20	24	518	4	484	13.7
500	530	645	600	22	20	M20	30	570	4	534	20.3	530	640	600	23	16	M20	24	568	4	534	15.1
600	630	755	705	26	20	M24	32	670	5	634	27.0	630	755	705	25	20	M22	24	670	5	634	19.9
700	720	860	810	26	24	M24	40	775	5	724	45.8	720	860	810	25	24	M22	26	775	5	724	28.1
800	820	975	920	30	24	M27	44	880	5	824	62.6	820	975	920	30	24	M27	26	880	5	824	35.1
900	920	1075	1020	30	24	M27	48	980	5	924	77.1	920	1075	1020	30	24	M27	28	980	5	924	42.7
1000	1020	1175	1120	30	28	M27	52	1080	5	1024	91.9	1020	1175	1120	30	28	M27	30	1080	5	1024	50.6
1200	1220	1375	1320	30	32	M27	60	1280	5	1224	127	1220	1375	1320	30	32	M27	30	1280	5	1224	60.0
1400	1420	1575	1520	30	36	M27	65	1480	5	1424	159	1420	1575	1520	30	36	M27	32	1480	5	1424	74.5
1600	1620	1790	1730	30	40	M27	72	1690	5	1624	224	1620	1785	1730	30	40	M27	32	1690	5	1624	91.5
1800	1820	1990	1930	30	44	M27	79	1890	5	1824	276	—	—	—	—	—	—	—	—	—	—	—
2000	2020	2190	2130	30	48	M27	86	2090	5	2024	334	—	—	—	—	—	—	—	—	—	—	—

* 带括号的公称尺寸不推荐使用。

注：系列1法兰公称尺寸为DN10~DN1000 的法兰使用 PN6 法兰的尺寸。

附表 19　甲型平焊法兰　［摘自《甲型平焊法兰》（NB/T 47021—2012）］

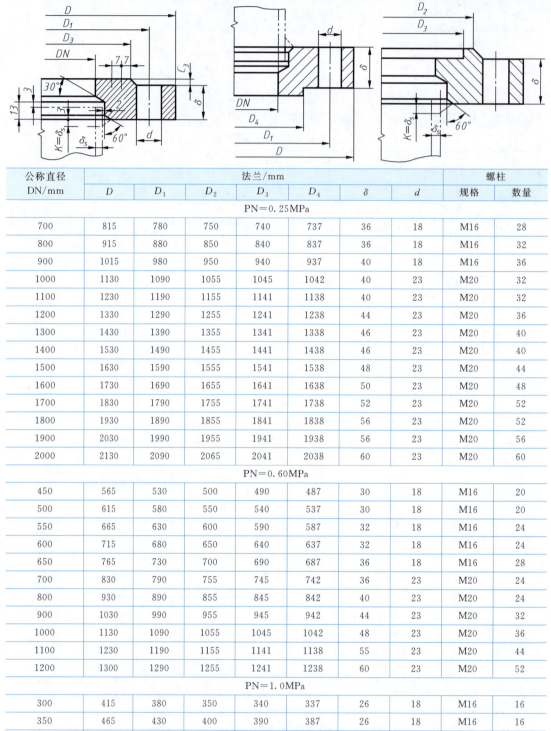

公称直径	法兰/mm							螺柱	
DN/mm	D	D_1	D_2	D_3	D_4	δ	d	规格	数量
PN＝0.25MPa									
700	815	780	750	740	737	36	18	M16	28
800	915	880	850	840	837	36	18	M16	32
900	1015	980	950	940	937	40	18	M16	36
1000	1130	1090	1055	1045	1042	40	23	M20	32
1100	1230	1190	1155	1141	1138	40	23	M20	32
1200	1330	1290	1255	1241	1238	44	23	M20	36
1300	1430	1390	1355	1341	1338	46	23	M20	40
1400	1530	1490	1455	1441	1438	46	23	M20	40
1500	1630	1590	1555	1541	1538	48	23	M20	44
1600	1730	1690	1655	1641	1638	50	23	M20	48
1700	1830	1790	1755	1741	1738	52	23	M20	52
1800	1930	1890	1855	1841	1838	56	23	M20	52
1900	2030	1990	1955	1941	1938	56	23	M20	56
2000	2130	2090	2065	2041	2038	60	23	M20	60
PN＝0.60MPa									
450	565	530	500	490	487	30	18	M16	20
500	615	580	550	540	537	30	18	M16	20
550	665	630	600	590	587	32	18	M16	24
600	715	680	650	640	637	32	18	M16	24
650	765	730	700	690	687	36	18	M16	28
700	830	790	755	745	742	36	23	M20	24
800	930	890	855	845	842	40	23	M20	24
900	1030	990	955	945	942	44	23	M20	32
1000	1130	1090	1055	1045	1042	48	23	M20	36
1100	1230	1190	1155	1141	1138	55	23	M20	44
1200	1300	1290	1255	1241	1238	60	23	M20	52
PN＝1.0MPa									
300	415	380	350	340	337	26	18	M16	16
350	465	430	400	390	387	26	18	M16	16
400	515	480	450	440	437	30	18	M16	20
450	565	530	500	490	487	34	18	M16	24
500	630	590	555	545	542	34	23	M20	20
550	680	640	605	595	592	38	23	M20	24

续表

公称直径 DN/mm	法兰/mm							螺柱	
	D	D_1	D_2	D_3	D_4	δ	d	规格	数量
PN=1.0MPa									
600	730	690	655	645	642	40	23	M20	24
650	780	740	705	695	692	44	23	M20	28
700	830	790	755	745	742	46	23	M20	32
800	930	890	855	845	842	54	23	M20	40
900	1030	990	955	945	942	60	23	M20	48
PN=1.6MPa									
300	430	390	355	345	342	30	23	M20	16
350	480	440	405	395	392	32	23	M20	16
400	530	490	455	445	442	36	23	M20	20
450	580	540	505	495	492	40	23	M20	24
500	630	590	555	545	542	44	23	M20	28
550	680	640	605	595	592	50	23	M20	36
600	730	690	655	645	642	54	23	M20	40
650	780	740	705	695	692	58	23	M20	44

注：各类密封面的甲型平焊法兰的系列尺寸均符合此表数据。

附表 20　常压人孔［摘自《常压人孔》（HG/T 21515—2014）］　　单位：mm

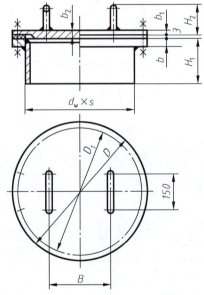

密封面型式	公称直径 DN/mm	$d_w \times s$	D	D_1	B	b	b_1	b_2	H_1	H_2	螺栓螺母 数量	螺栓 直径×长度/mm	总质量/kg
全平面（FF型）	(400)	426×6	515	480	250	14	10	12	150	90	16	M16×50	38
	450	480×6	570	535	250	14	10	12	160	90	20	M16×50	46
	500	530×6	620	585	300	14	10	12	160	90	20	M16×50	52
	600	630×6	720	685	300	16	12	14	180	92	24	M16×55	76

附表 21　B 型支座系列参数尺寸　[摘自《容器支座　第 3 部分：耳式支座》(NB/T 47065.3—2018)]

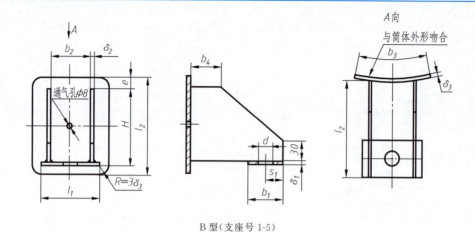

B 型(支座号 1-5)

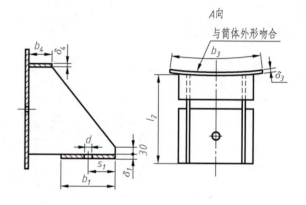

B 型(支座号 6-8)

B 型支座系列参数表

单位:mm

支座号	支座本体允许载荷 [Q]/kN			适用容器公称直径 DN	高度 H	底板				筋板			垫板				盖板		地脚螺栓		支座质量 /kg
	I	II	III			l_1	b_1	δ_1	s_1	l_2	b_2	δ_2	l_3	b_3	δ_3	e	b_4	δ_4	d	规格	
1	12	11	14	300～600	125	100	60	6	30	160	70	5	160	125	6	20	50	—	24	M20	2.5
2	21	19	24	500～1000	160	125	80	8	40	180	90	6	200	160	6	24	50	—	24	M20	4.3
3	37	33	43	700～1400	200	160	105	10	50	205	110	8	250	200	6	30	50	—	30	M24	8.3
4	75	67	86	1000～2000	250	200	140	14	70	290	140	10	315	250	8	40	70	—	30	M24	15.7
5	95	85	109	1300～2600	320	250	180	16	90	330	180	12	400	320	10	48	70	—	30	M24	28.7
6	148	134	171	1500～3000	400	320	230	20	115	380	230	14	500	400	12	60	100	14	36	M30	53.9
7	186	167	214	1700～3400	480	375	280	21	130	430	270	16	600	480	14	70	100	16	36	M30	85.2
8	254	229	292	2000～4000	600	480	360	26	145	510	350	18	720	600	16	72	100	18	36	M30	146.0

注：表中支座质量是以表中的垫板厚度为 δ_3 计算的，如果 δ_3 的厚度改变，则支座的质量应相应改变。

附表 22　鞍式支座　［摘自《容器支座　第 1 部分：鞍式支座》（NB/T 47065.1—2018）］

单位：mm

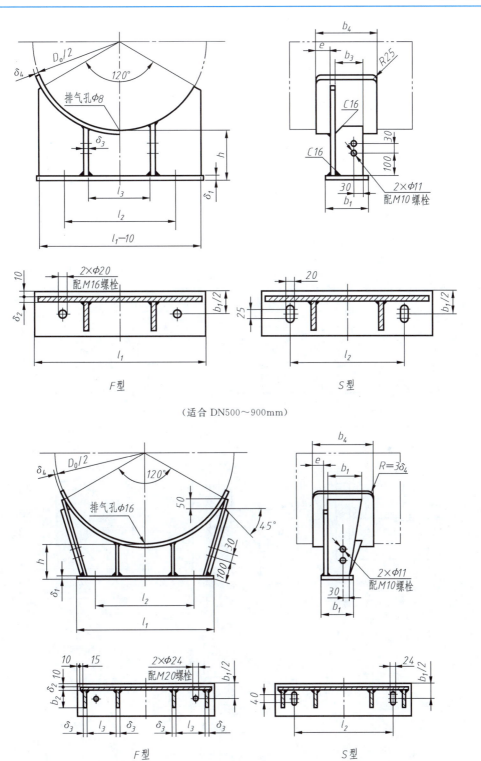

（适合 DN500～900mm）

F 型　　　　　　　　　S 型

（适合 DN1000～2000mm）

F 型　　　　　　　　　S 型

续表

公称直径 DN	允许载荷 Q/kN	鞍座高度 h	底板			腹板	肋板			垫板				螺栓间距	鞍座质量/kg		增加100mm高度、增加的质量/kg
			l_1	b_1	δ_1	δ_2	l_3	b_3	δ_3	弧长	b_4	δ_4	e	l_2	带垫板	不带垫板	
500	155		460				250			590				330	21	15	4
550	160		510				275			650				360	23	17	5
600	165		550			8	300		8	710	240		56	400	25	18	5
650	165	200	590	150	10		325	120		770		6		430	27	19	5
700	170		640				350			830				460	30	21	5
800	220		720			10	400		10	940	260		65	530	38	27	7
900	225		810				450			1060				590	43	30	8
1000	305		760			8	170		8	1180				600	63	—	9
1100	310		820				185			1290				660	69	—	9
1200	560	200	880	170	12		200	200		1410	350	8	70	720	87	—	12
1300	570		940			10	215		10	1520				780	94	—	12
1400	575		1000				230			1640				840	101	—	13
1500	785		1060				240			1760				900	155	—	17
1600	795		1120	200		12	255	230		1870	440		90	960	164	—	18
1700	805	250	1200		16		275		12	1990		10		1040	174	—	19
1800	855		1280				295			2100				1120	204	—	22
1900	865		1360	220		14	315	260		2220	460			1200	214	—	23
2000	875		1420				330			2330				1260	225	—	24

附表 23　补强圈（摘自 NB/T 11025—2022）　　　　单位：mm

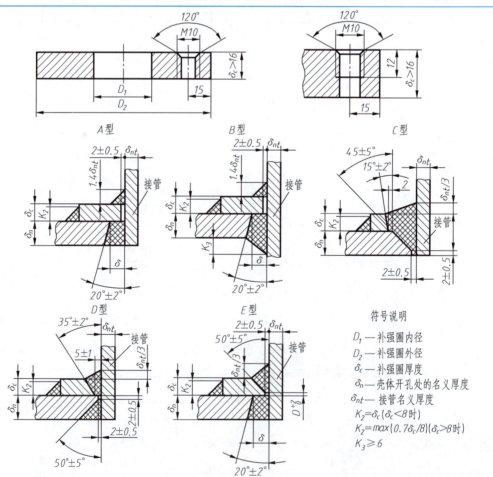

续表

接管公称直径 DN	50	65	80	100	125	150	175	200	225	250	300	350	400	450	500	600
外径 D_2	130	160	180	200	250	300	350	400	440	480	550	620	680	760	840	980
内径 D_1	按补强圈坡口类型确定															
厚度系列 δ_c	4,6,8,10,12,14,16,18,20,22,24,26,28															

五、化工工艺图中的有关图例

附表 24　管道及仪表流程图中设备、机器图例（摘自 HG/T 20519—2009）

设备类型及代号	图例
塔 (T)	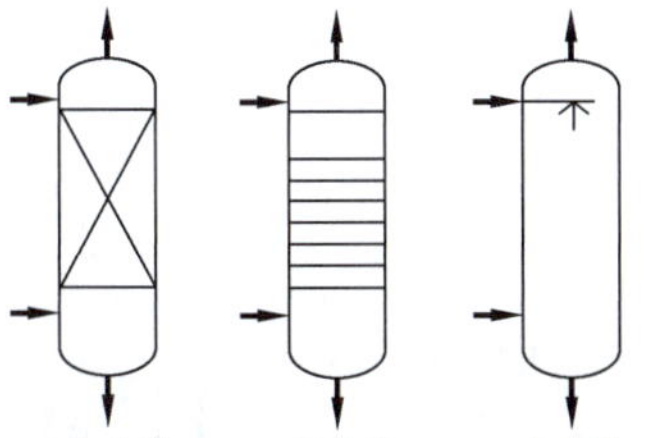 填料塔　板式塔　喷洒塔
容器 (V)	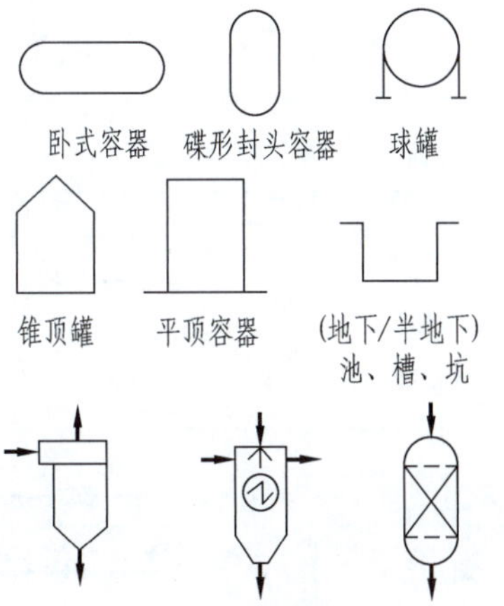 卧式容器　碟形封头容器　球罐　锥顶罐　平顶容器　(地下/半地下)池、槽、坑　旋风分离器　湿式电除尘器　固定床过滤器
压缩机 (C)	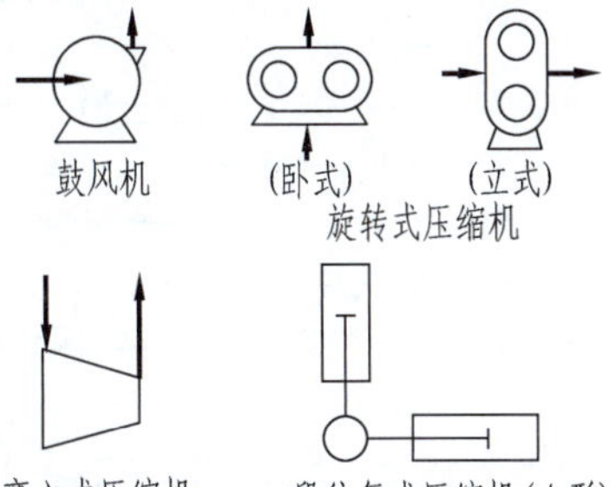 鼓风机　(卧式)　(立式)　旋转式压缩机　离心式压缩机　二段往复式压缩机(L形)
泵 (P)	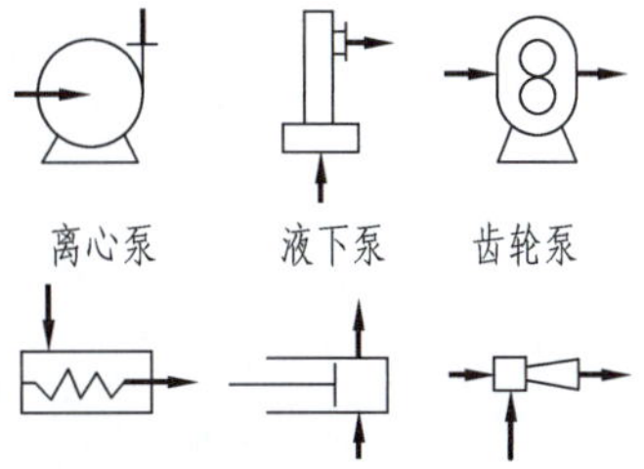 离心泵　液下泵　齿轮泵　螺杆泵　往复泵　喷射泵
工业炉 (F)	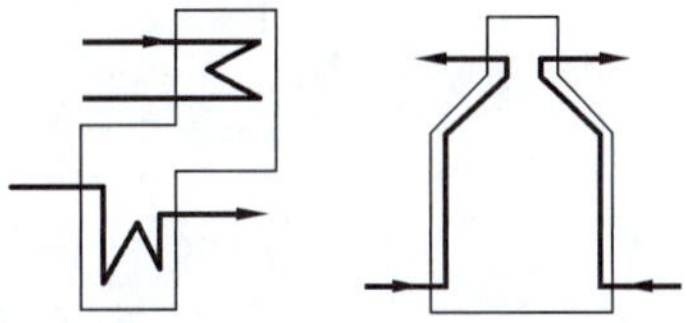 箱式炉　圆筒炉
其他机械 (M)	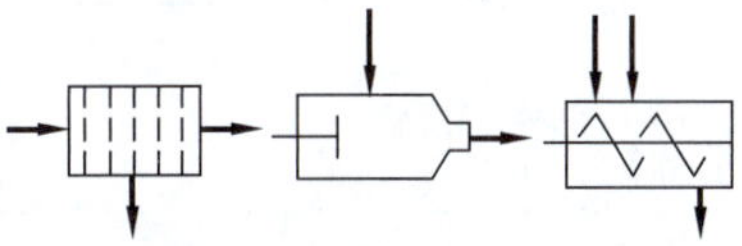 压滤机　挤压机　混合机
换热器 (E)	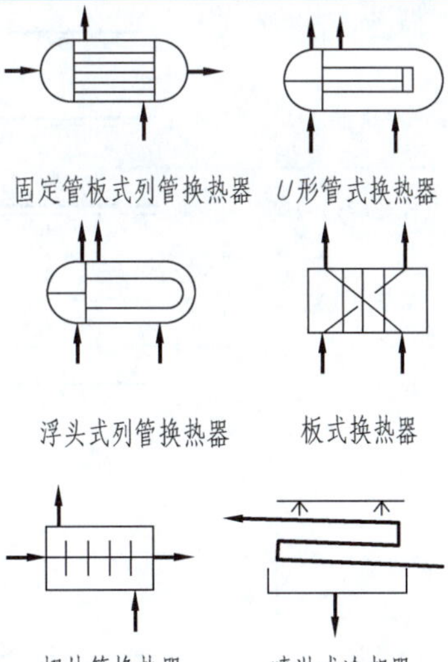 固定管板式列管换热器　U形管式换热器　浮头式列管换热器　板式换热器　翅片管换热器　喷淋式冷却器

续表

设备类型及代号	图例	设备类型及代号	图例
换热器（E）	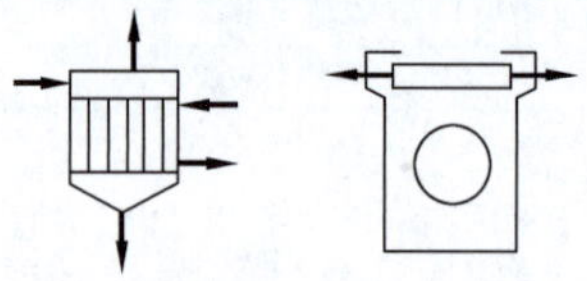 列管式(薄膜)蒸发器　送风式空冷器	动力机（M、E、S、D）	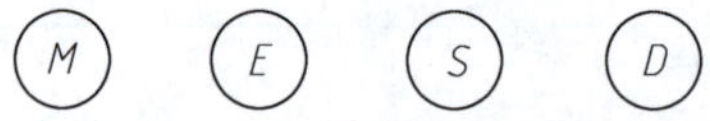 M 电动机　E 内燃机、燃气机　S 汽轮机　D 其他动力机  离心式膨胀机　活塞式膨胀机
反应器（R）	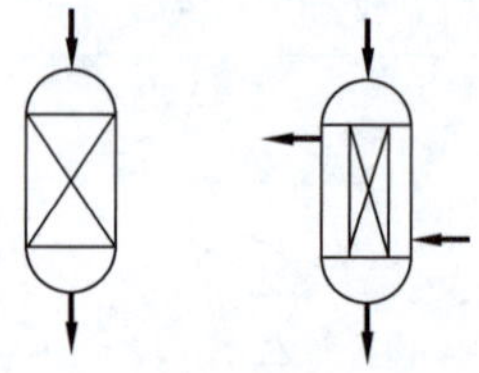 固定床式反应器　列管式反应器 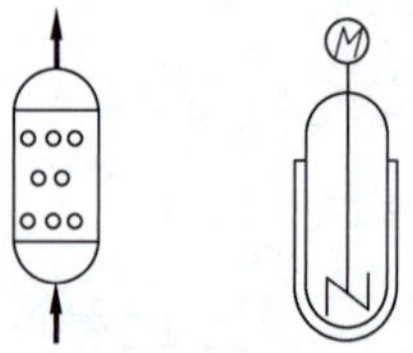 硫化床反应器　反应釜(带搅拌、夹套)	火炬烟囱（S）	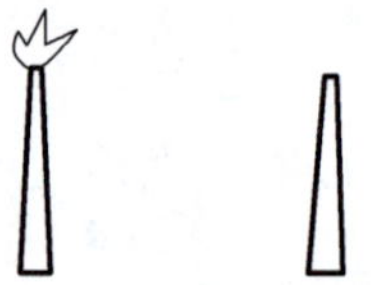 火炬　烟囱

附表 25　管道及仪表流程图中管子、管件、阀门及管道附件图例（摘自 HG/T 20519—2009）

名称	图例	名称	图例
主要物料管道		闸阀	
辅助物料及公用系统管道		截止阀	
原有管道		球阀	圆直径:4mm 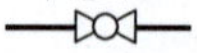
可拆短管		翅片管	
蒸汽伴热管道		文氏管	
电伴热管道		管道隔热层	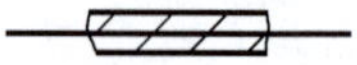
柔性管		夹套管	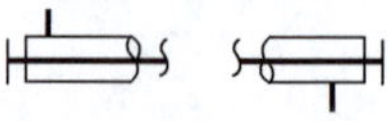
喷淋管		旋塞阀	
放空管		隔膜阀	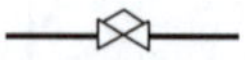
敞口漏斗	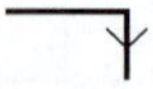	减压阀	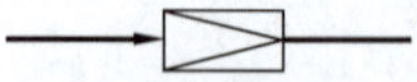
异径管		节流阀	

附表 26　管件与管路连接的表示法（摘自 HG/T 20519—2009）

名称	连接方式	螺纹或承插焊	对焊		法兰式	
			单线	双线	单线	双线
90°弯头	主视图及俯视图					
	轴测图					
三通管	主视图及俯视图					
	轴测图					
偏心异径管	主视图及俯视图					
	轴测图					

参 考 文 献

［1］ 宋巧莲. 机械制图与 AutoCAD 绘图 ［M］. 2 版. 北京：机械工业出版社，2024.

［2］ 曹咏梅. 化工制图与测绘 ［M］. 3 版. 北京：化学工业出版社，2023.

［3］ 聂辉文. 机械制图 ［M］. 西安：西北工业大学出版社，2024.

［4］ 李琴，吴兴欢，孟少明. AutoCAD 上机指导与训练 ［M］. 北京：化学工业出版社，2022.